国家社科基金重大项目
"十四五"国家重点图书出版规划项目

中国乡村
伦理研究
丛书

王露璐
总主编

中国乡村经济伦理

李志祥 等 著

南京师范大学出版社

图书在版编目(CIP)数据

中国乡村经济伦理 / 李志祥等著. —南京：南京师范大学出版社，2023.9
(中国乡村伦理研究丛书/王露璐总主编)
ISBN 978-7-5651-5697-7

Ⅰ.①中… Ⅱ.①李… Ⅲ.①农村经济-经济伦理学-研究-中国 Ⅳ.①B82-053

中国国家版本馆 CIP 数据核字(2023)第 129413 号

中国乡村经济伦理
ZHONGGUO XIANGCUN JINGJI LUNLI

总 主 编	王露璐
著 者	李志祥 等
丛书策划	徐 蕾 崔 兰
责任编辑	柯 琳
出版发行	南京师范大学出版社
地 址	江苏省南京市玄武区后宰门西村 9 号(邮编:210016)
电 话	(025)83598919(总编办) 83598412(营销部) 83371351(编辑部)
网 址	http://press.njnu.edu.cn
电子信箱	nspzbb@njnu.edu.cn
印 刷	上海雅昌艺术印刷有限公司
开 本	700 毫米×1000 毫米 1/16
印 张	16.5
插 页	12
字 数	257 千
版 次	2023 年 9 月第 1 版
印 次	2023 年 9 月第 1 次印刷
书 号	ISBN 978-7-5651-5697-7
定 价	980.00 元(全七卷)

出版人 张 鹏

南京师大版图书若有印装问题请与销售商调换
版权所有　侵犯必究

总　序

乡村是中国社会的基础,从一定意义上说,20世纪的中国研究始终贯穿着对中国乡村社会和乡村经济发展的关注。乡村也是中国伦理文化孕育的根基。因此,尽管这一时期学者们对中国乡村的研究大多是从社会学、人类学、经济学角度进行的,但他们在研究的过程中也开始认识到中国乡村社会独特的伦理文化对其经济和社会发展所产生的重大影响。

20世纪上半叶,一些国外学者和机构在中国不同区域进行了一些农村调查和农民研究,国内一些知识分子也开始意识到,要想改变国家内忧外患的现状,首先必须改变国人的观念,这就需要从占中国绝大多数人口的乡村做起。他们纷纷走向乡村,从农民运动、乡村建设及乡村教育等方面入手,对我国乡村伦理进行理论探究和实践改造。其中具有代表性的是李大钊和毛泽东等进行的农民运动研究和实践、梁漱溟的乡村建设理论和实践、晏阳初的平民教育理论和实践以及费孝通和陶行知等学者的相关研究。20世纪中期至80年代,一批学者相继在国外出版了关于中国乡村研究的成果。20世纪90年代后,尽管西方学术界的乡村研究因乡村的萎缩及"农民的终结"(孟德拉斯语)而呈趋冷之势,但有关中国农村和农民问题的研究仍然是国内学术界的研究热点,一些学者开始尝试从村落文化、社会心理等新的视角来透视乡村社会的发展。

总体上看,乡村研究在整个20世纪始终是我国学界的中心课题,社会学、经济学、人类学、历史学等学科对乡村问题给予了大量的学术关注,也吸引了众多国外学者的关注和探讨。比较而言,伦理视角下的乡村研究无论从深度和广度上说都显得相当薄弱,几近阙如。从一定意义上说,在整个20世纪,乡村似乎成了我国伦理学研究中"被遗忘的角落"。以至于从一定程度上说,在众多学科纷纷走进"乡土"的时候,与中国乡村社会本应有着最密切学术关联的伦理学却选择了一条离弃"乡土"的"现代化之路"。

自21世纪起,我国乡村伦理研究进入快速发展的阶段。大体而言,中国乡村伦理研究的进展和成就主要体现在两个方面。一是研究内容不断丰富,研究成果逐渐显现。在不同历史时期,我国乡村伦理的研究有着不同的侧重点。民国时期学者们针对当时中国内忧外患、积贫积弱的国情,将乡村研究的重点放在了农民运动、乡村建设以及乡村教育上。新中国成立后,尤其是改革开放以来,我国乡村面貌焕然一新,农村经济、政治、文化等都发生了巨大变化,与此同时,乡村伦理关系和道德规范也出现很多新的问题。在这一背景下,学者们开始更多地关注乡村经济伦理、政治伦理、文化伦理、法律伦理以及日常道德生活。一些学者还对国外乡村伦理和农村道德建设问题进行了研究。从研究涉及的内容、深度和成果的数量上看,21世纪以来中国乡村伦理都进入了一个快速发展的新时期。二是研究队伍趋于多元,研究方法不断完善。从当前乡村伦理研究队伍来看,研究人员主要包括以下两个部分:一是高等院校及各类科研院所中从事伦理学、经济学、政治学、社会学、历史学等研究的学者;二是从事一线实践的乡村工作者。前者大多拥有比较深厚的理论素养,后者则能够从长期的实际工作中积累大量一手资料。研究队伍的多元必然带动研究方法的不断完善。近年来的乡村伦理研究不再是单单从某一学科切入,跨学科的研究方法越来越受到重视。学者们从自身学科特色出发,在研究过程中融合其他学科的研究方法,从而以更加全面的角度来分析、解决问题。不过,总体来看,有关中国乡村伦理的研究尚处于起步状态,关于中国乡村伦理的研究在研究领域的拓展、理论体系的构建、研究成果的系统化及实证研究的规范性等方面有待进一步发展并取得突破。

自2004年起,我开始聚焦于伦理视角下的中国乡村研究,并在2008年出版了第一部专著《乡土伦理——一种跨学科视野中的"地方性道德知识"探究》

（人民出版社，2008年版）。在该书中，我以苏南这一独特的区域为典型，管窥中国乡村社会独特的伦理关系和道德生活样式。借用费孝通先生对中国社会的"乡土性"概括，我将这种具有"乡土"特色的中国乡村伦理称为"乡土伦理"。在研究和写作过程中，我也日渐感受到中国乡村在市场经济和全球化背景下发生的巨大变化，并在一种强烈的学术兴奋感驱使下确定了自己的后续研究——将视线转向更加广阔的空间，探究转型期的中国乡村伦理问题。2011年，我以"社会转型期的中国乡村伦理问题研究"为选题，申报国家社会科学基金重点项目并获得立项。这一课题的重点放在转型期中国乡村伦理的"问题"及这些问题的解决路径的探究上，立足于对"什么问题""问题何以产生""问题如何解决"的思考和分析，讨论转型期中国乡村伦理关系和道德生活变化中若干值得关注的重点问题，如：乡村伦理共同体的式微与重建、农民行为选择的伦理冲突与化解、乡村分配伦理问题、乡村人际信任问题、乡村道德权威问题、乡村礼治秩序和法治秩序的关系问题、城乡公平问题等。作为课题的结项成果，2016年，我出版了《新乡土伦理——社会转型期的中国乡村伦理问题研究》（人民出版社，2016年版）。在上述问题的研究和写作中，我也萌生了一个更加宏大的研究计划：系统、全面地研究中国乡村伦理的传统特色、历史变迁和现代转型，深入探讨中国乡村伦理的历史传统和当代问题，构建具有中国特色的乡村伦理学理论体系。2015年，我以"中国乡村伦理研究"为题申报国家社科基金重大项目并获得立项。

在项目申报和研究中，我们一以贯之的基本思路是，以"中国乡村伦理"为研究对象，全面考察中国乡村社会的伦理关系、道德原则、道德规范及其在经济发展、社会治理、生态保护及日常生活中的体现，阐释中国乡村社会发展中的伦理变迁及道德在其中的重要作用。在研究思路上，我们以"中国乡村伦理的历史传统与现代建构"为总体问题，通过对中国乡村伦理的系统研究，并以乡村家庭伦理、经济伦理、生态伦理、治理伦理为重点，概括中国乡村伦理的传统特色、历史变迁和现代转型，厘清中国传统乡村伦理与现代乡村伦理的关系，把握中国乡村伦理发展的历史脉络和一般规律。在此基础上，探讨中国乡村伦理的理论和实践特质，构建既传承中国传统乡村伦理又契合当代市场经济发展要求的现代乡村伦理观念和道德规范,重塑能够促进乡村发展并回应农民诉求的乡村伦理秩序。

在课题研究的具体框架和安排上,总课题以史论结合的方式,分析中国乡村伦理发展的基本规律,同时,课题以乡村家庭关系、经济发展、生态保护及乡村治理中的伦理问题为研究重点,并与此相对应,设置了中国乡村家庭伦理、中国乡村经济伦理、中国乡村生态伦理和中国乡村治理伦理四个子课题。四个子课题研究,既是总课题研究中的四个基本方面,又始终贯彻着总课题研究的基本理路。同时,中国乡村社会的家庭关系、经济发展、生态保护和社会治理不可分割且有着密切的内在关系,这也使四个子课题的研究有着内在的逻辑关联。中国传统乡村社会的生产、生活方式,使其家庭伦理、经济伦理、生态伦理和治理伦理呈现出典型的"乡土"特色,并相互间产生密切关系。伴随着转型期乡村工业化、城市化和农民市民化、流动性的加强,传统的乡村生产、生活方式发生了巨大变化,乡村家庭结构、关系、功能的变化,乡村分配模式的改变和农民经济价值观的变化,乡村生态环境与经济发展之间的冲突,乡村秩序维系方式的改变,既是生产、生活方式变化的结果,又相互之间产生密切的关联和紧张,既带来一定的冲突与矛盾,又由此产生推动乡村发展的某种张力。因此,四个子课题在设置上的分离,并不意味着在研究中可以截然分开。相反,无论是在总论的写作还是四个子课题的研究成果中,这种内在逻辑关系都是始终强调并希望得以反映的。

课题立项以后,课题组主要从三个方面开展工作:

一是开展田野调查工作。走进乡村,贴近农民,是本课题获取真实数据和资料并据此了解和分析当前中国乡村伦理状况的基本路径,也是培养青年学者和学生的问题意识和分析能力的重要方法。2017年7月—2018年8月,课题组先后对湖南郴州西岭村、湖北黄冈赵家湾村、甘肃定西辘辘村、江西抚州下聂村、江苏无锡华宏村、山东济宁王杰村、广东湛江林屋村等七个典型村庄先后进行了田野调查,共收回有效问卷805份,并与74位村民进行了深度访谈。七个村庄位于我国不同区域,具备一定的典型意义。其中,江苏无锡华宏村为2007年首访和2017年再访,具有个案对比价值。田野调查分为问卷调查的定量研究和深度访谈的定性研究两个部分。问卷调查按照系统抽样方式，根据抽样比例抽取样本，采用面对面问卷访问方式，回收问卷指定专人录入并复核后，使用SPSS统计分析软件进行分析。深度访谈以半结构式的访谈方式进行，所有访谈均现场录音后整理为文字材料。参与课题调研的年轻学者和博士、硕士研究生大部分是第一次走进基层村庄，并从事规范的田野调查工作。课题组成员不仅通过田野工作获取了大量鲜活的数据和案例，更在实践中碰撞出大量的思想火花，提升了学术研究的问题意识和探究能力。正是由于课题田野调查工作的重要性，课题研究中在原有四个子课题的基础上增设了子课题"中国乡村伦理实证研究"。

二是凝聚伦理学、社会学、政治学等多学科的研究力量，吸引一批青年学者（博士、博士生）从事中国乡村伦理研究，形成一支高水平、有层次的中国乡村伦理的研究队伍，打造中国乡村伦理研究的最高学术平台。课题组与教育部人文社会科学百所重点研究基地中国人民大学伦理学与道德建设研究中心合作成立"乡村道德与文化振兴研究所"，整合校内外研究力量建立的"乡村文化振兴研究中心"获批江苏省高校哲学社会科学重点研究基地。总体上看，课题组顺利达到了通过项目研究加强团队建设的目标，形成了高水平、有特色的研究平台和研究队伍。

三是产出了一系列的研究成果。包括《中国乡村伦理的历史传统与现代建构》《中国乡村家庭伦理》《中国乡村经济伦理》《中国乡村生态伦理》《中国乡村治理伦理》《中国乡村道德调查（上、下）》在内的六部七卷本《中国乡村伦理研究丛书》，正是本课题产生的标志性成果。以上六部各有侧重又有内在逻辑关系的研究成果，初步形成较为系统的中国乡村伦理理论体系，并通过系列研究成果的展现弥补当前伦理学领域关于中国乡村伦理研究的不足。此外，在研究过程中，课题组成员公开发表系列论文60余篇，其中多篇被《新华文摘》《中国社会科学文摘》转载，并形成总课题调研报告一份、子课题调研报告四份。

在课题研究中，我们尝试并初步在以下几个方面实现了一定的突破与创新：

一是伦理学的学科视角及研究方法的创新。尽管国内乡村问题的研究成果十分丰富,但是,伦理视角下的乡村研究相对薄弱,在某些领域和具体问题上,伦理学还处于"尚未进入"或"准备进入"的前理论状态。本课题试图从伦理学的学科视角对中国乡村伦理的传统特色、历史变迁、现实问题及现代乡村伦理的构建做出系统、全面的理论阐释和分析。本课题的研究以伦理学作为基本研究视角,同时以跨学科的多维视角透视和基于道德生活史的基本立场,将传统伦理学"自上而下"的、从理论出发的严密逻辑推演和论证与"自下而上"的道德社会学研究方法相结合。该成果对中国乡村伦理的现状、问题及原因的分析将基于对若干典型村庄田野调查的一手资料基础之上,从而使成果具有较高的真实性和可信度。

二是初步形成中国乡村伦理研究的理论体系,打造体现"中国特色"的伦理学研究之"中国话语"。课题研究力图通过对中国乡村伦理全面、系统和深入的研究,全面地概括中国乡村伦理的传统特色、历史变迁和现代转型,深化对中国乡村伦理的传统、发展、嬗变和转型的研究,从而初步形成一个比较全面系统的中国乡村伦理研究体系。因此,从学术思想的理论层面上说,作为课题研究成果的本丛书具有一定的开创性价值,能够打造体现"中国特色"的伦理学研究的"中国话语"。

三是在建构具有中国特色的现代乡村道德规范体系和伦理秩序上提出具有实践操作价值的对策思路。乡村是中国社会的基础,也是中国伦理文化的重要源泉。探究并努力建构具有中国特色的现代乡村道德规范体系和伦理秩序,是实施乡村振兴战略的题中应有之义,也是一项具有国家战略意义的宏伟工程。本丛书在中国乡村伦理的现代建构问题上提出总体思路,并着力在乡村家庭关系、经济发展、生态保护及乡村治理等方面提出具有实践操作性的对策,以更好地体现中国伦理学学科建设面向实践、服务社会的基本路向。

当然,在研究中,我们也遇到了一些困难和问题。一是学术资源梳理和整合工作的繁杂。课题的研究内容时间跨度大,涉及领域和问题多,关于中国乡村研究的文献资料散见于社会学、政治学、民俗学、历史学、经济学、伦理学等学科领域,因此,全面掌握、细致梳理、正确使用和有效整合相关学术资源,一直是课题研究中一个技术操作性的难点。二是田野调查的个案选择和样本配合。中国乡村伦理研究应选择地处不同区域的多个不同规模、类型的村庄开展田野调查,并在此基础上进行比较研究。但是,考虑到实地调查工作在时间、人员、精力等各方面的可行性,课题研究只能选择具有代表性的典型村庄为研究个案。同时,在选择个案后的田野调查实施过程中,也遇到了包括抽样操作、样本配合、访谈语言等技术性困难。三是现代乡村伦理建构的实践操作性。实现中国乡村伦理的现代转型,建构具有中国特色的现代乡村伦理,关键在于在"历史之根"与"现代之源"、"地方性知识"与"普适性价值"两对冲突中找到平衡点。然而,由于中国不同地区乡村在地理位置、生产方式、经济水平、文化传统、基层治理等方面存在的差异性,无论是乡村伦理的"历史之根"与"现代之源"的成功嫁接,还是"地方性知识"与"普适性价值"的有效整合,在实践操作层面都存在着诸多困难。

鉴于此,作为国家社科基金重大项目结项成果的七卷本《中国乡村伦理研究丛书》,与其说是课题的完成,毋宁说是我们在课题研究进行到预定时间时的一个阶段性总结。2020年12月底,课题组向国家哲学社会科学规划办公室提交了结项材料,并于2021年3月接受会议鉴定,2021年5月顺利结项。结项后,课题组根据专家意见对书稿内容再次进行了修改,并提交南京师范大学出版社申报国家出版基金项目。在此,特别感谢南京师范大学出版社张志刚社长、徐蕾总编辑和崔兰主任在申报国家出版基金过程中付出的心血。坦率地说,没有他们的策划、运作和不断联络、催促,此套七卷本丛书难以成功入选国家出版基金项目,也不会这么快呈现在专家和读者面前。

丛书是重大项目课题组全体成员的集体智慧结晶和成果,衷心感谢子课题负责人和主要成员们。五年来,我们共同分享了田野工作的辛苦与忙碌、研究写作的紧张与焦虑、成果完成的喜悦和快乐,感谢他们宽容我"黄世仁"般的不断催促和逼迫,感谢所有人"杨白劳"似的辛苦与努力。我也要特别感谢田野工作中的所有问卷样本和访谈对象,感谢协助我们完成田野工作的当地联系人和村干部。我记得辘辘村村委会办公室对面山头上那片麦田的风吹麦浪,记得村主任儿媳妇挺着大肚子给我们做的手擀面;我记得40℃高温的下聂村,记得大伙伴和小伙伴全体"湿身"却依然投入地坚持工作的样子;我记得十年后再访华宏村时的相同与不同,记得小伙伴被熟悉的面孔认出时的激动;我记得王杰村每一户村民门口堆成小山等待着被以几毛钱一斤的价钱收走的蒜头,记得一位受访大爷送了几粒蒜头给我并拉着我的手说:"不值钱,但我挑了几个最好的给你"……每一次田野工作,我都觉得他们给了我们很多,问卷的数据、访谈的资料、思想的火花,以及无数感动的瞬间。有时,我甚至困惑,我们的研究成果又能带给他们什么呢?但无论如何,我会永远记得,我们会一直努力!

王露璐

2022年6月7日于南师茶苑

目 录

总　序　/001

导　论　/001
 一、乡村经济和经济伦理　/001
 二、乡村道德与经济发展　/005
 三、村民美德和经济正义　/008
 四、小农传统与市场诉求　/011

第一章　中国乡村经济伦理的理论资源　/017
 第一节　马克思：对封建制与"小农"伦理特征的分析　/019
  一、土地伦理与产权变革　/020
  二、制度与制度伦理　/021
  三、分配正义与价值平衡　/023
 第二节　海外中国学视域下的乡村经济伦理理论　/025
  一、费正清"冲击—回应"经济模式　/026
  二、列文森"传统—现代"经济模式　/026
  三、佩克"帝国主义"经济模式　/027
 第三节　斯科特—波普金争论：生存伦理和理性农民　/028

一、斯科特—波普金争论　　　　　　　　　　　　　　　/028
　　二、道义论与功利主义　　　　　　　　　　　　　　　　/029
　　三、道义小农和理性小民　　　　　　　　　　　　　　　/030
　第四节　费孝通：对自然经济的"本土性"伦理的追求　　　　/031
　　一、自然经济与本土性的"伦"　　　　　　　　　　　　/031
　　二、乡村社群主义下美德经济伦理的复兴　　　　　　　　/033
　　三、经济共同体与村民美德　　　　　　　　　　　　　　/034

第二章　中国乡村经济伦理的历史变迁　　　　　　　　　　　/037
　第一节　中国古代乡村的经济伦理　　　　　　　　　　　　/039
　　一、基于单一封建制的中国古代乡村　　　　　　　　　　/040
　　二、家庭为本的经济伦理关系　　　　　　　　　　　　　/044
　　三、生存至上的经济伦理德性　　　　　　　　　　　　　/049
　第二节　中国近代乡村的经济伦理　　　　　　　　　　　　/053
　　一、传统与现代并置的中国近代乡村　　　　　　　　　　/054
　　二、家庭与市场并存的经济伦理关系　　　　　　　　　　/058
　　三、自立与合作并重的经济伦理德性　　　　　　　　　　/061
　第三节　中国现代乡村的经济伦理　　　　　　　　　　　　/065
　　一、处于现代化进程中的中国现代乡村　　　　　　　　　/065
　　二、市场优先的经济伦理关系　　　　　　　　　　　　　/070
　　三、有限富裕的经济伦理德性　　　　　　　　　　　　　/074

第三章　中国乡村的个体经济伦理　　　　　　　　　　　　　/081
　第一节　中国村民个体价值观的历史沿革　　　　　　　　　/083
　　一、古代社会：对共同体的依附　　　　　　　　　　　　/084
　　二、近代社会：权益意识的萌发　　　　　　　　　　　　/086
　　三、现代社会：价值观念的多元性　　　　　　　　　　　/089
　第二节　中国村民的经济德行　　　　　　　　　　　　　　/092

一、内涵清晰经济德行结构　　/093
　　二、践行完整经济德行过程　　/097
　　三、多元经济德行矛盾冲突　　/100
　　四、促进经济德行与时俱进　　/104
第三节　中国村民的经济德性　　/108
　　一、客观审视经济德性矛盾冲突　　/109
　　二、科学引领经济德性发展路径　　/117

第四章　中国乡村的企业组织伦理　　/123

第一节　当代中国乡村的企业管理伦理　　/125
　　一、当代中国乡村企业管理伦理的成就与特色　　/127
　　二、当代中国乡村企业管理伦理的问题与不足　　/130
第二节　当代中国乡村的企业营销伦理　　/136
　　一、当代中国乡村企业营销伦理的成就与特色　　/137
　　二、当代中国乡村企业营销伦理的问题与不足　　/140
第三节　当代中国乡村的企业生态伦理　　/146
　　一、当代中国乡村企业生态伦理的成就与特色　　/146
　　二、当代中国乡村企业生态伦理的问题与不足　　/152

第五章　中国乡村的经济制度伦理　　/163

第一节　乡村经济的市场引导与政府管理　　/165
　　一、乡村经济中的市场引导　　/165
　　二、乡村经济中的政府管理　　/169
　　三、乡村经济中的个人选择　　/172
第二节　中国乡村土地伦理　　/175
　　一、中国乡村土地制度的历史变迁　　/175
　　二、乡村土地伦理与土地利用整治　　/178
　　三、乡村土地制度创新　　/181

第三节 中国乡村扶贫伦理 /183
      一、中国乡村扶贫政策的历史发展 /183
      二、"扶贫"与"共同富裕" /188
      三、"造血式扶贫"与"可持续发展" /190
      四、"扶贫"与"共建共享" /192
   第四节 中国乡村集体经济伦理 /195
      一、中国乡村集体经济伦理的萌芽期：公平优先 /195
      二、中国乡村集体经济伦理的成长期：效率优先 /196
      三、中国乡村经济伦理的新时代：重视公平 兼顾效率 /198

第六章 中国乡村经济伦理的实践推进 /201

   第一节 中国乡村经济伦理建设的目标指向和思想理论 /203
      一、中国乡村经济伦理建设的目标指向 /203
      二、中国乡村经济伦理建设的思想理论 /209
   第二节 中国乡村经济伦理建设的实践要求 /216
      一、经济建设与道德建设同步推动 /216
      二、经济伦理建设与日常生活相结合 /221
      三、广泛开展与重点推进相结合 /224
   第三节 中国乡村经济伦理建设的推进路径 /226
      一、弘扬优秀传统文化，加强乡村经济治理 /227
      二、开展经济伦理教育，增强经济道德观念 /228
      三、加强乡村诚信建设，树立市场契约意识 /230
      四、推动"礼""法"共治，重构乡村经济秩序 /231

参考文献 /234

后　记 /249

导　论

费孝通曾经指出："从基层上看，中国社会是乡土性的。"①中国传统社会是一个农业主导型社会，从这个意义上讲，处于传统社会中的中国就是一个大乡村。随着现代工业的迅速成长，中国形成了以城市为主导、城乡二元并进的基本发展格局，中国乡村曾经沦为了中国城市发展的背景。在现代化浪潮中，中国乡村开始了非常痛苦也非常神奇的发展之旅。一方面，中国乡村为城市现代化提供了巨大的人力物力支持，不仅仅是剩余的农产品和各种物质资源，更重要的是城市工业不可或缺的、数量庞大的劳动力资源。另一方面，中国乡村也开启了从传统乡村走向现代乡村的艰难旅程，一个个自给自足的封闭村庄逐步发展成为接轨现代市场的美丽乡村。可以说，在当前的现代化浪潮中，中国乡村已经重新崛起，形成了与中国城市既相互区别又相互支持的独特力量和别样风景。在这样的背景下研究中国乡村经济伦理，对于中国乡村乃至整个中国社会的经济发展和道德建设都具有非常重要的意义，对于世界现代化发展也具有非常重要的启示价值。

一、乡村经济和经济伦理

研究"中国乡村经济伦理"，首先必须搞清楚两个核心概念：一个是"乡村经济"，一个是"经济伦理"。

---

① 费孝通:《乡土中国　生育制度》，北京大学出版社1998年版，第6页。

(一) 何为"乡村经济"?

"乡村经济"这个概念,从字面看并不难理解,它由两部分组成:一是"乡村",这是一个与"城市"相对的地理领域概念,学界目前普遍认为这个概念比较难以界定,主要困难在于"乡村整体发展的动态性演变、乡村各组成要素的不整合性、乡村与城市之间的相对性,以及由于这三大特性形成的城乡连续体"[1],所以学界仅仅将"乡村"理解为"城市以外的广大区域"。一是"经济",这是一个与"政治""社会""文化""生态"等相对的活动领域概念,《辞海》给出的定义"包括产品的生产、分配、交换或消费等活动"[2]。但是,将不清晰的"乡村"概念和相对清晰的"经济"概念合并为"乡村经济"概念,存在一些需要进一步澄清的问题:哪些活动属于乡村经济活动?

问题的根源在于现代乡村经济活动的开放性。现代乡村不再是封闭的,而是开放的,既向其他乡村开放,也向城市开放。开放性意味着乡村经济与外部经济的紧密联系,同时也就产生了这些紧密联系的经济活动到底算不算乡村经济活动的问题。具体来说有两类可能会引起争议的经济活动:一类是外部经济力量向乡村的扩张。如果外部投资的目的是开发农业相关资源,这也不会引起争议;但如果外部投资仅仅是为了利用便宜的地价和廉价的劳动力,与开发农业资源毫无关系,比如说兴建电子加工厂,那么就可能有争议了。另一类是乡村经济力量向外部的扩张。户籍关系在乡村的人在外投资、创业或者打工,这些还算不算乡村经济活动。笔者所理解的"乡村经济",就是在乡村范围内发生的一切经济活动。也就是说,只要这种经济活动存在于乡村土地之上,不管它是由什么人投资的,不管它是由什么人完成的,也不管它是否涉及农业资源开发,都属于乡村经济。至于那些在乡村之外从事经济活动的人,只要他以任何方式(如投入资金、提供建议或者以身示范)参与乡村内部的经济活动,也都可以算作乡村经济,但他在乡村外部从事的经济活动不属于乡村经济。

在此基础上,我们可以进一步理解乡村经济的构成。一是乡村经济主体,

---

[1] 张小林:《乡村概念辨析》,《地理学报》1998年第4期。
[2] 辞海编辑委员会:《辞海:第六版缩印本》,上海辞书出版社2010年版,第949页。

包括个人和组织。根据前面的乡村经济概念,这个经济个人和经济组织,可以是本地的,也可以是外地的;可以是乡村的,也可以是城市的。这个经济组织,包括家庭、村乡镇和企业。二是乡村经济活动,包括存在于乡村土地上所有的生产、分配、交换和消费活动。三是乡村经济制度。既包括以文字形式存在的、对乡村经济活动起硬约束作用的法律、法规和规章,也包括以观念形式存在的、对乡村经济活动起软约束作用的潜规则。

(二) 何为"经济伦理"?

对于"经济伦理",学界曾经提出两个不同的理解:一是"合经济的伦理",这里的"经济"是指"经济性"或"经济规律","合经济的伦理"就是"合乎经济规律的伦理道德现象"。经济规律是什么呢?就是经济人通过成本—收益的理性利益计算方式进行行为决策。"合经济的伦理"就是认为我们的道德行为也在一定程度上受制于成本—收益计算的经济模式。二是"合伦理的经济",这里的"经济"是指"经济现象",包括所有的经济观念、经济活动和经济制度等,"合伦理的经济"就是"合乎伦理要求的经济现象"。伦理要求是什么呢?是美德品质、自由意志以及各种道德规范提出的行为要求。"合伦理的经济"就是要求我们的经济行为必须符合道德规范的要求,必须受到相应道德规范的约束。正是在这样的思路下,厉以宁先生才"讨论经济学中若干伦理问题"[1]。

从总体上看,学界比较倾向于第二种理解,即将"经济伦理"理解为"合伦理的经济"。《伦理学大辞典》就认为"经济伦理"是指"存在于经济运行和活动中的价值目标、伦理关系、道德原则和道德规范的总和"[2]。因此,"经济伦理"一方面涉及"伦理",但这不是一般意义上的伦理,而是与经济活动相关的特殊伦理;"经济伦理"另一方面也涉及"经济",但这也不是一般意义上的经济,而是与伦理道德相关的特殊经济。从这个意义上讲,经济伦理实际上面临两个任务:一是确证经济行为必须遵循的伦理原则和道德规范,二是以相应的伦理原则和道德规范约束现实的经济行为。

---

[1] 厉以宁:《经济学的伦理问题》,生活·读书·新知三联店1995年版,"序言"第3页。
[2] 朱贻庭:《伦理学大辞典》,上海辞书出版社2002年版,第115页。

(三) 乡村经济与经济伦理的关系

根据上文对于"乡村经济"和"经济伦理"的理解,"乡村经济伦理"就是指存在于乡村经济活动中,通过规范、德性、行为、制度等体现出来的各种伦理现象。在此意义上,我们可以进一步把握"乡村经济"与"经济伦理"的内在关系。

第一,不能把经济与伦理孤立、隔离开来。在市场经济发展过程中,西方企业界曾经出现过一种"企业非道德神话",诺贝尔经济学奖得主弗里德曼非常明确地提出:"企业仅具有一种而且只有一种社会责任——在法律和规章制度许可的范围之内,利用它的资源从事旨在增加它的利润的活动。"[①]与此相应,一些倾向于实证分析的经济学家也提出了"价值中立"的口号,从而导致"现代经济学与伦理学之间隔阂的不断加深"[②]。将经济与伦理、经济学与伦理学相分离的观念是狭隘的,经济与伦理不可截然分离。世界上没有一个纯粹的、独立的伦理领域,没有一个纯粹的、独立的道德行为,伦理道德总是与其他行为结合在一起,总是渗透在各种性质的活动中。经济也是一样,任何一个经济行为都必然会涉及人的生理行为、心理行为,也必然会涉及他人的利益,必然会影响外部自然界的发展。因此,把"乡村经济"与"乡村伦理"割裂开来、看不到"乡村经济伦理"的思想观念是有所欠缺的。

第二,经济生活中的伦理既受经济规律的影响,也受伦理文化的约束。"合经济的伦理"强调伦理行为受经济规律的影响,"合伦理的经济"要求经济行为受道德规范的约束。事实上,"经济伦理"既受经济规律的影响,也受伦理文化的约束。从内容上看,经济伦理的内在要求必然要与经济规律的要求相一致,否则它无法具有真正的约束效力,马克思、恩格斯早就指出:"'思想'一旦离开'利益',就一定会使自己出丑。"[③]从形式上看,经济伦理的外在形式必然要与伦理道德的要求相一致,经济伦理如果仅仅停留在利益算计层面而不能上升到伦理道德层面,那么它也不可能具有真正的约束力。以乔伊斯为代

---

① [美]米尔顿·弗里德曼:《资本主义与自由》,张瑞玉译,商务印书馆1986年版,第16页。
② [印度]阿马蒂亚·森:《伦理学与经济学》,王宇、王文玉译,商务印书馆2000年版,第13页。
③ 《马克思恩格斯文集》第1卷,人民出版社2009年版,第286页。

表的道德虚构主义就认为,道德判断的独特价值就在于"有助于避免'不自制的危害',即倾向于为了直接而诱人的短期利益牺牲长远利益"①。

二、乡村道德与经济发展

黑格尔曾经区分过"伦理"与"道德",认为"伦理"是"从实体出发",而"道德"则是"原子式地进行探讨"②。以此为基础,宋希仁教授、朱贻庭教授也认为"伦理"更偏重客观的人伦关系,而"道德"更偏重主观的品质观念。本书大多数情况下对"乡村伦理"与"乡村道德"不做区别,在强调区别的时候倾向于宋希仁、朱贻庭教授的观点,用"乡村伦理"指称乡村相对客观的人伦关系,用"乡村道德"指称村民内在主观的品质精神。

(一) 振兴乡村:要道德还是要经济

振兴乡村是一个全面目标,它要求乡村在经济、政治、文化、社会和生态等每一个方面都得到快速提升。对于乡村经济伦理来说,一个非常重要的问题就是振兴乡村到底是要提升道德还是要发展经济?在改革开放之初,随着市场经济的全面发展和私营占比的不断增加,"个人正当利益"概念得到社会普遍认可,我国曾经出现过一种道德"代价论"观点,认为"经济的发展必然要付出道德堕落的高昂代价"③。当乡村开始步入现代化进程之后,这个问题再度在乡村出现:乡村的经济发展是否必然以道德退步为代价?换句话说,乡村发展到底要更重视"经济"还是更重视"道德"?

对于这个问题,学界早已给出定论,国家也早已明确思想。从"科学发展观"到"新发展理念",已经非常明确地指出:社会发展不能是"片面发展",而应该是"全面发展""协调发展"。所谓"全面发展"就是不能只发展一个方面,而牺牲其他很多方面。从这个意义上讲,"以经济建设为中心"并不是"唯经济论",更不是"唯GDP主义",而是指在社会发展的特殊阶段,五大建设任务中

---

① [英]亚历山大·米勒:《当代元伦理学导论(第2版)》,张鑫毅译,上海人民出版社2019年版,第146页。
② [德]黑格尔:《法哲学原理》,邓安庆译,人民出版社2016年版,第296页。
③ 谢洪恩:《对道德适应关系的辩证思考》,《哲学研究》1990年第3期。

的经济建设是中心,是关键,相对其他建设来说更为迫切。经济建设搞上去了,可以为推动其他建设提供非常重要的经济基础。邓小平同志的"两手抓""两手都要硬"就已经把这个问题说得非常清楚了。习近平同志在说明"全面共享"时指出:"共享发展就要共享国家经济、政治、文化、社会、生态各方面建设成果,全面保障人民在各方面的合法权益。"①试问一下:没有全面发展,哪里能够实现全面共享?!

在全面建成小康社会的今天,这个问题的答案更为清楚了。小康社会意味着什么?至少意味着基本的物质生活需求都能得到全面满足。城市如此,乡村如此,每一个人都如此。在基本物质生活需求已经能够得到全面满足的今天,经济建设的紧迫性已经远远不如改革开放之初那么紧迫,经济、政治、文化、社会和生态建设更有条件全面发展。从这个意义上讲,当今中国乡村经济伦理既不要"唯经济论",也不要"唯道德论",而是既要经济又要道德,要实现经济与道德的共同发展。

(二) 以经济发展促进乡村道德进步

历史唯物主义告诉我们:经济属于经济基础,道德属于上层建筑,经济是道德的基础,它决定道德的根本性质和主要内容。马克思、恩格斯在《德意志意识形态》中明确指出:"不是意识决定生活,而是生活决定意识。"②在笔者看来,经济与道德在形式上是不一样的,一个体现为经济形式,要遵循经济规律;一个体现为道德形式,要遵循伦理规则。但二者在内容上是一致的。经济生活涉及人与人的关系,不同的经济生活要求人与人之间具有不同的关系,这就是经济上的伦理要求。反过来,道德生活要规范人与人的关系,那么,它到底要求人与人之间是一种什么样的关系呢?在传统社会,决定性的关系是家庭(家族)和政治社会的人身依附关系;而在现代社会,决定性的关系是经济生活中的关系。马克思在《资本论》手稿中清楚地指出了这一点,他说:"人的依赖关系(起初完全是自然发生的),是最初的社会形式,在这种形式下,人的生产能力只是在狭小的范围内和孤立的地点上发展着。以物的依赖性为基础的人

---

① 习近平:《习近平谈治国理政》第2卷,外文出版社2017年版,第215页。
② 《马克思恩格斯文集》第1卷,人民出版社2009年版,第525页。

的独立性,是第二大形式,在这种形式下,才形成普遍的社会物质变换、全面的关系、多方面的需求以及全面的能力的体系。"①

从这个意义上说,乡村道德要进步,就必须以经济发展为基础。很难想象,一个经济发展非常落后的乡村能够拥有非常高尚的道德。千百年来,中国乡村都是一种传统乡村,从生产方式到生活方式都没有发生过根本性的变化,经济生产中的人际关系与家庭生活中的人际关系基本上是一致的。但进入现代社会之后,生产单位与生活单位逐步分离,以家庭为代表的血缘亲情关系不再占据主导地位,经济生活中形成的同事伙伴关系开始扩大影响。在这种情况下,乡村经济生活中的伦理关系会逐步摆脱血缘亲情关系的束缚,更多地以经济活动对人际关系的要求为基础。也就是说,在现代乡村经济生活中,是经济关系而不是家庭关系奠定了伦理关系的基础。在这个意义上,要推进乡村道德建设,就必须以搞好经济发展为前提,要在建立新型经济关系的基础上建立新型伦理关系。

(三) 以现代道德助推乡村经济发展

历史唯物主义揭示了经济与道德关系的一个方面,即经济基础决定社会道德;马克斯·韦伯和弗朗西斯·福山揭示了经济与道德关系的另一个方面,即道德观念水平对经济发展具有非常重要的前提制约作用。韦伯强调资本主义精神对于资本主义社会形成的重要性,认为"不管在什么地方,只要资本主义精神出现并表现出来,它就会创造出自己的资本和货币供给来作为达到自身目的的手段"②。福山则说明了一个社会的信任度对于该社会经济发展的制约作用,他指出:"对于塑造着社会的工业经济的本质,社会资本有着深刻的影响。如果在同一行当中工作的人们因为共同遵守的道德准则体系而互相信任的话,那么商业成本就会降低。这样的社会更能够在组织结构上实现创新,因为高度信任使各种社会关系得以形成。"③任何一种类型

---

① 《马克思恩格斯全集》第30卷,人民出版社1995年版,第107页。
② [德]马克斯·韦伯:《新教伦理与资本主义精神》,于晓、陈维纲等译,生活·读书·新知三联书店1987年版,第49页。
③ [美]弗朗西斯·福山:《信任——社会美德与创造经济繁荣》,郭华译,广西师范大学出版社2016年版,第30页。

的经济，都需要与之相适应的人和社会关系，这种需要会通过两种不同的方式体现出来：一个是在新型经济关系建立之后，经济会作为一种推动力在社会各方面推广自己的要求，正如马克思当年说资本就是"以太之光"一样；另一个是在新型经济关系建立之前，经济发展更需要作为其前提的人、关系与观念。这种人、关系与观念并不是新经济关系的产物，而是传统经济关系或传统文化的产物，但它对新型经济关系的建立与发展起着非常重要的作用。

中国乡村正处于现代化转型之中，传统自给自足的封闭生活正在向以市场为基础的开放生活转变。当然，这个转型和转变不是纯粹自发的，在很大程度上是自上而下被推动的。要使这一转化过程更为顺利、更为快速，要使乡村社会更快更好地融入市场经济，就要求村民能够尽快实现价值观念的转化。这是一个需要独立展开的宣传教育工作。一方面，传统村民的部分价值观念与市场经济是吻合的，比如说重利取向、勤劳节俭都有利于村民融入市场经济；另一方面，城市社会中已经形成了相对成熟的、与市场经济相适应的价值观念，这些价值观念也可以从外部影响村民。从这个意义上讲，努力提升乡村道德水平，是推进乡村现代化进程的有力保障。

三、村民美德和经济正义

透视中国乡村经济伦理可以有两个视角：一个视角来自美德伦理学，讨论中国村民的美德品质与价值观念；另一个视角来自规范伦理学，讨论中国乡村经济活动的行为规范。从美德伦理学的角度看，中国乡村经济伦理最终凝聚为村民美德；从规范伦理学的角度看，中国乡村经济伦理最后落脚到正义规范。

（一）分析视角：美德与规范

能够提供行为指导的伦理学有两大类：一类是以中国儒学、亚里士多德、麦金太尔、桑德尔等为代表的美德伦理学，强调通过培养美德来指导行为。一类是以功利论和义务论为代表的规范伦理学，强调通过理性认知来指导行为。美德伦理学以"人"为焦点，强调做一个什么样的人，过一种什么样的生活；规范伦理学以"行为"为焦点,强调遵守什么样的行为律令,选择什么样的行为。在行为指导上,美德伦理学强调德性的作用,认为美德在任何行为情境下都能发出合适的行为指令,使人随心所欲而不逾矩;规范伦理学强调理性的作用,认为理性能够根据最高道德原则推出特定行为情境下的行为规范。赫斯特豪斯曾经以区别于规范伦理学的方式描述过美德伦理学,她指出:"(1)一种'以行为者为中心'而不是'以行为为中心'的伦理学;(2)它更关心'是什么',而不是'做什么';(3)它着手处理的是'我应当成为怎样的人',而不是'我应当采取怎样的行为';(4)它以特定的德性论概念(好、优秀、美德),而不是以义务论概念(正确、义务、责任)为基础;(5)它拒绝承认伦理学可以凭借那些能够提供具体行为指南的规则或原则的形式而法典化。"①

在分析中国乡村经济伦理时,我们应该选择美德伦理学还是规范伦理学呢?这或许应该由中国乡村伦理的现实特点来决定。从总体上看,中国传统伦理学既不是纯粹的美德伦理学,也不是纯粹的规范伦理学,而是以"伦"为基础,是美德伦理学和规范伦理学的混合。孔孟开创的仁学理论强调天生的道德情感,最后指向了"仁义礼智信",这代表的就是一种情感主义的美德伦理学。这种美德伦理学观念在中国乡村可以说是根深蒂固,中国村民跟人打交道时首先考虑的是这个人"为人"怎么样。而从"仁学"发展而来的"礼学",详尽规定了各个社会角色在各种生活情境中的行为规范,这代表的就是一种中国式的规范伦理学。这种规范伦理学观念在中国乡村同样根深蒂固,规范都被具体化为一条条的"家教""族规"和"乡约"。朱贻庭教授曾经指出:"所谓'族规''乡约'就是这种情理交融的'伦理'的制度化体现。"②在中国村民看来,"为人"和"处世"是一体的,"为人"怎么样就体现在"处世"怎么样之中。因此,中国传统伦理思想在本质上是美德伦理学与规范伦理学的结合。

(二) 村民美德

与规范伦理学相比,美德伦理学不仅从"行为"转向了"行为者",从"理

---

① [新西兰]罗莎琳德·赫斯特豪斯:《美德伦理学》,李义天译,译林出版社2016年版,第27页。
② 朱贻庭:《"伦理"与"道德"之辨——关于"再写中国伦理学"的一点思考》,《华东师范大学学报》(哲学社会科学版)2018年第1期。

性"转向了"情感",从"行为规范"转向了"内在品质",而且还有一个被规范伦理学遗弃的内容,这就是个人的价值观念。在西方传统社会,"善"是伦理学的核心概念,价值观念一直是伦理学讨论的重要内容。但进入近代社会之后,"善"被非道德化了,被纳入个人自由的范围,成了个人偏好的东西,规范伦理学不再讨论"善"的问题,而只讨论"正义"问题。詹世友教授曾经指出:"古代伦理思想基本上是以善来规导正当,而伦理学的近代转型则表现在确立正当对善的优先性。"①只有在传统和复兴的美德伦理学中,包括价值观念在内的"善"概念才具有重要地位。从这个意义上说,分析中国乡村经济伦理必然不能离开美德伦理学。因为中国传统文化从来不把价值选择视为纯粹个人的事,而是将之视为整个社会的、需要公开讨论和具体指导的事。比如说,"义利"关系问题就是中国知识分子争论了两千多年的问题。

中国村民的经济美德具有三个主要特征:第一个是世俗性。中国村民长期生活在土地上,主要依靠农业生产维持生计,他们文化水平普遍不高,也很少与外界接触。这就决定了中国村民具有强烈的世俗性,他们更加注重实实在在的物质利益,更加强调个人和家庭的安全稳定,更加追求"老婆孩子热炕头"的百姓生活。第二个是伦理性。梁漱溟认为中国社会是一个"伦理本位的社会"②,个体都是特定伦理实体的组成部分。这个特点在乡村体现得最为明显。在大多数社会活动(包括经济活动)中,中国村民不是以个人身份出现的,而是以家庭成员或家族成员身份出现的。家庭中的血缘亲情关系,对中国村民的经济美德具有十分重要的影响。所以,对中国村民来说,一定是家庭或家族利益高于个人利益,不顾家庭利益的人在乡村很难立足。第三个是坚韧性。因为生产力比较落后,为了维持家庭的生存,中国村民必须付出非常艰苦的努力。一方面是过度的勤劳,只有勤劳才能产生物质财富;另一方面是严格的节俭,只有节俭才能度过困难时期。因此,大多数中国村民非常能吃苦,能够忍受恶劣环境,因而造就了勤劳节俭的优秀传统。华中师范大学徐勇教授的评价是:"是勤劳而不是技术扩张了中国经济的竞争力。"③

---

① 詹世友:《西方近代正当与善的分离及其伦理学后果》,《道德与文明》2007年第6期。
② 梁漱溟:《乡村建设理论》,商务印书馆2018年版,第28页。
③ 徐勇:《农民理性的扩张:"中国奇迹"的创造主体分析——对既有理论的挑战及新的分析进路的提出》,《中国社会科学》2010年第1期。

（三）经济正义

在中国传统社会，"经济正义"从不是一个重要问题。在自给自足的小农社会，家庭就是最基本的生产单位，家庭中的关系由血缘和亲情决定，每一个人都是家庭共同体中的一个成员，处于相对固定的家庭位置，承担相对固定的家庭角色。在家庭这个生产单位里，不存在经济正义问题。因为那里没有独立的个人利益，只有共同的家庭利益。所有的经济分工和合作，都以家庭为单位进行，这里几乎谈不上对个人利益的侵犯问题。另外，小农社会的自给自足性使得每一个家庭在经济方面基本上是自足的，家庭与家庭之间的经济交往非常少，一个家庭侵犯另一个家庭经济利益的情况也很少发生，只有极少数的土地纠纷、灌溉纠纷。所以，从这个意义上讲，"各人自扫门前雪，休管他人瓦上霜"是中国传统村民的常态，经济正义不构成乡村经济生活的重要主题。

但进入现代社会之后，市场进来了，家庭作为封闭的经济单位被打破了。在越来越普及的经济合作与经济交往中，村民开始越来越多地以"个人"身份参与经济活动。在现代乡村经济活动中，血缘亲情的关系不再那么重要，更多没有血缘亲情关系的人成为经济合作对象。在这种新型的经济合作中，每一个人都是独立的经济主体，都有自己独立的经济利益。每一个人都有可能侵犯他人的经济利益，其经济利益也有可能被他人所侵犯。进入市场状态的村民就像进入社会状态的自然人一样，最关心的事情就是"尽其可能地保护他的生命"[①]。在不需要利益分配的家庭经济中，经济正义问题几乎不存在；而在需要利益分配的市场经济中，经济正义问题就成了头等重要的大问题。可以说，经济正义问题构成了现代乡村经济伦理最重要的问题之一。

四、小农传统与市场诉求

中国乡村正处于现代化转型之中，振兴乡村计划，建设美丽乡村，目标都是要建设一个具有中国特色的现代化乡村。在乡村现代化尤其是乡村经济现

---

① ［英］霍布斯：《论公民》，应星、冯克利译，贵州人民出版社2003年版，第8页。

代化过程中,始终有两股力量在起作用:一个是在两千多年小农经济中形成的乡村传统,一个是在新兴市场经济中遭遇的现代诉求。这两种力量,共同推动了中国乡村经济伦理的发展。

(一) 小农传统

两千多年来,中国乡村始终维持着自给自足的小农经济。除了租田佃地、赋税劳役之外,家家户户都过着自给自足的生活。生产力低下,生产工具落后,只能依靠基本的人力和畜力,生活艰难的中国村民只能本着"生存至上""安全第一"的经济原则,努力"以稳定可靠的方式满足最低限度的人的需要"①,极尽可能地勤劳节俭,极尽可能地利用一切可以利用的资源。自给自足、自产自销,家庭成为一个封闭的经济单位,基本上不需要与其他人进行经济合作与经济交往,村民之间只进行极少的经济交往实践。长期依附在土地上,在固定的土地上获取生活资料,在代代相传的土地上生存繁衍,使得村民们具有深深的恋土恋乡情结。周晓虹教授指出:"乡土性是传统中国农业文明的底色,是传统农民的重要的心理与行为特征。"②

即便在步入现代化的今天,中国乡村仍然无法摆脱传统精神的束缚。市场经济来了,新的生产方式来了,新的经济合作来了,这些都带来了现代社会的新变化。但是,中国乡村至少有两个东西无法被根本改变:一个是村民对土地的依赖。现代乡村的经济活动仍然必须在土地上进行,构成农业主要内容的农林牧副渔必须依赖土地;现代乡村的家庭仍然必须建筑在土地上,基本的家庭生活和社会生活都必须在土地上进行。土地是无法迁徙的,这决定了现代村民仍然具有"安土重迁"的观念。另一个是家庭及社会结构。尽管现代乡村存在着大量市场活动,但是,家庭内部的合作仍然是乡村经济活动的主体,家庭内部的关系仍然起着非常重要的作用。在一个自然村里,大多数家庭仍然存在着一定的血缘关系,大多数村民往上回溯几代都是同一个祖先。在经济交往中,村民们仍然倾向于与有血缘亲情关系的人合作。也就是说,即使

---

① [美]詹姆斯·C.斯科特:《农民的道义经济学:东南亚的反叛与生存》,程立显、刘建等译,译林出版社 2001 年版,第 16 页。
② 周晓虹:《传统与变迁——江浙农民的社会心理及其近代以来的嬗变》,生活·读书·新知三联书店 1998 年版,第 46 页。

在今天,土地和血缘仍然在乡村经济生活中扮演着非常重要的角色。这种血缘和地缘关系在经济互助活动中体现得非常明显,王铭铭教授曾经指出:"真正有互助行为的家户,一般有特定的关系。在地方社会互助中,通常有三类关系被卷入,它们的名称是'堂亲'(由家族房份聚落界定的族亲关系)、'亲戚'(由婚姻界定的关系)以及'朋友'(或相对于'生人'的较为亲近的'熟人',包含结拜关系)。"①

(二) 市场诉求

现代化过程在很大程度上就是一个市场化过程。中国乡村的现代化过程就是从自给自足的小农经济转向自由开放的市场经济的发展过程。从传统走向现代化,就是从独立封闭走向开放合作。在这一转化过程中,中国农民重利求利的本性没有变,改变的是求利的方式。生产的导向变了,产品不再用于满足自己家庭的需求,而是用于满足市场和他人的需求。生产的关系变了,生产单位不再局限于家庭,而是开始与没有血缘关系、甚至是完全陌生的人合作。生产的能力变了,动力不再仅仅来源于自然(人力和畜力),而是更多地依靠现代科学和技术。生产的意义也变了,传统耕种纺织生活代表的就是人生,而现代经济生活更体现为赚钱的工具。可以说,从传统农村到现代乡村,从传统小农到现代农民,从传统耕织到市场活动,以前关于农民致富的诸多束缚都被解除了。

传统乡村经济更接近于家庭生活,而现代乡村经济更接近于市场生活。很显然,家庭生活的道德观念和伦理规则无法满足和适应市场生活的需要。传统农业依赖自然,强调经验,而现代经济更依赖科技,强调知识。这些知识并不是来自父辈或者自己的经验,而是来自农业科学家。家庭生活以血缘亲情为基础,通过血缘来区分人际的远近亲疏;市场生活以供需关系为基础,更重视独立主体的平等权利。传统生活更重视"情",强调以"礼"来维系各种关系;现代生活更重视"利",强调以"法"来协调各种关系。王露璐教授曾经总结过中国乡村治理中"礼"与"法"的关系,她指出:"田野调查的结果显

---

① 王铭铭:《村落视野中的文化与权力——闽台三村五论》,生活·读书·新知三联书店1997年版,第179页。

示,'通过法律途径解决'所代表的法治秩序、'找熟人解决'的传统礼治秩序和'找村委员或村党支部解决'的新型礼治秩序,共同构成了当前我国基层农村解决利益纠纷的基本路径。"①从传统生活一步步走向市场生活,要求现代农民逐步形成与市场经济相适应的道德观念,熟悉与市场经济相适应的伦理规则。

(三) 市场与家园的融合

但我们仍然必须注意到,现代乡村既是现代的,同时也是乡村的。一方面,现代乡村不同于传统乡村,它处于现代社会之中,是现代社会的构成部分,其自身包含最基本的现代要素。另一方面,现代乡村也不同于现代城市,它在本质上仍然是乡村,仍然保留着乡村最基本的经济生活。从这个意义来说,现代乡村是市场经济与家园生活的结合,现代乡村不可能也不应该变成现代城市,同时不可能也不应该回到传统乡村。市场经济与家园生活这双重因素,给现代乡村提出了一个重要问题:如何理解这二者的关系?

我们可以看到,随着城镇化进程的加快,中国确实有很多乡村被城镇化了。尽管如此,我们仍然相信:中国的乡村不可能完全城镇化,中国的乡村不可能完全消失。正如笔者在一篇论文里所说,"实际上,终结和消失的只能是纯粹传统意义上的农民,农民本身不可能终结和消失"②。在中国现代乡村一定会继续发展的前提下,市场与家园将会是一种什么样的关系呢?事实上,中国乡村的现代化正在如火如荼地进行,在这么一个阶段,市场经济的介入以及对市场经济的适应将是中国乡村需要做的最重要的事情。这个时候体现出来的是一种变化,是从传统步入现代的变化。在这个变化中,新兴因素必然会占据主导地位,中国乡村处处充满的都是新兴事物。不过,我们想思考的问题是:一旦乡村现代化进程基本结束,市场不再是新兴事物,而是沉淀为农村生活的常规性结构,那个时候的中国乡村会是什么样子呢?笔者的理解是:市场经济将重新回到获利工具的应有位置上,幸福的家园生活才是生活的最高目标。经济、政治、社会、文化和生态,一切都应该服务于乡村的幸福家园生

---

① 王露璐:《伦理视角下中国乡村社会变迁中的"礼"与"法"》,《中国社会科学》2015 年第 7 期。
② 李志祥、芮雅进:《中国农民经济德性的现代转型》,《齐鲁学刊》2020 年第 1 期。

活。从这个意义上讲,未来的乡村经济伦理应该是价值理性与工具理性的统一,村民幸福生活构成乡村经济伦理的终极价值,适宜的村民德性、和谐的经济关系和先进的经济制度构成乡村经济伦理的主要内容。

第一章 中国乡村经济伦理的理论资源

19世纪末开启的社会学意义上的中国乡村研究,至今已有一个半世纪的历史。这一源于西方学术脉络——海外汉学的研究对象:中国乡村社会与中国农民,决定了"中国乡村"这一研究对象最初是作为"他者"被发现的。围绕"他者"的立场,展开了中国乡村研究的两种研究范式"道义—理性"和"传统—现代"。其研究视角建立在西方二元论的分析结构之上,自20世纪始中国乡村社会学就吸引了众多中国本土学者的加入,如费孝通、吴文藻、晏阳初等。这些中国社会学家就其教育背景而言,虽然接受的是西方的学术训练,对中国乡村的研究运用了西方现代科学研究方法,但最终归止于中国乡村本土性的确立,其研究成果之所以享誉国际学术界也正基于此。

根据导论中对于"乡村经济"和"经济伦理"的理解,"中国乡村经济伦理"就是指存在于中国乡村经济活动中,通过规范、德性、行为、制度等体现出来的各种伦理现象。但在进行中国乡村经济伦理的具体研究之前,有必要对中国乡村经济伦理的理论资源进行梳理,回顾和探讨若干经典理论在这一研究领域中的资源意义及应用路径。根据不同学派的代表人物及其学术理论的差异,我们可以将现有的理论资源大致上归纳为四种:以马克思为代表的封建小农理论,以费正清、列文森、佩克为代表的海外中国学理论,以斯科特、波普金为代表的小农理论和以费孝通为代表的乡土中国理论。

第一节
马克思:对封建制与"小农"伦理特征的分析

在马克思关于社会形态的分析中,封建社会产生了小农。马克思在《路易·波拿巴的雾月18日》一文中提到:"小农人数众多,他们的生活条件相同,但是彼此间并没有发生多种多样的关系。他们的生产方式不是使他们互相交往,而是使他们互相隔离。……这样,法国国民的广大群众,便是由一些同名数简单相加形成的,好像一袋马铃薯是由袋中的一个个马铃薯所集成的那样。"①马克思认为,封建社会中的小农作为小块土地所有者或经营者,与资本主义社会的社会化大生产相比较,其生产效率是低下的,生产方式具有明显的分散性和落后性,由此形成的小农人格特征必定带有保守性。这种保守性源自其生产对象牢牢固定在一小块土地上,即在封建土地制度下,由于小农较少接触具有社会交往与市场交换特征的生产生活方式,社会关系在他们生活的世界里也一定是狭蹙、窄小的。

一、土地伦理与产权变革

马克思对封建社会的伦理和社会矛盾的分析建立在封建土地所有制基础之上,他强调,"小块土地所有制的经济发展根本改变了农民对其他社会阶级的关系"。② 分散且单一的生产生活方式为小农道德观念及思想意识奠定了物质基础。小农劳动状态孤立且分散,"在这种情况下,财富和再生产的发展,无论是再生产的物质条件还是精神条件的发展,都是不可能的"③。因而,小农的伦理意识一定会与生俱来地带有自私狭隘、自由散漫等各种各样的缺点。与小资产阶级的自私自利相比,小农意识的保守性、愚昧性则表现得更加明显。正是基于此,马克思认为资本主义社会化大生产必然取代传统和封闭的小农生产方式和生活方式,在道德上具有进步意义。

伦理视角下的我国乡村经济发展研究与马克思以经济为基础对小农及其伦理特征的分析基本逻辑思路相同,即从土地资本的历史变迁去研究农村伦理道德的演变与发展及其深层含义与规律。回首中国乡村经济伦理发展的历史,我们发现其背后的主导因素是乡村土地制度的变革。

从18—19世纪的中国乡村经济发展不难看出,人口的迅速增长与西方资

---

① 《马克思恩格斯选集》第1卷,人民出版社1995年版,第677页。
② 《马克思恩格斯选集》第1卷,人民出版社1995年版,第680页。
③ [德]马克思:《资本论》第3卷,人民出版社2004年版,第918页。

本主义的野蛮进入导致中国土地紧张,紧接着自然经济也开始解体,一些传统社会观念,如重农轻商、安土重迁等在一定程度上被动摇。到了20世纪,中国乡村土地的商品化进程不断加深,乡村社会的生产关系"从一种在认识的人之间、面对面的长期性关系,改变为脱离人身的、短期性市场关系"①。地主阶级被推翻,彻底改变了中国乡村原有的社会生产关系;平分土地,则强化了农民的平均主义思想。这种平均主义思想,在合作化中不断增强并在人民公社运动中达到顶峰。"公""私"界限的模糊甚至两者互相转化,产生了责任不清、平均主义和"等、靠、要"的懒汉思想,②在很大程度上消解了农民千百年来形成的勤俭节约的道德准则。20世纪70年代末,发生于农村的经济改革改变了长期留存下来的平均分配制度,并很大程度上促进农村生产力的高度发展,家庭联产承包责任制等一系列产权变革的实行效果极好。伴随着改革开放,一系列围绕农村的政策开始改革,其中最为突出的是家庭联产承包责任制的实行,使农村长期以来干多干少、干好干坏都一样的生产方式被打破,效率优先且充满活力的生产方式,大大促进了农村生产力的发展。中国乡村的经济繁荣,推进了现代经济伦理观念在中国乡村的进一步普及,多劳多得、讲究效益、农业致富等观念开始深入人心。同时,新出现的农村剩余劳动力以及重建后的农村市场推动了中国乡镇工业的兴起及迅猛发展,这促使中国乡村经济进一步繁荣,现代经济伦理观念在中国乡村社会得到了进一步的普及。回顾现代中国农村变革的逐步发展,中国乡村经济现状的巨变,其中所蕴含的乡村经济伦理变革让人感到意蕴无穷。③

二、制度与制度伦理

按照马克思对土地经济及小农伦理特征的分析,基于土地资本的合伦理性,我们抽出了两组概念:"制度"与"制度伦理"。在日常生活语言中,"制度"是一个模糊不清且充满歧义的概念,被人们在不同的场合使用。不过在

---

① [美]黄宗智:《华北的小农经济与社会变迁》,中华书局1986年版,第212页。
② 王晓毅:《血缘与地缘》,浙江人民出版社1993年版,第110页。
③ 参见王露璐:《乡土伦理——一种跨学科视野中的"地方性道德知识"探究》,人民出版社2008年版,第9—10页。

总体上,人们习惯将"制度"理解为某种规范体系。在伦理学界,罗尔斯指出:"制度理解为一种公开的规范体系,这一体系确定职务和地位及它们的权利、义务、权力、豁免等等"。① 罗尔斯在此强调了制度的规范性层面及社会成员权利与义务的依据。制度经济学将制度理解为"被人制定的规则"②。制度经济学代表人物诺思认为制度"是一系列被制定出来的规则、守法程序和行为的道德伦理规范,它旨在追求主体福利或效用最大化利益的个人行为"③。诺思的理解仍然是行为规则或规范意义上的,只是多了一层社会效用的价值目的。

自新中国成立以来,中国乡村社会发生了翻天覆地的变化,社会制度、经济制度、文化制度也几经变化。在 20 世纪 90 年代,中国思想界出现"制度伦理"概念,高兆明认为出现这一概念的原因有二:"其一,制度变迁问题凸显。一方面,改革开放通过事实上不断进行的制度变迁日益向纵深发展;另一方面,改革开放的进一步发展又将制度变迁问题日益明显地提到人们面前。经济、政治、文化、社会制度体制方面的改革,已成为制约改革开放的一个关键性问题。其二,道德建设任务艰巨。此时的中国在经济快速发展的同时,正围绕着所谓"道德滑坡"与"道德爬坡"在全社会形成广泛的思想争论。"④全社会迫切要求加强道德建设,如何有效地进行道德建设成为一个全民族都在认真思考的问题。这种思想争论主要包含两方面内容:一方面,改革开放过程中,由于既有的道德价值观念受到剧烈冲击,社会出现空前的活力与生机;另一方面,采取何种方式可使社会风尚清明,如何确立符合现代化建设历史要求的现代民族精神。人们在一步步的实践中深刻感悟出,社会风尚清明、社会道德精神建设与发展,不能简单地依赖口头宣传,而应将这种道德宣传落实到实践中,要使人身体力行,必须依靠规范性力量的引导,这种社会规范便是制度。上述两个观点都关注制度创新、制度变迁,以及蕴含在其背后的关于制度"善"的问题。

---

① [美]罗尔斯:《正义论》,何怀宏、何包钢、廖申白译,中国社会科学出版社 1988 年版,第 50 页。
② [德]柯武刚、史漫飞:《制度经济学:社会秩序与公共政策》,韩朝华译,商务印书馆 2000 年版,第 32 页。
③ [美]道格拉斯·C.诺思:《经济史中的结构与变迁》,陈郁、罗华平等译,上海三联书店 1991 年版,第 225-226 页。
④ 高兆明:《制度伦理研究:一种宪政正义的理解》,商务印书馆 2011 年版,第 37 页。

在伦理学学科视角下,"制度伦理"的提出亦有其深刻意义。它意味着在伦理学学科中正在酝酿着一场重要的历史性转向:由个体美德向社会伦理、向制度善的转向。在相当长的时间内,个体美德一直为我们所重视,我们尝试通过一代代新人的培养去打造一个理想社会。"在基层村庄,面对地域性纠纷,调解工作应力求充分尊重地方风俗习惯,以提高调解的灵活性、适应性和效率。应当注意到,伴随着中国社会的整体转型,人民调解制度在乡村社会有效运行的基础发生了一定程度的变化,需要在制度和实践层面及时进行修正与完善,方能更好地展现其在乡村纠纷解决方面的功能和效用。"①这种想法自然不失合理之处,然而,这种实践路径一方面难以与人治分清界限,另一方面亦很难找到解决所谓"道德沦丧"或"道德滑坡"问题的有效途径以及培育一代新人的现实途径。"在美德口号下的虚伪人格,以及普遍的社会道德失范现象,迫使人们将视野由个体美德转向社会制度善。这种视野的转向并不意味着伦理学不再注重个体美德,而是意味着一种思考问题范式的转变:个体美德在一种新的视野之下仍然被关注,只不过它不再是伦理学中的唯一或绝对宰制性的内容。"②

三、分配正义与价值平衡

围绕土地资本正义性展开的制度伦理,其核心问题是分配正义,在社会基本结构层面以社会物质财富分配展开,其焦点是一个"善"的制度应当如何合理分配社会资源。具体言之,社会成员以何种方式从社会中获得社会财富?社会财富贫富差别在何种限度内是合理的,一旦超出了这种限度是否就是不合理的?这种限度是一个实质性的规定,还是一个程序性的规定?社会结构所决定的社会成员从社会中获取自身财富的方式,是以公平为取向,还是以效率为取向,还是二者兼有?如果兼有,在何种意义上兼有?等等。这些构成本文在分配正义这一特殊问题维度对"善"制度追问的基本内容。"在现代多元社会,社会财富分配的一切环节都应当是平等基本自由权利的具体呈现,都应

---

① 王露璐:《伦理视角下中国乡村社会变迁中的"礼"与"法"》,《中国社会科学》2015年第7期。
② 高兆明:《制度伦理研究:一种宪政正义的理解》,商务印书馆2011年版,第37—39页。

当合乎平等基本自由权利这一基本价值精神,因而,公平的正义是社会财富分配的基本价值追求;劳动作为社会成员获得自身物质财富的基本方式,应当是社会基本结构内在具有的基本规定;在合规则的财富交换基础上所出现的社会贫富差别,应当以不伤害弱者的做人尊严为基本限度。"①

公平和效率问题首先是经济学的问题,但同时也是经济伦理学中非常重要的一对范畴。我国在理论和实践上对经济公平与效率关系的关注,是改革开放之后的事情,尤其在市场经济体制确立之后,这一问题得到了人们越来越多的重视。我国关于乡村经济公平与效率关系的论述概括起来有两种观点:第一种观点为效率优先,兼顾公平,可称之为"兼顾论";第二种观点是公平和效率统一,可称之为"统一论"。这两种提法总体上是一致的,只不过侧重点不同。

"兼顾论"是从经济发展政策的角度提出来的。在社会主义市场经济条件下,多种经济成分出现,以及市场竞争作用等因素,导致农民经济收入出现差异,而且有的较为悬殊。"兼顾论"是对如何既坚持市场经济运作机制,保持高效率,同时又不致使农民收入悬殊太大,保持经济公平这一重大现实问题的回答。效率优先既与以发展经济建设为中心的战略相吻合,也吸取了西方市场经济发展的经验和教训。兼顾公平,是为了避免乡村出现过大的贫富差距,为将来实现共同富裕创造条件。

"统一论"进一步总结了"兼顾论"实施的实践经验,提出公平和效率相统一、相协调的主张。注重效率,主要是反对平均主义;维护公平,主要是防止农民收入差距拉大,这是就经济分配领域而言。在乡村经济生活领域中,提出把注重效率与维护公平相协调、相统一作为社会主义道德建设的重要目标之一,侧重从社会生活各个领域去考察,强调二者的统一,既不能互相妨碍,也不能互相替代。

在农村经济中,要注重效率而不是效率优先,维护公平而不是兼顾公平。目的是使每一个农民都有同样的机会,充分发挥自己的能力甚至潜力,提高效率,促进经济发展,避免贫富差距过大,从而维护农村社会的稳定。这里更多的是从道德层面来阐述,更注重解决效率与社会公平的关系对社会、经济、人

---

① 高兆明:《制度伦理研究:一种宪政正义的理解》,商务印书馆2011年版,第160页。

文和道德的影响问题。

事实上公平应当享有对于效率的价值优先性。这种价值优先性的依据在于,首先,"公平以及以公平所标识的人的自由存在关系,是人类存在的终极目的性。效率就其自身而言只是一种手段性存在,不具有终极目的性特质。"①其次,效率无法说明公平,公平却可以说明效率。再次,效率并不能消除社会贫困现象,效率只表明社会财富总量的增加,而不能表明社会财富的合理分配状况。高兆明教授指出:"对于效率与公平关系的这种认识,依赖于对效率、公平概念自身的深刻理解。效率是关于系统活动功能状况的一个范畴。对于人类社会而言,效率则是关于社会资源合理配置基础之上的社会系统功能状况的范畴。尽管我们可以从不同角度、不同层次对效率作出不同的具体规定,但只有在哲学层面才能被真正把握。"②

第二节
海外中国学视域下的乡村经济伦理理论

马克斯·韦伯(Max Weber)在其代表作《新教伦理与资本主义精神》中的核心观点是,新教伦理与西方资本主义的兴起之间存在一种"选择性的亲缘关系"(elective affinity)。韦伯指出,入世禁欲的新教伦理观念导致清教徒产生一种经济理性,这种理性精神开创出了资本主义社会。他尤其强调,新教伦理在开创资本主义过程中具有不可替代的重要地位。"一个人对天职负有责任——乃是资产阶级文化的社会伦理中最具代表性的东西,而且在某种意义上说,它是资产阶级文化的根本基础。"③在研究完资本主义社会后,韦伯又将其理论进一步运用到更为广阔和普遍的世界诸文化中。在《儒教与道教》一书中,韦伯否定了儒教与资本主义发展的内在关系,这一思想在其后数十年中成为相当一部分西方学者研究中国及亚洲问题的重要理论支撑。

---

① 高兆明:《制度伦理研究:一种宪政正义的理解》,商务印书馆2011年版,第260页。
② 高兆明:《制度伦理研究:一种宪政正义的理解》,商务印书馆2011年版,第260页。
③ [德]马克斯·韦伯:《新教伦理与资本主义精神》,于晓、陈维钢等译,生活·读书·新知三联书店1987年版,第38页。

一、费正清"冲击—回应"经济模式

费正清在《美国与中国》中认为,中国传统乡村社会在近代受到西方的冲击,开始摆脱传统走向现代。这种论述后来形成了美国的中国研究的经典理论——"冲击—回应"模式(impact response model)①。费正清明确表示,"独裁主义传统形成了中国传统社会的核心,它是由中国独有的政治、法律和宗教来支撑的"②。这一传统主要根植于中国乡村主导的社会形态,它具有巨大的稳定性,虽然也有发展,不过就中国过去的历史而言,只是周而复始的"周期性王朝变化",其内部无法生发出新的现代因素。1840年以后,西方文明的冲击,一方面彻底打破了中国传统的社会结构和政治框架,另一方面也促使中国人开始崇拜西方文明,自觉向西方现代文明学习。费正清认为:"在工业革命的推动下,这种接触对古老的中国社会产生了灾难深重的影响。在社会活动的各个领域,一系列复杂的历史进程——包括政治的、经济的、社会的、意识形态的和文化的进程对古老的秩序进行挑战,展开进攻,削弱它的基础,乃至把它制服。中国国内的这些进程,是一个更加强大的外来社会的入侵所推动的。"③

二、列文森"传统—现代"经济模式

美国历史学家约瑟夫·列文森在其主要著作《梁启超和现代中国精神》以及三卷本的《儒教中国和它的现代命运》中,表达了两个互为依存的基本观点:其一,从根本上来说,在中国占统治地位的儒教文化与现代社会价值观念是水火不相容的,中国近现代价值观念是在西方文化冲击下的结果;其二,中国只有摧毁传统乡村秩序,才能够建立新的现代国家秩序。④ 在阐述前一个涉及思想史的问题时,列文森主要依据西方殖民主义典型的"冲击—回应"分析框架;

---

① 李帆:《韦伯学说与美国的中国研究——以费正清为例》,《近代史研究》1998年第4期。
② Fairbank, Jhon King, *The United States and China* (Third Edition). Cambridge, Mass: Harvard University Press, 1971. p.5-6.
③ Teng, Ssu-yu & John King Fairbank, *China's Response to the West*. Cambridge, Mass: Harvard University Press. 1954. p.21-22.
④ 参见周晓虹:《中国研究的可能立场与范式重构》,《社会学研究》2010年第2期。

而在阐述后一个涉及宏观社会变迁的问题时,列文森借用了当时流行的"传统—现代"模式,这一模式首先将传统和现代视为互相排斥、水火不容的两个社会体系,而在这个构架下,中国乡村社会是传统的、野蛮的、静态的,西方城市社会则代表着现代的、文明的、动态的;静态的中国乡村无力自己产生变化,它需要在西方强大的外力冲击下才能发生变化,摆脱其乡土性,进入现代化社会。由此,"随着西方的入侵,'传统'中国社会必然会让位于一个新的'现代'中国"[1],而这个中国是"和现代西方社会异常相似的社会"[2]。

三、佩克"帝国主义"经济模式

同列文森相比,佩克的帝国主义模式虽然是在批判"冲击—回应"模式和"传统—现代"模式的基础上提出的,但本身并没有提供更多的理论和历史细节。唯一不同的是,受毛泽东在《新民主主义论》中提出的"自外国资本主义侵略中国,中国社会又逐渐地生长了资本主义因素以来,中国已逐渐地变成了一个殖民地、半殖民地、半封建的社会"[3]的影响,佩克这个在反战背景下成长起来的"左翼"青年,着力揭示了在费正清和列文森那里多少显得"中性"的西方"影响"的罪孽深重的一面。换言之,这种影响是帝国主义对不发达国家的野蛮"入侵",而不是什么开启其现代化新途的文明"冲击"。[4] 其态度是对帝国主义殖民史的批判,而非褒扬。

佩克的帝国主义模式拒绝承认中国乡村社会是传统的、野蛮的、静态的,西方城市社会则代表现代的、文明的、动态的;否认静态的中国乡村无力自己产生变化,它需要在西方强大的外力冲击下才能发生变化,摆脱其乡土性,进入现代化社会这样的观点。在佩克看来,这些无非是西方殖民主义的话语霸权,帝国主义的本质不是文明的冲击而是野蛮的入侵。

---

[1] 周晓虹:《中国研究的可能立场和范式重构》,《社会学研究》2010年第2期。
[2] Levenson, Joseph R, *Liang Ch'I-ch'ao and the Mind of Modern China*. Cambridge, Mass: Harvard University Press. 1953. p.12-13.
[3] 《毛泽东选集》第1卷,人民出版社1964年版,第640页。
[4] 参见周晓虹:《全球化视野下的中国研究》,中国社会科学出版社2012年版,第3页。

第三节
斯科特—波普金争论：生存伦理和理性农民

1976年，美国著名学者詹姆斯·C.斯科特（James C. Scott）出版了《农民的道德经济学：东南亚的反叛与生存》，这是其理论阐释与案例分析相结合的实证研究代表作。在这本书中，作者大胆采纳了经济学家和人类学家的研究成果，论证了"安全第一"是农民最基本的生存伦理原则。在这一原则的理论支持下，斯科特从东南亚的缅甸和越南的农民起义出发，探讨了在市场资本主义兴起的背景下，传统农业社会受到影响的原因，指出农民起义的原因不是贫困，而是租佃制的产生和租佃制、官制对社会发展的压迫。

一、斯科特—波普金争论

"斯科特—波普金争论"是乡村研究理论中最具影响的学术争论。[1] 在《理性的农民》（The Rational Peasant）这本书里面，萨缪尔·波普金（Samuel Popkin）一如既往地认同他的"理性选择"（rational choice）理论，就是所谓的利益最大化是所有人做出决策的理论基础。在这一问题上，农民与商人在本质上几乎相同。在他看来，农民与其他任何阶级一样，他们并不过倾向于集体主义。关于农民的反叛问题，波普金认为现代农民革命的真正根源，是农民为了摆脱村庄首领作为中介从市场中攫取利润。可以看出，对于殖民力量扩张背景下兴起的社会主义市场经济制度，波普金和斯科特持有不同的价值判断："市场到底是给农民及其他贫困的人们带来了机会、使他们得以逃出封建锁链的桎梏，还是以非正义的方式瓦解了传统社会、其结果使得富贵强权者能够强化他们对贫穷弱势者的剥削？"[2]

---

[1] 关于这一争论及波普金的相关观点，可参见刘擎、麦康勉：《政治腐败·资本主义冲击·无权者的抵抗》，《读书》1999年第6期。

[2] 刘擎、麦康勉：《政治腐败·资本主义冲击·无权者的抵抗》，《读书》1999年第6期。

二、道义论与功利主义

通过"斯科特—波普金争论"的比较分析,我们上升到伦理学的一般层面来探讨两者的哲学思想基础,从中抽出两个基本概念:"道义论"与"功利主义"。

道义论伦理学要求在采取道德行为时,主要强调行为的动机是否合乎道德,而不强调行为的后果如何。虽然道义论伦理思想很早就萌发于古希腊,我们可以在柏拉图、斯多亚学派以及中世纪神学家那里找到一些思想资源,但最为人所熟知的还是以康德为代表的道义论伦理思想。

道义论主要相对于功利主义而言,与功利主义强调行为的目的不同,道义论强调行为的动机,在康德道义论伦理学中甚至排斥一切经验性的效果计算。在康德看来,因为经验主义的主观性和随意性会导致偶然性,所以道德义务应该尽全力远离经验性而走向普遍法则——道德律令。道义论伦理思想追求道德目的的普遍性与崇高感,突出道德行为的自律性、自觉性。

功利主义伦理学是一种目的论伦理学。与动机论不同,它强调行为最终的效果。功利主义伦理思想最早萌芽于希腊化时期的快乐主义,不过就完整的伦理学理论体系来说,它是被边沁首创,并且由密尔完善,最后是西季威克完成理论系统化的。从功利主义的发展阶段来看,这个理论可以被区分成古典功利主义与新功利主义。古典功利主义又被称为行为功利主义,边沁和密尔是这一理论的代表;新功利主义又被称作准则功利主义,以西季威克为代表。

通过对道义论伦理学和功利主义伦理学的梳理,我们大致可以发现,斯科特的道义小农的行为选择与道义论伦理学有一定的近似之处,在生存伦理的基础上维系着道德义务的坚守,往往呈现出保守性和落后性等伦理特征,但另一方面凸显出农民的朴实性与道德行为的自律性、自觉性。波普金的理性农民与功利主义伦理学强调的理性计算相近似,认为农民在其经济生活中能根据市场的变化随时调整自己的经济行为,规避风险追求利益的最大化。功利主义伦理学的原则就是追求最大多数人的最大快乐,其背后预设的是经济理性人。

三、道义小农和理性小民

俄国组织和生产学派的代表人物恰亚诺夫是"道义小农"理论的奠基人,他提出了一种"劳动家庭的农场理论,或者说也就是劳动家庭经济活动的理论,而不是一种农民农业生产的理论"。恰亚诺夫认为,"没有工资范畴,农民农场只是用所消耗劳动的实物单位来表示其劳动耗费"。家庭农场的经济投入量和劳动投入程度"取决于需求满足程度和劳动辛苦之间的基本均衡状况"。① 在此基础上,恰亚诺夫否定了现代资本主义生产方式指导下的大农场经济模式的合理性,认为中国农业结构调整最重要的途径是实行纵向一体化,并认为这种农业改革是一项长期的过程。

在日常的乡村生活和劳动中,农民的行为选择应该考虑"安全第一"的生存法则还是追求"利润最大化"?恰亚诺夫是第一个从经济学角度分析这一问题的人。他认为,小农的经济行为是不理性的。农民不同于资本主义时代的"经济人",农民不是生活在资本主义社会中的,农民不是资本主义社会冰冷的"理性动物",而是"新的人类文化和新的人类意识"的代表。他指出,农民与资本家的区别主要体现在两个方面:一是依靠自己的劳动力,而不是雇佣劳动力,所以很难计算工资;二是农民生产的产品主要用于满足家庭的消费需求。农民并不在市场竞争中追求利润最大化,甚至根本无法衡量自己的利润。因此,在经济学中,农民的行为不能用成本和收益来衡量,"小农经济"在农业经济领域形成了一个独特的理论体系,其发展遵循自身的逻辑和原则。

很多学者不同意把农民经济行为看成纯粹出于道义的行为。诺贝尔经济学奖获得者西奥多·舒尔茨认为:"在传统农业中农民缺乏理性的观点是一种'幼稚的文化差别论',农民在考虑成本、利润及各种风险时,与资本主义企业主具有同样的'理性'。无论是种植的谷物数量与种类,耕种的次数和深度,还是播种、灌溉和收割的时间,手工工具、灌溉渠道、役畜与简单设备的配合等等,都是考虑边际成本的收益后所做出的理性选择。因此,农民是理性的经济人。"波普金赞同舒尔茨的观点,认为"农民与商人一样,都会在权衡长短期利

---

① [俄]A. 恰亚诺夫:《农民经济组织》,萧正洪译,中央编译出版社1996年版,第42、59、60页。

益及风险因素之后,为追求最大生产利益而作出合理的选择。在这个基本问题上,并不存在本质的差别"①。正是基于这一分析,他提出了"理性的小农"这一概念。

从农民启蒙的角度看,农民经济理性的释放主要得益于农民、农村和农业政策的调整,这是农民运用经济理性的前提。家庭联产承包责任制的实施,正确处理了公私关系。原本被纳入集体和国家的农民"自己的利益"获得了合法地位,"给够了国家的,留给集体的够了的,剩下的都是自己的",这极大地刺激了农民经济理性的释放。这种经济理性首先直接指向农民及其家庭的生存,即如何维护和保护一个家庭的生命。

第四节
费孝通: 对自然经济的"本土性"伦理的追求

马克思主义经典作家和西方汉学家关于中国乡村社会的研究,为伦理视角下的中国乡村经济研究提供了可资参考借鉴的理论资源。20世纪初,以费孝通为代表的一批中国本土社会学家开始投入中国乡村社会研究之中。他们虽然都是一批留洋学者,接受过西方的学术训练,对中国乡村的研究运用了现代科学的学术研究方法,但其研究目的最终在于确立中国乡村本土性。其中最具代表性的果是费孝通先生于1947年出版的《乡土中国》。该书关于中国传统乡村的社会结构、人际关系和价值理念的精辟分析,已成为研究中国传统乡村社会结构和伦理观念的经典理论。

一、自然经济与本土性的"伦"

费孝通关于中国传统乡村社会伦理特征的分析,在乡村经济伦理问题研究中有了更为直接的应用。在他看来,中国传统乡村社会的所有伦理文化特

---

① S. Popkin. *The Rational Peasant*: *The Political Economy of Rural Society in Vietnam*, Berkeley: University of California Press, 1979. p.5-6.

征都是源于乡土特性的,该特性与中国传统乡村社会的生产方式以及生活方式有着紧密的联系。传统的农业生产很大程度上依靠土地,以务农为主的人们被束缚在土地上,逐渐形成了一种生活习俗:终老是乡、世代定居。所以,这种血缘加地缘建立起来的人际关系就成了中国传统乡村社会人际关系的特色,费孝通用"差序格局"来形容这种社会结构和人际关系,将这种格局比喻成波纹,"好像把一块石头丢在水面上所发生的一圈圈推出去的波纹。每个人都是他社会影响所推出去的圈子的中心"。在这种格局中,社会关系是由私人联系起来的,由此中国乡村形成了重私德而轻公德(团体道德)的传统。同时,生活在乡土社会的人们自儿时相识,这种从小培养起来的熟悉感能够提供一种对彼此的信任,一种知根知底、老乡情结的信任,这种信任"并不是对契约的重视,而是发生于对一种行为的规矩熟悉到不加思索时的可靠性"①。基于此,"礼治"作为维持秩序的基本方式存在于中国乡土社会。费孝通认为,礼这种社会公认合式的行为规范"是经教化过程而成为主动性的服膺于传统的习惯",因此,它不同于法律,也不同于普通意义上的道德,而是更甚于道德,"如果失礼,不但不好,而且不对、不合、不成"②。

可以说,费孝通先生对中国传统乡村社会的概括是非常形象且精辟的,他所作出的"乡土本色""血缘和地缘""差序格局""礼治秩序"等理论概括,可以成为中国传统乡村经济伦理特征的理论基础。其一,有着"乡土本色"的农民,在恋土重农的思维下,将勤奋劳作视为最基本的道德规范。在务农的过程中,勤劳等同于农产品数量的增加和生活质量的提高,这种有劳有得的关系使得农民更加愿意去维护这种道德秩序,由此勤劳被看作农民应具备的基本素质。其二,一个在"血缘和地缘"基础上建立起来的"熟人社会"中,各类活动往往基于双方的信任而不是契约。也正是这种信任,使互助成为乡村农民经济交往的基本道德准则。这种互助常常以"人情"的形式出现,是乡村社会普遍遵循的交往守则。③ 其三,乡土社会是关于"礼治"的社会。该礼治是对传统规则的服从,这些传统规则往往呈现为成文或不成文的村规民约。在变化不大的乡

---

① 费孝通:《乡土中国 生育制度》,北京大学出版社 1998 年版,第 10 页。
② 费孝通:《乡土中国 生育制度》,北京大学出版社 1998 年版,第 52 页。
③ 王铭铭:《村落视野中的文化与权力——闽台三村五论》,生活·读书·新知三联书店 1997 年版,第 174 页。

村社会,行为者自小就对这些村规民约相当娴熟,并且在周围人潜移默化的影响下,外在的规则逐渐被内化,成为自身的行为习惯。因此,这种村规民约是村民们在生活实践中自然而然创设出来的伦理道德,而不是依靠国家强制力得到的结果。①

二、乡村社群主义下美德经济伦理的复兴

费孝通先生强调从美德伦理学视角研究中国乡村经济伦理,因为指向人类生活最基本价值目标和意义向度的美德伦理是农业文明的产物,是传统道德文化中最古老的伦理图式和道德实践。历史悠久的农耕文明实践,孕育了极具中华特色的美德伦理学,使之成为我国传统农业文明生存和进化过程中最重要的推动要素之一。

从本质上讲,美德伦理学是一种经典而完善的道德目的论。乡村美德伦理学坚持以个体农民为主体,其伦理语境是特殊主义的价值目的论。基于这种特殊主义的价值目的论,它所追求的是一个文化共同体的和谐。具体而言,乡村美德伦理反对"现代性"的"普遍规范伦理"诉求,倡导以农民为主体的乡村人的道德诉求。在乡村道德实践过程中,强调以农民个人美德为基础的乡村社会背景或文化传统语境。一种由乡村文化和传统文化或道德构成的"历史叙事"沉淀在乡村的地方道德知识中。因此,所谓乡村美德伦理,是指生活在特定乡村道德文化共同体中的农民,在认同和践行农民这个社会"道德角色"过程中所取得的非凡成就和优秀品质,如勤劳、诚实、朴实、善良等。

美德伦理虽然古已有之,但在近代曾被规范伦理学所取代,个体的品德被搁置起来,道德评价仅仅取决于行为是否符合功利原则或道义准则。美德伦理学作为一种对古代道德哲学的复兴,它是当代伦理学的新发展。回顾美德伦理学复兴的历史,我们可以追溯到1958年英国女哲学家伊丽莎白·安斯库姆(G. E. M. Anscombe)的著名论文《现代道德哲学》,它被公认为美德伦理学复兴的第一篇论文。在该文中,安斯库姆指出近代伦理中的所谓原则或道德

---

① 参见王露璐:《乡土伦理——一种跨学科视野中的"地方性道德知识"探究》,人民出版社2008年版,第15-16页。

律令实际上是外在于人的,与行为者本身的需要、欲望、情感没有关系。20世纪六七十年代,关于人的美德开始在大学的课堂上被讨论,人们越来越对美德之类的话题感兴趣,如"道德主体的动机与品性"。尽管这些讨论在当时很流行,在一定程度上挑战了功利主义和义务论伦理学,但美德伦理学的理论体系相当松散,并没有确立自己的伦理原则。直到80年代,麦金太尔把美德伦理学研究向前推进了一大步。麦金太尔认为,在古希腊的城邦中和亚里士多德的伦理学中,德性和规则都发挥了恰如其分的功能,但是在现代社会和现代道德哲学中,道德规则具有了中心地位并且发挥了头等重要的作用,而德性则逐渐被边缘化了。按照麦金太尔的观点,虽然德性的边缘化从斯多葛主义就开始了,但其实现还是在现代道德哲学中,特别是要休谟、亚当·斯密、康德、密尔和罗尔斯的道德哲学中。[1] 80年代初,随着麦金太尔的《追寻美德》、阿兰·布鲁姆的《美国心灵的封闭》、妮尔·诺丁斯的《关爱》等著作的出版,美德伦理学渐渐形成声势。[2]

三、经济共同体与村民美德

"家族系统"构建下的经济共同体是中国乡村经济伦理研究的重要部分。家族共同体通常是维系和提高村民认同的自然组织。就中国乡村经济伦理而言,家族在乡村经济生活中发挥的作用主要体现在人情往来和经济互助之中。在自给自足的小农社会中,家族是最基本的生产单位,人丁兴旺甚至是一个大家族财富的象征。大家族中伦理关系的基础由血缘和亲情决定,每一个人都是家族共同体中的一个成员,扮演着固定的家庭角色。在家族这个经济伦理共同体中,个人的利益和家族的利益休戚相关,其经济美德的最终目的是整个家族共同体的繁荣昌盛。小农社会的自给自足性使得每一个家族在经济生活方面基本上是自足的,因而与自由市场保持有一定的距离。弗里德曼在其著作《中国东南的宗族组织》中勾勒了一个层次分明、同时具有动态性的宗族经济伦理网络体系。弗里德曼摒弃了费孝通的村落以及施坚雅的基层市场,根

---

[1] 姚大志:《麦金太尔的现代道德哲学批判》,《求是学刊》2015年第3期。
[2] 高国希:《当代西方的德性伦理学运动》,《哲学动态》2004年第5期。

据乡村的宗族制度进行研究,他认为"在一个特定的地方宗族中,可能有地主、商人、手工业者以及农民。……总之,村落中的经济运作依赖于一种假设,即家户是独立的经济单位,家户之间的经济关系事实上,或者应该在原则上受市场自由运作的调整。邻里乡亲支付着高额信贷。家族之间经济关系的结构确实经常随着亲属和邻里之间合作的理想而变化"。① 在此,他指出这些宗族的族长往往同具有特殊经济身份的人相关。

李志祥教授认为,处理经济美德层面的经济理性"更强调熟人之间的亲情关爱。经济美德层面的经济理性在本质上是一种工具理性,它不追问自己所服务的价值目标是否合理,因而无法为自己提供彻底的合道德性保障"。② 以人伦为核心要素的各种人伦关系拥有各自的道德标准与规范,这些人伦关系存在于乡村美德伦理的价值观念系统之中,并且其本身也隐藏着有差异的伦理角色及相对应的道德标准,即父有父德、夫有夫德、妻有妻德等等。美德伦理与人伦秩序、等级直接相关,并且在伦理上具有明确次序。在中国人伦价值体系中,孝是第一价值,"百善孝为先"。

---

① [英]莫里斯·弗里德曼:《中国东南的宗族组织》,刘晓春译,上海人民出版社2000版,第21页。
② 李志祥:《现代化进程中我国农民经济理性的扩张、困境与出路》,《伦理学研究》2017年第3期。

第二章 中国乡村经济伦理的历史变迁

梁漱溟称中国社会是一个"伦理本位的社会"①,这一观点也得到了许多当代学者的认可。可以说,伦理型社会对人伦关系的偏重,构成了中国传统伦理和中国乡村经济伦理的基本特征。在这一基本特征之下,中国乡村经济伦理在不同历史发展时期又呈现出各自不同的特色。在古代社会,中国乡村是各自独立的伦理共同体,自给自足的小农经济是主体,血缘和亲情是乡村经济伦理的唯一基础;进入近代社会,中国乡村的自给自足开始受到外来市场的冲击,传统的产品经济与新生的商品经济不断进行冲突与融合,亲情与契约成为乡村经济伦理的两大支柱;在现代社会,中国乡村开始融入商品社会,现代市场支配和改变了乡村经济,现代契约精神逐步压倒传统道义精神,成为乡村经济伦理的最大主宰。正如马克思、恩格斯所说:"发展着自己的物质生产和物质交往的人们,在改变自己的这个现实的同时也改变着自己的思维和思维的产物。不是意识决定生活,而是生活决定意识。"②伴随着中国乡村从古代社会向近代社会再向现代社会的发展变化,中国乡村经济伦理也发生着与之相应的发展变化。

第一节
中国古代乡村的经济伦理

在古代社会,中国乡村是一个一个自给自足的伦理共同体,家庭构成乡村共同体的基本单位。中国古代乡村经济的核心是以家庭为单位从事农业生产,在经济伦理关系方面呈现出生存导向、血缘差序、家庭优先和天人合一等

---

① 梁漱溟:《乡村建设理论》,商务印书馆 2018 年版,第 28 页。
② 《马克思恩格斯文集》第 1 卷,人民出版社 2009 年版,第 525 页。

主要特征,而传统村民则在日复一日的重复生活中,培养出了重利求稳、勤劳节俭、差序信任和乡土情怀等经济德性。

一、基于单一封建制的中国古代乡村

中国古代社会即中国"前现代时期",一般情况下是指在19世纪40年代以前的中国社会,主体是两千多年的封建社会时期。在这个漫长的历史时期,中国社会经历过无数次的朝代更迭,经历过无数次的兴衰轮回,但其最基础的社会性质从未发生过根本性的变化,中国封建社会始终是那个中国封建社会。这份超常稳定,对于整个中国社会是如此,对于中国乡村社会更是如此。帝王的更替、朝代的变迁、国号的变化,似乎都只发生在乡村之外,乡村的内部结构、生活方式甚至思想观念,都未受到根本性的影响,千百年来始终如一。陈忠实先生曾如此描述作为中国乡村典范的白鹿原:"两千多年前的秦始皇在离这道原不过六七十华里的咸阳原上建立第一个封建帝国的时候,这道原上的人这样活着,到两千多年后最后一个皇帝被赶下台的时候,这道原上的人仍然这样活着。"①

(一) 自给自足的小农经济

中国古代社会是一个农业社会,其最重要的特征莫过于以自给自足为基础的小农经济在社会中占主导地位。马敏曾经如此概括"小农经济"的基本特征:"中国传统农业宗法社会结构的经济基础系小农经济,其主要特征是家庭作业、分散经营、生产规模细小、生产技术落后,经济活动以个人关系和血缘关系为基础,缺乏现代资本主义制度下的理性引导与市场结构、农产品商品率极低,基本维持在糊口农业的低水平。"②它既不同于西方传统的庄园经济,更不同于现代的工商经济。小农经济的核心是自给自足。这里所说"自给自足",不仅是指整个社会、整个乡村,而是指一个最基本的生产单位——家庭。"自给自足"意味着对于一个基本单位来说,它既是一个独立的生产单位,同时也

---

① 陈忠实:《寻找属于自己的句子(连载六)——〈白鹿原〉写作手记》,《小说评论》2008年第4期。
② 马敏:《有关中国近代社会转型的几点思考》,《天津社会科学》1997年第4期。

是一个独立的生活单位,这个单位所需要的主要资料基本上都由自己提供。从一定意义上说,"自给自足"对内意味着"共同体",即每一个单位成员都是这个整体的构成部分,彼此互相熟悉,而且分工明确;对外则意味着"封闭",即每一个经济单位彼此独立,基本上不需要与其他单位进行经济交往。

简单地说,小农经济的一个特征是"农",即以农业生产生活为主体。这并不是说中国古代乡村只有农业,而是说中国古代乡村的基础和主体是农业,是农业维系了整个乡村社会的存在和发展。在农业主导之下,古代乡村也有大农业所包括的林业、畜(牧)业、副业和渔业。但在整个经济生活中,农业是主导,林、牧、副、渔业通常是农业生活的辅助或补充。在农业生活中,农民主要面对自然界直接提供给人类的土地。小农经济的另一个特征是"小"。这个"小",一方面是指从事农业活动的规模小,一个完整独立的农业活动,只涉及数量很少的人员、土地、劳动以及产品。另一方面是指从事农业活动的技术低。尽管千百年来中国农民大大改进了劳动工具,提高了作物品质以及生产技术,但这些改进仅停留在充分发挥自然力的低生产力阶段。马克思对这种生产方式的总结是:"这种生产方式是以土地和其他生产资料的分散为前提的。它既排斥生产资料的积聚,也排斥协作,排斥同一生产过程内部的分工,排斥对自然的社会统治和社会调节,排斥社会生产力的自由发展。它只同生产和社会的狭隘的自然产生的界限相容。"[1]

(二) 血缘亲情的家族社会

中国古代社会是一个家族社会,整个社会是以家族关系为基础构建起来的,也就是人们常说的"家国同构"。李安宅在《〈仪礼〉与〈礼记〉之社会学的研究》一书中指出:"总括来说,中国社会只有两种正式而确定的组织,那就是国与家——即国也不过是家的扩大,家的主是父,国的主是君。"[2]整个国家是一个家族,整个乡村是一个家族,整个家庭也是一个家族。家族关系,构成了中国传统社会、中国古代乡村的主线。马敏的概括是:"建筑于小农经济上的以宗族为核心的农村社会组织,以血缘为纽带,以亲情为经纬,

---

[1] 《马克思恩格斯文集》第1卷,人民出版社2009年版,第872页。
[2] 李安宅:《〈仪礼〉与〈礼记〉之社会学的研究》,上海人民出版社2005年版,第55页。

通过宗祠、祖茔、族谱、族规、族长等形式,将农村社会构筑成一个紧密的社会集体。"①

家族关系中的第一个纽带是血缘。在一个家庭中,最基本的关系是血缘关系。费孝通先生指出:"这是血缘社会的基础。血缘的意思是人和人的权利和义务根据亲属关系来决定。亲属是由生育和婚姻所构成的关系。"②一个是长辈与后辈的血缘传递关系,如父母与子女;一个是同辈之间的血缘同流关系,如兄弟姐妹之间。在这种血缘关系中,一方面是以血缘为基础的爱,拥有相同血缘的人彼此天生亲近,相亲相爱。一方面是以血缘为基础的序,拥有血缘关系的人彼此爱多少,通常取决于有共同血缘的比例。这种血缘关系,确定了一个家庭内部各个成员之间的关系,也确定了一个乡村内部各个家庭之间的关系。因为在古代中国,一个乡村通常由同一家族的人组成,而同一家族之间,都有着或多或少的相同血缘。家族关系中的第二个纽带是亲情。这个亲情,不仅是指以血缘关系为基础的亲情,而且是指以婚姻关系为基础的亲情。婚姻关系,是家庭中必不可少的关系,也是血缘关系的基础和助手。有了婚姻关系才有代际关系的存在。不仅如此,婚姻关系,还是古代社会家庭甚至家族向外建立联系的重要渠道。根据优生原则和伦理禁忌,婚姻不能产生于家族内部,只能产生于家族之间。于是,婚姻就搭建了传统乡村社会的家庭和家族对外产生关系的重要通道。在缺乏经济交往的古代社会,婚姻关系在中国乡村具有非常重要的意义。

(三) 尊卑有序的礼俗文化

在中国古代村民思想观念中起重要作用的文化主要有两种:一种是强调现世生活的儒家文化。儒家文化借助统治者和读书人的力量,在中国古代乡村起支配作用,一些具有乡村自治功能的村规民约大多出自儒家学者。另一种是强调来世生活的民间信仰。民间信仰构建了一个区别于现世的来世,神鬼以及转世观念同样深刻地影响了中国村民的思想。在这两种文化中,儒家文化居于主导地位,影响着中国古代乡村的主要生活,包含佛家文化在内的民

---

① 马敏:《有关中国近代社会转型的几点思考》,《天津社会科学》1997年第4期。
② 费孝通:《乡土中国 生育制度》,北京大学出版社1998年版,第69页。

间信仰则居于补充地位,影响着中国古代乡村的生死生活。正是在这个意义上,南怀瑾称儒家为天天要吃的"粮食店",称佛家是社会需要的"百货店"。①

儒家文化是中国古代社会的主流文化,也是中国乡村的主流文化。有学者指出:"儒学是从乡土文化沃土中提炼、升华出来的生存智慧、人生信仰、生活方式和思想学说,反过来,儒学是乡村文明的精神支撑、价值标准、行为规范、生活方式。"②但对中国乡村产生重要作用的儒家文化并不同于在统治者和知识分子中起支配作用的儒家文化。主流儒家文化重义轻利,注重天下情怀,这些因素很难在乡村扎根,真正起作用的是经由村规民约改造过的儒家文化。陈忠实曾经指出:"缓慢的历史演进中,封建思想封建文化封建道德衍化成为乡约族规家法民俗,渗透到每一个乡社每一个村庄每一个家族,渗透进一代又一代平民的血液,形成一方地域上的人的特有文化心理结构。"③村规民约的实质是乡"礼",即村民在各种活动情境中所必须遵守的行为规范。这一套行为规范的基础是由血缘亲情关系界定出来的身份,每一个村民都具有一定的身份,村民与村民之间的关系就是身份与身份之间的关系。这种身份关系的实质是尊卑等级。王沪宁指出:"血缘关系本身就制作出一种生物学上的等级梯度,每个人根据其在血缘上的亲疏远近排定地位,每个人一出生就被决定了他在这个等级系统中的地位。"④而在儒家文化中,维系这套行为规范的,就是耻感。一旦不遵守行为规范,被村民们传扬开来,比家族惩罚、村民议论更有力的是内心的耻感。

在中国古代乡村,包含佛家文化在内的民间信仰也起着不可小觑的作用。佛教等信仰在中国古代乡村拥有一席之地,当然,在乡村起作用的民间信仰异于在寺庙中起作用的宗教文化。寺庙中的宗教文化强调摒弃情欲,普度众生。而在乡村起作用的民间信仰更具有实用性和现实性。有学者指出:"民间信仰相信鬼神的存在,但没有可确定的核心偶像,也没有可描述的核心世界观,没有一套规范的宗教理论,无所谓创世、治世的思想。由于追求现实的实惠和利

---

① 南怀瑾:《论语别裁(上)》,复旦大学出版社 1990 年版,第 6 页。
② 颜炳罡:《"乡村儒学"的由来与乡村文明重建》,《深圳大学学报》(人文社会科学版)2020 年第 1 期。
③ 陈忠实:《寻找属于自己的句子——〈白鹿原〉写作手记》,《小说评论》2007 年第 5 期。
④ 王沪宁:《当代中国村落家族文化——对中国社会现代化的一项探索》,上海人民出版社 1991 年版,第 24 页。

己的目的性,民间信仰甚至不存在救世、度世的理念,不渴求来世的荣华富贵。"①中国村民比较关心两件事:一是希望神秘力量帮助自己解决现实生活中的困难,比如供奉龙王和土地爷、祭拜祖先等就属此类;一是希望自己在来世不受阴曹地府的惩罚,很多村民不敢做亏心事就是出于这种心理。可以说,对来世神罚的恐惧和内心的耻感,共同构成了古代村民道德生活的主要制裁力。

二、家庭为本的经济伦理关系

中国古代农村的经济生活是以家庭为本的,所有的经济活动都是围绕家庭展开的。在以家庭为基本经济单位的小农经济生活中,古代中国乡村形成了既不同于中国现代,也不同于西方传统的经济伦理关系。在人与自我的关系方面,中国古代乡村经济提出了生存导向的要求;在人与他人的关系方面,中国古代乡村经济提出了血缘差序的要求;在人与共同体的关系方面,中国古代乡村经济提出了家庭优先的要求;在人与自然的关系方面,中国古代乡村经济提出了天人合一的要求。

(一) 人与自我:生存导向

中国古代乡村经济活动中的主体,无论是个人还是家庭,其经济活动的目的都非常明显,都是为了满足基本的生存需求。在农业社会,人直接面对自然界,古代的农业社会,生产力极其低下。在生产力低下的农业经济活动中,经济活动只能够满足基本的生存需求,即吃穿住用,结婚生子。黄宗智总结了中国农民的生存导向,他说:"几个世纪以来的中国农民在人口土地的压力下不是遵循追求利益最大化的经济理性原则,而是为了维持整个家庭的生存而投入到哪怕是边际报酬递减的过密化农业生产活动中去。"②在这些需求中,吃是最为基础的生存需求。所谓"民以食为天",就是说吃饱肚子才是农民最基本的需求。为了能够吃饱肚子,农民必须充分利用每一寸土地,迫使土地生长出

---

① 王晓丽:《民间信仰的庞杂与有序》,《西北民族研究》2009年第4期。
② [美]黄宗智:《华北的小农经济与社会变迁》,中华书局1992年版,第58页。

最多的食物。

生存导向从根本上区别于致富导向。生存导向是为了避免死亡和饥饿,而致富导向是为了积聚财富。中国乡村的财富,从生产到生活,都是为了满足生存需求。詹姆斯·C.斯科特曾经引用托尼的比喻来说明传统农民的生存困境,他形容传统小农"就像'一个人长久地站在齐脖深的河水中,只要涌来一阵细浪,就会陷入灭顶之灾'"①。丰年的经济节余,很容易就被亏年的经济亏空抵销。即便真正有一些多余的农产品,乡村也会将其转化为进一步提高生存保障的东西,中国古代多余的财富主要有两个出口:一是购买土地,通过土地的集中成为地主或者大地主。一是修建住宅,扩大住宅面积,对住宅需求精益求精。也就是说,与近现代社会不同,中国古代乡村既不可能为了无限制地积累财富而进行经济活动,也不可能将多余的财富进行资本投资,以便无止境地实现财富增殖。

(二) 人与他人:血缘差序

在古代乡村经济活动中,通常会存在着三种不同的经济关系:一种是家庭内部的分工合作关系;一种是家庭外部的雇佣互助关系;一种是饥荒年份的经济救济或慈善关系。无论是哪一种关系,都带有强烈的血缘亲情色彩,或者是直接的血缘亲情关系,或者是血缘亲情关系的向外扩张。王铭铭教授的调查中占互动总量前三位的是堂亲、亲戚和朋友,三者构成的"社会圈子"是乡村互助的主要场合,他指出:"'社会圈子'一旦形成之后,便以上述的'人情'观念为规范,造成个人(家户)间互动和互惠的形貌。换言之,'社会圈子'不仅是'己'赖以自我发展的'文化器具',而且是人们在一定的社会空间范围内展开具有伦理性和社会交换性互助的场合。"②

家庭内部的分工合作关系是古代乡村经济关系的主体。在自给自足的小农经济中,家庭就是完整、独立的经济单位,是生产单位、生活单位与消费单位的统一。在一个家庭中,所有具有劳动能力的人共同承担整个家庭的全部

---

① [美]詹姆斯·C.斯科特:《农民的道义经济学:东南亚的反叛与生存》,程立显、刘建等译,译林出版社2001年版,"前言"第1页。
② 王铭铭:《村落视野中的文化与权力——闽台三村五论》,生活·读书·新知三联书店1997年版,第181页。

劳动,每一个家庭成员都必须承担相应的劳动任务。在经济分工合作中,户主通常享有最高权威。一方面,户主是一家之主,是整个家庭的财产所有人,他制订家庭劳动的计划和分工,决定家庭生活的消费与支出。另一方面,户主通常也是最具有劳动知识和劳动能力的人,在劳动过程中还负有传授劳动技能、指导劳动实践的责任。因此,在家庭经济活动中,户主享有最大的权威,受到全家人的尊重和服从;而其他家庭成员则服从户主的指派和教导。

家庭外部的雇佣互助关系是古代乡村经济关系的补充。在古代乡村,大多数经济活动都由家庭内部自行解决。但是,也有一些经济活动,是家庭内部无法解决的,这就需要来自家庭外部的帮助。在中国古代乡村,来自家庭外部的劳动关系主要有两种:一种是邻里之间的互助。通常情况下,当家里有大规模的活动,比如盖房子和大型喜丧活动,仅靠自家人无法完成时,有血缘关系的邻里就会互相帮助。这种帮助是相互的,讲究礼尚往来;也是平等的,通常发生在血缘关系之间。有学者分析指出:"互助圈的存在基础在于它的功能性,即农民在日常生活和仪式性的场合,总有一些事情是自身无法独立完成而需要借助他人帮助的。互助行为遵循的行为规则是'互惠',即对等交换。"[①]另一种是短期劳动雇佣。在农作物大规模成熟的季节,仅靠自家人无法在短期内完成农作物收割任务时,一些家庭会请一些短期雇工。这些雇工有的是雇佣家庭熟悉的,也有的是不熟悉的,但无论哪一种,雇佣家庭都会把他们当自己的亲戚对待。

此外,还有特殊饥荒年份的经济救济或慈善。在生产力低下的古代农村社会,一旦出现旱涝虫害等天灾,就可能有人会出现经济无法周转或吃不上饭的情况。每当这种情况出现时,古代乡村可能形成两种解决方式:一种方式是亲戚邻里之间互助,一家有困难的时候,与他有血缘关系的邻里与亲戚们就可能借钱借物,助其度过困难时期,事后再如数归还所借钱物。有学者指出:"与规范的借贷关系不同,亲友邻人相互之间的消费性资金互助不会收取利息,小额借贷也无须制作书面证据,债务期限一般没有明确的约定,债权人如

---

① 宋丽娜:《人情的社会基础研究》,华中科技大学,2011年,第54页。

果没有紧急事由一般也不会催讨。"①另一种方式是外出逃荒。在邻里亲戚无法提供救助的大灾大荒之年,部分农民就可能出外逃荒,也就是在农闲时走村串户的要饭。在古代乡村,村民对陌生的逃荒者都持友好态度,基本上会给予一定的帮助,像帮助自己处于困难时期的亲戚邻里一样。

（三）人与共同体：家庭优先

在古代乡村,最基本的经济单位不是个人,而是家庭。所谓的"自给自足"是指以家庭为单位的自给自足。马克思曾经指出："每一个农户差不多都是自给自足的,都是直接生产自己的大部分消费品,因而他们取得生活资料多半是靠与自然交换,而不是靠与社会交往。一小块土地,一个农民和一个家庭；旁边是另一小块土地,另一个农民和另一个家庭。"②也就是说,在古代乡村经济活动中,个人并不作为独立的、自由的个体存在,而是作为一个家庭成员存在。对内,个人总是作为一个家庭成员与其他家庭成员进行分工合作；对外,个人也总是代表家庭与其他家庭或乡村进行经济交往。既然个人不是以独立个人的名义从事经济活动,那么个人也无须独立承担任何经济责任。从另一方面说,个人几乎没有真正意义上的私事。这些私事要么不重要,没有太大的存在感；要么就被转变为家庭事务,由家庭成员共同承担。还需要说明的是,中国古代乡村的家庭优先性,有一个非常突出的特点,就是家庭的先在性和个人的无选择性。家庭先于个人存在,个人一出生就被注定了所在家庭。在此之后,个人对家庭没有选择权,他没有脱离一个家庭而加入另一个家庭的自由。这就使得家庭的优先性具有更为强大的影响力量。

在乡村经济活动中,具有优先地位的是家庭。以家庭为目的安排一切经济活动,以家庭为单位从事一切经济活动,以家庭为主人拥有一切经济财富。所以,家庭注定优先于家庭成员。杨国枢总结指出："在家族主义的取向下,人们生活圈内的运作一切尽量以家族为重,以个人为轻；以家族为主,以个人为从；以家族为先,以个人为后。更具体地说,是家族的生存重于个人的生存,家族的荣辱重于个人的荣辱,家庭的团结重于个人的自主,家庭

---

① 刘金海：《互助：中国农民合作的类型及历史传统》，《社会主义研究》2009年第4期。
② 《马克思恩格斯文集》第2卷，人民出版社2009年版，第566页。

的目标重于个人的目标。"①家庭会将个人作为家庭成员纳入家庭之中,从而将个人的私事转化为家庭的公事,实现家庭与个人的和谐。至于那些不能纳入家庭事务的个人事务,则有可能受到家庭的打压,需要个人作出一定的牺牲。不过,家庭的优先性还会受到两种更大共同体的限制:一个是由血缘连接起来的家族,一个是由政治连接起来的国家。在古代乡村经济活动中,家族的优先性通常会让步于家族和国家的优先性,但这种让步,并不体现为家庭会主动站在家族或国家的角度思考和安排一切经济活动,而是体现为家庭会被动接受家庭或国家提出的各种经济要求。正如钱穆先生对中国人的概括:"先有家,乃有己。先有国,乃有家。先有天下,乃始有国。先有一共通之大同,乃始得成其为一异个别之小异。"②

(四) 人与自然:天人合一

在古代乡村,人与自然的关系是和谐的。在乡村经济活动中,一方面是以家庭为单位的人类,一方面是以土地、植物和动物为形象的自然界。人类有智慧,有能力,还有工具,能够耕种土地、种植植物、饲养动物,使大自然为自己所用。从这个层面上看,人类好像占据了上风,能够征服和控制大自然。但事实上,古代乡村对大自然的征服与控制是极其微弱的,植物能不能长出来,能长多少;动物能不能存活,能长多快,这些都远远超出了人类的控制范围。所以,并非人征服和控制了自然界,而是反过来,人是"靠天吃饭的"。因为在传统乡村,没有现代科学与技术的参与,人远远不是自然界的对手。人与自然的力量对比,在各种特殊的自然灾害面前体现得最为清楚。面对突发的洪涝灾害,面对肆虐的瘟疫疾病,人类是束手无策的。古代乡村普遍敬拜神灵,就是出于对大自然的深层恐惧。有学者指出:"鬼神在很大程度上帮助人们消解了存在所带来的困惑,只要神司其职,鬼归其位,风调雨顺,四时平安,生活可以宁静安稳地继续,足矣。"③

在天人力量悬殊的情况下,古代乡村大多敬畏自然。因为人靠自然养活

---

① 杨国枢:《中国人的社会取向:社会互动的观点》,《中国社会心理学评论》2005年第1期。
② 钱穆:《现代中国学术论衡》,生活·读书·新知三联书店2001年版,第41-42页。
③ 魏小巍:《圣坛之外:民间信仰中的人、鬼、神》,《思想与文化》2012年第12辑。

了自己，而人又不能完全控制自然，所以，乡村对大自然通常是又爱又畏。在这种情况下，中国古代乡村不太可能过度使用大自然，而是力求在自己能控制的范围内，与大自然保持一定的和谐。对此，方克立先生认为"天人合一"是中国哲学的最高生态智慧，他提出："在中国哲学中占主导地位的是'天人合一'、'民胞物与'、'性天相通'、'辅相参赞'等观念，人与自然不是一种疏离以致对立的关系，而是息息相关、相互依存、内在统一不可分离的关系。"①人类不敢过于触怒大自然，担心会引起大自然的惩戒。

三、生存至上的经济伦理德性

在日复一日的经济活动中，在一代又一代的熏陶教育下，中国古代村民培育出了生存至上的经济伦理德性。在价值取向上，中国古代村民具有重利求稳精神；在生产生活上，中国古代村民具有勤劳节俭品质；在与人交往上，中国古代村民具有差序信任精神；在面对自然时，中国古代村民具有深深的乡土情怀。这些独特的经济伦理德性，深深地烙在中国古代村民的血液之中，支撑了中国古代乡村的经济发展，也支撑了绵延千年的中华文明。

（一）重利求稳

美国农民研究专家斯科特提到，安全第一是农民经济伦理的核心准则，"以稳定可靠的方式满足最低限度的人的需要"②是经济选择的主要标准。村民是物质财富生产的主力军，是中国传统社会的"劳力者"。村民不同于知识分子和统治阶级，当后者痛苦地纠结于"义""利"关系时，现实主义的村民毫不犹豫地选择了"利"，他们强调现实可见的利益，强调自己（特别是家庭）的实际利益。从这个意义上说，中国农民经济德性的核心就在于"好利"。对于中国传统农民来说，经济活动的首要目的是保证家庭这个整体的衣食住行等基本生存需要，而不是为了家财万贯或是资本积累，这最终导致中国农民乐此不疲

---

① 方克立：《"天人合一"与中国古代的生态智慧》，《社会科学战线》2003年第4期。
② ［美］詹姆斯·C.斯科特：《农民的道义经济学：东南亚的反叛与生存》，程立显、刘建等译，译林出版社2001年版，第16页。

地从事高成本低收入的活动。从另一个方面看,中国古代村民的"重利"精神还体现在通过激烈手段来护利上。一旦遇到了利益冲突,重利的村民都不会妥协让步,而是会通过各种手段来维护自己的利益。最常见的矛盾发生在房界和地界处,最严重的矛盾主要发生在水利灌溉上,一旦发生冲突,村民们都会寸步不让,甚至会出现村落与村落之间的集体械斗,直至家族或官府出面调整。

中国传统农民的"重利"精神是和"求稳"精神联系在一起的。多数中国农民不具备冒险精神,不会为不确定的挣大钱而孤注一掷。这是农民在长期自然经济中悟出的心得:他们本身并不具备承受风险的能力,如果贸然以身试险就有可能丧失最基本的生存保障。所以,中国古代村民很少主动放弃能够养家糊口的农业,而是会以农业为基础,辅以其他能赚钱的营生。斯科特深入分析过农民与风险之间的关系,提出了这样的结论:"越是接近生存边缘线——只要处于生存线之上——的家庭,对风险的耐受性越小,'安全第一'准则的合理性和约束力就越大。"[①]诚然,求稳并不代表着排斥新经济事物,农民也能够轻易快速接受风险小且经济收益稳定的新事物。

(二) 勤劳节俭

在生产力低下而赋税严重的古代乡村,只有通过勤劳和节俭,才能满足一个家庭正常的生存需求。正是在这个意义上,"勤"和"俭"已经成为中国古代农民的第一美德。在自然条件相对困难的情况下,劳动是一切财富之母,只有更多的劳动付出才会有更多的劳动收获。在漫长的乡村经济活动中,勤劳精神已经深入中国农民的骨髓,变成了中国农民的本能。中国农民的勤劳精神,一方面表现在劳动时长上。劳动时间跨度非常大,从"日出而作"到"日落而息"长达数十个小时,如果遇到了无法外出的恶劣天气,农民也要利用多种"副业"即小手工业进行室内劳作。另一方面表现在艰苦的劳动条件上。中国农民既不怕气候恶劣,也不怕病痛饥饿,能够忍受各种各样的痛苦和苦难。事实上,中国农民的勤劳程度,是其他国家的农民所无法比拟的。当韦伯抱怨欧洲

---

① [美]詹姆斯·C.斯科特:《农民的道义经济学:东南亚的反叛与生存》,程立显、刘建等译,译林出版社2001年版,第27页。

诸多传统国家的前资本主义劳动态度——"人并非'天生'希望多多地挣钱,他只是希望象他已经习惯的那样生活,挣得为此目的必需挣到的那么多钱"①时,中国的农民不管是在故乡的土地上还是在异乡的土地上均发扬着令人惊叹的勤劳精神。

中国农民的节俭精神同样令人惊叹。在生产力低下产出有限的情况下,只有厉行节俭,物尽其用,才能满足家庭的常规生活需求,才能应对无法预测的自然灾害。在这个意义上,《左传》明确指出:"俭,德之共也;侈,恶之大也。"②可以说,节俭精神已经渗入中国农民经济生活的各个角落。节俭一方面是针对欲望的,中国古代农民只能满足最基本、最迫切的生存需求,各种奢侈性需求都没有立足之地;另一方面是针对各类物资的,面对一次性消费资源,节俭精神要求中国农民不能浪费,特别是严禁浪费粮食。在中国几乎广为人知的《朱子家训》提出:"一粥一饭,当思来处不易;半丝半缕,恒念物力维艰。"③面对可重复性消费资源,节俭精神要求中国农民尽可能地反复使用。衣服、布鞋、被子等纺织品,都是缝缝补补,年复一年,直至完全不能再用为止。这种节俭精神,还体现为一种深深的财富积累情结,中国古代农民偏爱将多余的财富转化为永恒的、可以代代传承的财富,如金银、房屋和土地等。

(三) 差序信任

在农民的经济交往中,最基本的交往是家庭内部的分工合作。很显然,家庭内部的劳动关系是以血缘亲情为基础的,彼此之间是高度关爱的,也是高度信任的。而在对外的经济交往中,农民交往的对象要么是有直接血缘关系的邻里亲戚,要么是有间接亲戚关系的熟人。正是因为与之进行经济交往的人都具有一定的血缘亲情关系,所以中国古代农民在经济交往中具有一种特定的、由血缘亲情衍生出来的信任精神。

中国农民的信任精神具有两个特征:一个特征是对等性。具有一定血缘亲情关系的农民彼此信任,互相帮助,这种信任和帮助通常体现为基于人情

---

① [德]马克斯·韦伯:《新教伦理与资本主义精神》,于晓、陈维钢等译,生活·读书·新知三联书店1987年版,第42页。
② 杜预等注:《春秋三传》,上海古籍出版社1987年版,第126页。
③ 喻岳衡:《历代名人家训》,岳麓书社1991年版,第216页。

模式的利益互惠关系。一方面,从长远目标来看,几乎所有的帮助都是相互并且平等的,即"礼尚往来";另一方面,从近期目标来看,每一次帮助的特征都是独立的、单向的,但都具有"人情"标签。李培林研究员曾经指出:"由人情信用为基础的人情交换不同于市场交换,它不是以等价交换为原则的,但却常常比契约信用更可靠,因为它以'人心'为前提,而不是以金钱为前提。"①这种信任关系是有基础的,同时也是脆弱的。只要错过了一次对等的信任和帮助,事后也没有及时进行补救,那么这种脆弱的信任和互助关系就有可能被终结。

中国农民信任精神的第二个特征是差序性。费孝通先生称之为"差序格局",他说:"以'己'为中心,像石子一般投入水中,和别人所联系成的社会关系,不像团体中的分子一般大家立在一个平面上的,而是像水的波纹一般,一圈圈推出去,愈推愈远,也愈推愈薄。"②中国农民的信任精神源于血缘亲情,他们的信任程度也由血缘亲情关系的远近所决定。血缘越近,信任度越高,越经得起考验;血缘越远,信任度越低,也越经不起考验。这就是说,虽然在中国乡村熟人社会内部存在高度的信任感和互助性,甚至能够由此衍生出"四海之内皆兄弟"的理想,但这种深刻的信任和全面的互助只停留在熟人社会内部,"作为一切买卖关系之基础的信赖,在中国大多是建立在亲缘或类似亲缘的纯个人关系的基础之上的"③。福山同样指认了这一点:"华人非常倾向于信任与自己有关系的人,反之也同样非常不信任自己家族和亲属群体之外的人。"④只信任和帮助熟人,不信任和帮助陌生人,其后果就是催生了不断上演创立—崛起—衰败三部曲的中国式家族企业。

(四) 乡土情愫

从本质上说,中国传统社会就是一个完全的乡土社会。费孝通先生曾言:"从基层上看去,中国社会是乡土性的。"⑤周晓虹教授也认为,在中国传统社会

---

① 李培林:《村落的终结:羊城村的故事》,商务印书馆2004年版,第95-96页。
② 费孝通:《乡土中国 生育制度》,北京大学出版社1998年版,第27页。
③ [德]马克斯·韦伯:《儒教与道教》,洪天富译,江苏人民出版社1995年版,第266页。
④ [美]弗朗西斯·福山:《信任——社会美德与创造经济繁荣》,郭华译,广西师范大学出版社2016年版,第73页。
⑤ 费孝通:《乡土中国 生育制度》,北京大学出版社1998年版,第6页。

中乡土关系最为重要,"乡土性是传统中国农业文明的底色,是传统农民的重要的心理与行为特征"①。在流动性匮乏的乡土生活之中,农民将自己的依恋尽数寄托于"乡"这个生活的根本场所和"土"这个生活的根本手段。薛晓阳教授曾经指出:"如果说乡土依恋是农民的一种文化基因或道德本性,那是因为土地意味着乡村世界全部道德体系的根基。"②

"乡"就是"家乡",就是"故乡"。由于农业严重依附于土地,而土地是无法流动的,所以,依附于一片土地上的农民也是无法流动的。农民的经济活动长期固定在同一个区域,他们熟悉区域内的一草一木,也熟悉区域周围的每一个人,日复一日地接触使中国农民具有深深地恋乡情结。他们热爱自己的家乡,通常会将"家"与"乡"等同,尤其是在外出为官、经商或求学的时候,这种思乡恋乡情结就可能发展到极致。所以,离乡外出的农民非常愿意为家乡付出,愿意通过自己的付出使家乡发展得更美好。

"土"就是"土地",包括田地和山川。所有的生活资源都来自土地,所以中国农民将"土地"视为哺育自己的父母,对土地充满深深的眷恋。由于深知土地对于自己生存的重要意义,所以农民们通常都像爱护生命一样爱护土地。一方面,农民非常重视土地所有权,通常不会轻易出卖土地,除非到了不卖地就活不下去的地步;另一方面,农民非常精细地对待自己的土地,为了让土地能够持续高产,他们不仅精耕细作,而且非常注重养护土地。基于对土地的高度依赖性,农民对土地的眷恋实际上已经超出了土地的价值本身。

第二节
中国近代乡村的经济伦理

中国近代社会,也就是处于近代化过程之中的中国社会,通常包括从鸦片战争(1840年)到新中国成立(1949年)的一百多年时间。中国近代社会处在

---

① 周晓虹:《传统与变迁——江浙农民的社会心理及其近代以来的嬗变》,生活·读书·新知三联书店1998年版,第46页。
② 薛晓阳:《乡土依恋与农民德性:农民德育的道德想象——基于乡土文学研究及其乡村社会的实地调查》,《陕西师范大学学报》(哲学社会科学版)2016年第1期。

社会转型时期,具有独特的二元社会结构特征,即"传统封建主义关系在经济上和政治上已经出现极大的危机并不断衰落,但封建法权关系却未根本废除;资本主义关系已经发展起来,在社会生活中所起的作用越来越大,但市场经济的原则却未在法律上得到确认"①。在这一时期,中国乡村实际上被划分为两个部分:一部分基本上远离近代化进程,仍然停留在传统社会之内;另一部分则被卷入近代化进程,陷入传统与现代的冲突之中。前一节已经详细分析了中国传统乡村的经济伦理,所以本节所说的"近代乡村"主要是指被卷入了近代化进程的那一部分乡村,它们在伦理道德方面也开始了近代化转型。张怀承曾经指出:"近代道德不是传统道德在近代的发展阶段,或传统道德的近代方式,而是与传统伦理道德不同的新的道德历史类型。从传统道德到近代道德,是中国道德发展的历史转型。"②无论是在经济社会、经济伦理关系还是在经济德性方面,中国近代乡村的基本特征都在于传统农耕文明与现代工商文明的碰撞与融合。

一、传统与现代并置的中国近代乡村

马敏对中国近代社会的总结是:"中国近代社会的全部历史变动,可归结为一部从一元性的农业社会结构,中经二元或多元社会结构向一元性工业社会结构的转型史。"③这一近代化进程首先是从城市开始的,主阵地也始终在城市,因为代表近代化的现代工商业就集中在城市里。中国乡村的近代化具有被卷入的特征,是城市的近代化将乡村拖入近代化进程之中。所以,中国乡村近代化呈现出来的画面是:一个来源于传统社会的身体,行走在现代社会的边缘,努力适应着现代社会的新需求。在中国近代乡村,一方面是传统社会的构架与活动,另一方面是现代社会的活动与场面,二者交织在一起,共同支撑着中国传统乡村的生存与发展。

---

① 马敏:《有关中国近代社会转型的几点思考》,《天津社会科学》1997年第4期。
② 张怀承:《论中国近代伦理道德转型的理论意义和历史局限》,《船山学刊》1999年第1期。
③ 马敏:《有关中国近代社会转型的几点思考》,《天津社会科学》1997年第4期。

(一) 乡村贫困加剧

众所周知,中国近代社会尽管跨越了晚清和民国两个时代,但在本质上仍然是一个半封建半殖民地社会,主要存在着三大社会力量:一个是传统保存下来的封建主义力量;一个是内部生长出来的国内资本主义力量;一个是外部入侵进来的国外帝国主义力量。这三大社会力量共同作用于中国近代乡村,对近代农民生活起着各不相同的作用。在近代乡村,封建势力仍然体现为政府和大地主,自耕农需要向政府缴纳一定的赋税,而佃户则需要向大地主缴纳一定的地租,在内外战争不断、经济停滞不前的近代社会,赋税和地租负担都比较沉重。而无论是国内资本主义还是国外帝国主义,一方面是大肆掠夺农村的矿藏资源和棉茶等初级农产品,另一方面是大肆盘剥农村的剩余劳动力,挤压农村资本和传统手工业。如果说传统的封建力量驱使近代乡村仍然停留在传统社会,那么,新兴的国内资本主义力量和入侵的国外帝国主义力量则努力将近代乡村卷入了现代社会。

在传统与现代双重力量的作用下,近代乡村并未出现明显的社会分层,反而陷入了更为贫困的境地。中国乡村的近代化不同于西方乡村的近代化,西方乡村近代化通过将资本主义方式引入乡村,在乡村形成了以现代生产和经营方式为主的大农场和大农场主;但在中国乡村近代化过程中并未出现带有资本主义性质的大农场主。新生产方式产生出来的财富,大部分被投资乡村的国内资本主义和国外帝国主义势力掠走。与此同时,传统生产方式产生出来的财富,又遭到"土豪劣绅"这个特殊乡村阶层的掠夺。"土豪"就是替国家征收苛捐杂税的乡村经纪型政客,杜赞奇曾经指出:"国家捐税的增加造成赢利型经纪的增生,而赢利型经纪的增生则反过来要求更多的捐税。在这种环境下,传统村庄领袖不断地被赢利型经纪取代,村民们称其为'土豪''恶霸'。"[1]"劣绅"则是传统绅士与现代商人的结合,既有政治地位又有经济影响。在自己兴办企业和替政府征收赋税的过程中,土豪劣绅们对小地主和农民巧取豪夺,使得老百姓苦不堪言。因此,有人认为,中国近代乡村最主要的矛盾

---

[1] [美]杜赞奇:《文化、权力与国家——1900—1942年的华北农村》,王福明译,江苏人民出版社1996年版,第238页。

是贫民与土豪劣绅的矛盾。王先明分析指出:"整体而言,虽然地主与农民之间的阶级矛盾冲突也时有发生,却并未形成主要矛盾方面,因为乡村社会并未出现大规模的阶级分化。从清末新政即已开始形成的'绅民冲突'仍然构成民国以来乡村社会民变的主要模式。……基层权势力量与村民的对峙、冲突,豪绅权势无度扩张与乡民基本生存条件的恶化,是乡村社会冲突以及大规模民变发生的直接导因。"①但从总体上看,在国外帝国主义、国内资本主义和土豪劣绅大地主三种力量的叠加剥削下,中国近代乡村陷入了日益贫困化境地,张鸣指出:"农村里因为商品化而出现的两极分化并不多见;从某种意义上说,穷人和富人都在走向贫困,只不过程度不同而已。"②

(二) 双重经济并存

在经济生活中,近代乡村出现了两种不同的经济生活方式。一种经济生活方式是盘踞中国两千多年的封建制度下的传统经济,这种经济生活方式的核心就是自给自足的小农经济,每家每户都过着独立自足的生活。进入近代社会之后,这种经济生活方式仍然是乡村的主体生活方式。王先明明确指出:"直至20世纪二三十年代,中国乡村社会仍是以自耕农为主体的传统社会结构模式。"③只不过在远离大城市的内地乡村,这种自给自足的生活方式就是乡村全部的生活方式;而在受资本主义力量影响较大的大城市周边以及沿江沿海开放地区,这种生活方式只是乡村基础的生活方式,并不构成其生活方式的全部,其意义在于保障家庭日常的吃穿用度所需。在这种经济生活中,乡村仍然以家庭为单位从事劳动,仍然与邻里、亲戚保持着强烈的血缘亲情关系,仍然保有对土地的依恋情感。

在这种传统的经济生活方式之外,近代乡村出现了一种新兴的经济生活方式。新兴的经济生活方式主要有两种:一种是大量种植或饲养适合出口的经济作物,如茶叶、棉花、桑蚕等,甚至还包括鸦片;另一种是大量兴建经济作

---

① 王先明:《20世纪前期乡村社会冲突的演变及其对策》,《华中师范大学学报》(人文社会科学版)2012年第4期。
② 张鸣:《20世纪初开30年的中国农村社会结构与意识变迁》,《浙江社会科学》1999年第4期。
③ 王先明:《20世纪前期乡村社会冲突的演变及其对策》,《华中师范大学学报》(人文社会科学版)2012年第4期。

物的初级加工厂,如茶厂、棉织厂、丝绸厂等。事实上,这些经济生活方式在传统社会已经出现,但进入近代之后,这些经济生活方式发生了两个变化:一是规模扩大了,原来只是小面积种植,在近代社会则发展为大面积种植;二是技术更新了,原来是纯粹的小手工业,现在从国外引入了大量的新兴机械工具。在那些受资本主义力量影响较大的近代乡村,这些新兴的经济生活方式影响日益扩大,基本上触及到了每一个家庭,并且对传统的经济生活方式形成了一定的冲击。有学者提出:"这种由地方上自给自足的经济,进到全国互通有无的经济,再进到全世界互相影响的经济,便是近代中国最大的经济改变。"①

(三) 三种观念交锋

中国近代社会是一个风云际会的社会,各种文化思潮在这里汇集交锋。这些思潮交锋不仅出现在近代城市里,而且也进入近代乡村之中。在近代乡村,主要有三种不同的思想观念在起作用。起主导作用的仍然是中国传统儒家文化。基于中国传统人伦关系的儒家文化受到了三个方面的支持。一是政府支持。无论是晚清政府还是民国政府,都强调中国传统儒家文化,坚持以儒家文化持家治国,梁漱溟先生的乡村建设运动就强调"以中国固有精神为主而吸收西洋人的长处"②。二是地主豪绅支持。近代乡村仍然处于地主豪绅的支配之下,而地主豪绅一般都接受了传统教育,他们用传统文化来治理乡村和家族,并且通过私塾和旧学向乡村青年传播灌输传统文化。杜赞奇指出:"晚清国家政权基本上成功地将自己的权威和利益溶合进文化网络之中,从而得到了乡村精英的公认。"③三是传统生活支持。近代乡村虽然出现了一些新兴生活方式,但传统生活方式仍然是乡村生活的主体,农民们仍然处在大家庭之中,仍然过着相对封闭的农耕生活,最能适应这种封闭生活、最能满足这种生活需求的仍然是传统儒家文化。

除了传统儒家文化之外,近代乡村还出现了两种文化。一是西方现代文化。启蒙之后的现代西方文化强调自由平等精神,这种与市场经济、民主政治

---

① 张玉法:《近代中国社会变迁(1860—1916)》,《社会科学战线》2003 年第 1 期。
② 梁漱溟:《乡村建设理论》,商务印书馆 2018 年版,第 182 页。
③ [美]杜赞奇:《文化、权力与国家——1900—1942 年的华北农村》,王福明译,江苏人民出版社 1996 年版,第 234 页。

相适应的新兴文化观念通过两种方式进入中国近代乡村,一种方式是连同资本主义市场经济一同进入,无论是国内的资本,还是国际的资本,在向乡村推销现代消费品时必然携带着自己的文化观念。另一种方式是随出国留学的富家子弟一同进入。这些人在国外接受了现代西方文明,回国后就开始在各处宣传西方文明,而新式乡村学校就是传播西方文明的主要阵地。通过新式学校、进步青年以及西方各种各样的生活消费品,近代农村部分接受了西方文明。有学者指出,在消费伦理方面,中国近代社会已经出现了适应新兴资产阶级要求的"黜俭崇奢"观念。① 二是马克思主义思想。在涌入的西方文明中,马克思主义理论也占有一席之地,因为马克思主义理论在一定程度上反映了农民的部分需求,在中国共产党的宣传教育下,部分农民接受了马克思主义思想。冯契先生分析了近代出现的马克思主义价值观,他指出:"在近代,一方面提出个性解放的人生理想,另一方面提出大同的社会理想。……这两种理想或价值观的变革就是人道主义和社会主义。"②

二、家庭与市场并存的经济伦理关系

王玉生曾经总结了中国近代经济伦理实践的"二元结构",他指出:"在经济伦理实践上,这一转型——从旧经济伦理(思想)到新经济伦理思想再到新经济伦理实践——发生的范围有限,是在城市完成,而且主要集中在长江沿岸与沿海的'T型带'的狭窄区域。广大农村仍然是传统经济伦理的势力范围,所发生的近代性变化非常有限,从而形成'二元结构'的经济伦理格局。"③中国近代乡村处于从传统乡村向现代乡村过渡的近代化进程,它一方面带有传统乡村的诸多特色,另一方面又具有现代乡村的诸多因素。从总体上说,近代乡村是一个过渡性事物,其最大特征就是各种新旧因素的此消彼长、同时存在。从经济生活方面看,中国近代乡村并没有出现自成一体的伦理关系,既不是纯粹的传统经济伦理关系,也不是纯粹的现代经济伦理关系,而是新旧经济伦理

---

① 陈国庆、杨玛丽:《中国近代消费伦理思想及其当代价值》,《理论导刊》2011年第3期。
② 冯契:《关于中国近代伦理思想研究的几个问题》,《学术月刊》1989年第9期。
③ 王玉生:《中国传统经济伦理思想的近代演变初论》,《伦理学研究》2005年第4期。

关系的各种混杂。其中,传统的家庭型经济伦理关系仍然构成中国近代经济生活的主体,而现代的市场型经济伦理关系则呈现萌芽趋势,部分压制和侵蚀了传统经济伦理关系的影响。

(一) 乡土经济关系主导

在中国近代乡村,传统的乡土经济伦理关系仍然占据主导地位,绝大多数的村民在其主要的经济生活中仍然保留着传统的乡土经济关系。如果撇开地域差异和阶层差异,一个很明显的事实是:在近代乡村,传统经济生活基本上被完整地保存下来了,自给自足仍然是乡村经济生活的主调。土地所有制没有变,农民仍然只拥有少量土地或者向地主租佃少量土地,只能从事小规模的生产劳作。生产方式没有变,家庭仍然是最主要的生产单位,人力、畜力和自然力仍然是最主要的生产动力,铁器、木器仍然是最主要的生产工具,生产出来的大部分产品仍然供家庭自己消费。交往方式没有变,家庭内部的分工合作仍然是最主要的经济交往,与地主、政府的经济关系仍然停留在地租、赋税层面,市场在经济生活中仍然只起辅助性作用。消费生活也没有变,解决温饱问题仍然是农民的头等大事,省吃俭用仍然是农民的持家法宝。人与自然的关系也没有变,只借助人力、畜力和自然力,农民仍然无法控制自然,仍然处于靠天吃饭、听天由命的状态。

尽管传统的乡土经济伦理关系牢牢占据着乡村经济生活的主导地位,但它的影响力已经远远不如传统社会。毕竟在传统社会中,乡土经济伦理关系是唯一的伦理关系,它覆盖着乡村经济生活的每一个角落,时时处处都在发生作用。但在近代社会,乡土经济伦理关系虽然是主体,但不是唯一,不是全部,一部分原来由乡土经济掌控的领域移交给了新兴的现代经济。所以,费孝通先生指出:"强调传统力量与新的动力具有同等重要性是必要的,因为中国经济生活变迁的真正过程,既不是从西方社会制度直接转渡的过程,也不仅是传统的平衡受到了干扰而已。目前形势中所发生的问题是这两种力量相互作用的结果。"① 也就说,我们所说的"没有变"是指主体上没有变,而不是指没有任何变化。事实上,几乎在每一个经济方面,都有新的经济因素和经济关系渗透

---

① 费孝通:《江村农民生活及其变迁》,敦煌文艺出版社1997年版,第9页。

进来,只不过,这些新的经济因素和新的经济关系并没有动摇传统乡土经济关系的主体地位。

(二) 市场经济关系生长

在中国近代乡村,传统的乡土经济关系占据绝对的主导地位,而现代的市场经济关系则处于成长之中。事实上,中国乡村的市场经济关系并非始于近代,根据高翔先生的说法,"从晚明到清初,是早期近代化的酝酿时期;从清初到19世纪中叶,是早期近代化的发展时期",①中国农村早在明代中后期就开始接触并形成了商品经济关系。进入近代之后,国内资本主义和国外帝国主义力量大量涌入乡村,将中国乡村卷入全国乃至世界市场之中,市场经济关系开始在中国乡村迅速成长。需要说明的是,尽管带有资本主义性质的市场经济入侵了中国近代乡村,但并未从根本上改变中国乡村的经济性质。西方的资本主义农场并未在中国出现,现代农业生产方式也没有在乡村形成。可以说,市场经济关系对于中国近代乡村来说,只是一种被迫的辅助或补充,它导致中国近代乡村出现了一些新事物,但并未因此成为中国近代乡村的基础和支柱。

在沿江沿海等开放地区以及华北地区,近代中国乡村涌入了大量的市场经济要素,原来封闭的经济生活中增加了很多对外开放的因素。在农业生产上,传统社会的产品基本上自给自足,首先满足了自己家庭的消费需求,但在近代乡村开始出现了大量的经济作物,传统的棉麻茶桑等经济作物种植面积大大增加,这些经济作物首先并且主要供给市场。在工业生产上,传统乡村家家都自己加工粮食,纺纱织布;进入近代社会之后,农村出现了一批加工企业,部分农民进入了企业从事专门的加工工作,其他农民则通过家庭加工为市场提供初级加工品。彭南生称此为"近代乡村中的半工业化",即"在工业化的背景下,以市场为导向的、技术进步的、分工明确的专业性手工业乡村的兴起和发展"。② 在消费生活方面,传统乡村基本上自给自足,消费品都由自己手工加工提供;但进入近代社会之后,国外机器加工的消费品大量涌入了农村,洋火、

---

① 高翔:《论清前期中国社会的近代化趋势》,《中国社会科学》2000年第4期。
② 彭南生:《半工业化:近代乡村手工业发展进程的一种描述》,《史学月刊》2003年第7期。

洋布、洋油随着铁路和火车进入了农村的家家户户。无论是出于"剥削推动""生存推动"还是"谋利推动"①,中国近代乡村的商品化现象确实比传统社会更多。

三、自立与合作并重的经济伦理德性

在以传统乡土经济为主、现代市场经济为辅的中国近代乡村,村民们仍然保留着基于小农经济的传统经济美德。勤劳节俭仍然是中国近代村民的第一美德,无论是在土地上、工厂里还是家庭中,勤劳仍然是村民获得财富的根本方式,而节俭仍然是村民保障生存的基本前提。血缘亲情仍然是维系经济关系的重要根基,无论是家庭内部、邻里之间,还是与地主的关系方面,以血缘为基础的尊卑意识和关爱精神仍然是经济交往的支柱。敬畏自然仍然是人与自然的核心关系;关爱自然、服从自然仍然是近代村民对待自然的主要态度。但在这些传统经济美德的旁边,以市场经济方式为基础的现代经济美德开始逐步出现,成为传统经济美德的补充和点缀。从总体上看,中国近代乡村发展出了家庭自立与市场合作并重的混合经济德性。

(一) 经济开放心态

在不断接触、参与现代市场经济的过程中,中国近代村民首先生出来的新经济美德是开放心态。中国传统经济是自给自足的小农经济,在这种经济生活中,农民是封闭自足的,不给人也不求人,不与外界发生经济联系。但在市场经济中,农民从供需两个方面被卷入了市场。从供的方面看,近代村民有一部分产品需要进入市场,这部分产品并非自产自销,而是要由外部市场收购;从需的方面看,在外来廉价商品的冲击下,越来越多的日常消费品并非由村民自己生产,而是依赖外部市场提供。费孝通描述 20 世纪 30 年代中国乡村的贸易情况时指出:"在消费品中,消费者生产的只占总数的三分之一。另一方

---

① [美]黄宗智:《长江三角洲小农家庭与乡村发展》,中华书局 1992 年版,第 105-106、114-115 页。

面,农民生产的东西,很多不是生产者消费的。"①外部市场从供需两个方面渗入乡村经济,使得近代村民不得不对市场持开放态度。具有开放心态的村民和家庭意识到,自己不能作为完全独立、与世隔绝的经济体存在,而是必须将自己的部分经济生活对市场开放,必须在一定程度上融入市场,融入一个更大的经济世界。当然,近代村民对市场的开放态度是有限的,他们只有小部分经济生活对市场开放。

近代农民的开放心态不仅体现在对待市场上,还体现在对待新生经济事物上。传统社会的农民是保守的,对新生经济事物基本上持一种排斥态度。但在市场经济生活中,近代村民开始接触了大量的新生经济事物、新的生产工具、新的生产方式,尤其是新的生活消费品。时人描述说:"试观今日之中国,朝野上下,海澨山陬,城乡市井,公卿大夫与樵夫贩妇,虽贵贱不同,贫富差异,无一不身着有洋货,可见我中国四万万同胞皆为洋人销货赐顾之客也。"②在新经济事物的反复冲击下,近代村民的保守心态慢慢打开,在经历一段时间的观望之后,逐渐开始接受这些新生的经济事物。对村民来说,新生经济事物是陌生的,甚至是打破常规的。对新生经济事物的接纳心态有助于村民打破旧的经济生活,迎接新的、更进步的经济生活。总之,不管是出于被迫还是主动,在市场经济的冲击和洗礼下,中国近代村民开始具备了一定的经济开放心态,将原先自我封闭的经济生活部分地向外界开放,并且有限度地接受来自外界的新生经济事物。

(二) 金钱财富观念

近代乡村接触了市场生活之后,产生了一种新财富观,即金钱财富观。每一个社会、每一个人都追求富裕,但富裕在不同的社会、不同的人那里具有不同的含义。古代村民的富裕主要是物质富裕,这个物质主要体现为日常生活必需品及其相关的物质,最核心的是土地、粮食和房屋。在自给自足的时代,这三种物质就表征着财富。在接触到市场生活之后,中国近代村民在物质财富观的基础上,新生了一种金钱财富观,认为金钱是一种比物质更可靠、更值

---

① 费孝通:《江村农民生活及其变迁》,敦煌文艺出版社1997年版,第183页。
② 《重庆商会公报》丁未,第8号。

得追求的财富。这种金钱财富观,在古代乡村也存在,但其地位远远不如近代乡村。对于近代村民来说,自给自足的物质仍然体现为一种物质财富,但进入市场的东西要转化为物质财富,需要经过一种媒介,这就是金钱。在市场生活中,金钱成了无所不能的财富,它可以购买一切物质,包括日常生活消费品。随着与市场接触的日益增加,中国近代村民的金钱财富观念也在不断改变。有学者分析指出:"出于谋生需要和发家致富的激励,19世纪末,尤其是20世纪初以来,寻乌农民与市场的联系更为密切,其经营理念、投机心理、逐利观念、风险意识等市场观念越来越强,日趋成熟。"①

金钱财富观给中国近代村民带来的重要影响是,村民的赚钱意识提高了。以前只知道劳动,现在多了赚钱意识。劳动以生产出来的物质多少为好坏标准,赚钱则以转化出来的金钱多少为好坏标准。大量增长的赚钱意识在一定程度上改变了近代村民对生产方式的态度。什么是好的生产方式?偏重物质财富观的人认为越能满足村民生活需要的生产方式越好,而偏重金钱财富观的人则相信,越能赚钱的生产方式越好。因此,金钱财富观的兴起与发展,部分改变了近代村民的经济生产观念,一些人开始相信能赚钱的生产就是值得选择的生产。有了这样的观念之后,一部分村民才会放弃传统的经济生活方式,转而选择更赚钱的经济生活方式。②马克斯·韦伯曾经略带夸张地指出:"中国人强烈的营利欲,长期以来得到高度的发展,这是毫无疑问的。与非本族的不顾情义的竞争,其强烈程度,没有其他民族可与之相比。"③当然,对于中国近代村民来说,生存保障仍然是第一需求,但赚钱意识的发展,对于中国乡村从古代社会跨入现代社会仍然具有非常重要的意义。

(三)科技进步意识

当先进的现代科技产品随着资本主义力量一道进入乡村之后,中国近代

---

① 游海华:《农民经济观念的变迁与小农理论的反思——以清末至民国时期江西省寻乌县为例》,《史学月刊》2008年第7期。
② 中国近代史学者对近代农民经济行为的动机有三种不同的理解:一是以马若孟为代表的理性小农派,认为中国农民是理性小农,追求利益最大化;二是以夏明方为代表的道义小农派,认为中国农民虽然也有追求更高经济效益的动机,但主导动机仍然是求生图存;三是以黄宗智为代表的综合派,认为中国农民的经济行为是出于谋生需要和收益核算的双重考虑。具体内容可参考李金铮:《中国近代乡村经济史研究的十大论争》,《历史研究》2012年第1期。
③ [德]马克斯·韦伯:《儒教与道教》,洪天富译,江苏人民出版社1995年版,第78页。

村民慢慢形成了一种科技进步意识。进入近代社会以后,中国村民开始见到了来自西方的科技产品,这些产品体现了超前强大的功能力量,在中国传统产品面前具有压倒性的绝对优势。首先是打开中国大门的洋枪洋炮,这些武器将中国传统的大刀长矛土枪土炮打得一败涂地;然后是冒着浓烟轰鸣的火车轮船,这些"怪物"的运载能力超过了中国所有骡车马车的总和;再后是以蒸汽为动力的织布机,这些机器无论是生产能力还是生产质量都超过了有着千年历史的中国传统工艺。在这些现代科技产物面前,尤其是在以现代科技为基础的生产机器面前,中国村民经历了惊讶、不服、抵制、抗争,最后不得不接受的过程。尽管村民无法理解这些机器怪物背后的运行原理,但他们都清楚看到了这些东西的经济功效,都能明白现代机器对于传统工具的强大优势。马寅初曾明确指出:"倘无外国之货物与技术之输入,中国经济社会恐犹是二千年来之社会,而不能有丝毫之改变。今日之得有新式工业,岂非受外国工业品之刺激而始然乎?"①

在亲身体验了西方科技和机器设备的先进性之后,中国近代村民产生了前所未有的科技进步意识。当然,由于在乡村经济中处于不同的地位,不同村民形成的科技进步意识也有程度上的区别。处于底层的村民的科技进步意识相对较弱,只能被动接受现代机器生产出来的部分生活消费品;处于上层的村民的科技进步意识相对较强,能够主动引入国外先进的生产机器;处于顶层的村民的科技进步意识最强,会将子女送到国外接受关于先进科技知识的教育。从总体上看,近代村民已经产生了一定的科技进步意识,虽然这些意识远不如近代知识分子和资本家那样强烈和深刻。费孝通曾经总结过农村中科学与巫术并存的现象,科学负责人力能够有效控制的领域,巫术负责人力无法控制的领域。他指出:"科学和巫术同时被用来达到一个现实的目的。"②尽管如此,近代乡村这些相对微弱的科技进步意识,仍然有助于打破中国传统生产力概念的禁锢,有助于中国乡村接受乃至创造以现代科学知识为基础的机器设备,为中国乡村顺利进入现代经济社会打下一定的基础。

---

① 马寅初:《马寅初全集》第 9 卷,浙江人民出版社 1999 年版,第 390 页。
② 费孝通:《江村农民生活及其变迁》,敦煌文艺出版社 1997 年版,第 129 页。

第三节
中国现代乡村的经济伦理

对于中国以及中国乡村来说,现代化远不是一个完成时,而只是一个进行时。在外来现代因素的冲击下,中国乡村正处在快速现代化进程之中。王玉生曾经提出:"中国近代经济伦理思想总体上是资本主义生产方式的价值合理性,现代经济伦理思想总体上是社会主义生产方式的价值合理性以及对资本主义生产方式价值合理性的反思、调整。"①中国现代乡村经济的核心是以市场为背景的个人生产,在伦理关系方面呈现出以利益为导向、以个人为主导、以契约为纽带等特征。在新兴市场经济的冲击下,中国村民发展出了经济理性、契约人情和适度消费等经济德性。可以说,中国乡村现代发展的关键,既取决于中国乡村经济伦理关系的合理构建,也取决于中国村民经济德性的正确养成。

一、处于现代化进程中的中国现代乡村

中国现代社会通常以新中国成立(1949年)为起点。新中国成立之后的中国乡村,经历了从分田分地到土地集中再到联产承包的发展。而将中国乡村推入快速现代化发展之路的,还应该说是党的十一届三中全会确定的改革开放政策。改革开放最终带来的是从计划经济到商品经济最终到市场经济的转变,三个因素加速了我国农村的现代化进程:第一个因素是最重要的,就是从80年代开始在农村推行的联产承包责任制,这将中国乡村经济拉进了全国市场;第二个因素是80年代后期兴起的乡镇企业,这使得中国乡村的闲置劳动力进入了半工半农模式;第三个因素是在90年代发展出来的劳动密集型加工企业,这使得中国农村的年轻人变成了"打工仔"或"打

---

① 王玉生:《中国传统经济伦理思想的近代演变初论》,《伦理学研究》2005年第4期。

工妹"。①

(一) 以市场经济为主导

中国现代乡村最根本的特征,就是由自给自足的小农经济走向了分工合作的市场经济。邓小平同志在南方谈话中明确指出:"计划经济不等于社会主义,资本主义也有计划;市场经济不等于资本主义,社会主义也有市场。计划和市场都是经济手段。"②一方面,在家庭联产承包责任制的作用下,国家将土地使用权交还给农民,家庭因此拥有经济生产的自主权,想种植什么,想种植多少,完全由家庭自主决定。另一方面,农村市场改变了中国农民的决策导向,使中国农民的经济活动由生存导向走向市场导向。家庭联产承包责任制和农村市场的结合,使中国农村一步步告别小农经济,不断地接受新兴的市场经济。随着农村市场的日益壮大和完善,中国乡村生活越来越深刻地卷入市场经济之中,当农村的生产和消费主体实现市场化之后,中国农村和中国农民就彻底进入市场经济之中。此前,乡村经济生活的主体是自给自足的小农经济,无法自我生产的和超过消费限度的部分产品才会进入市场;现在,乡村经济生活的主体是分工合作的市场经济,只有一些零碎土地上的产品才供自己消费。

市场经济对于中国乡村和中国村民意味着什么呢? 意味着自给自足的封闭经济生活被打破了,被打碎了,被淘汰了,谁也无法关起门来过与世隔绝的小日子了。取而代之的是,通过市场的调节,中国农民必须进入更大范围的分工合作竞争之中。陈嘉明指出:"现代化的过程是一个建立起竞争机制的过程。没有竞争,就没有现代化,没有现代社会的活力。"③以前是自己需要什么就生产什么,自己生产什么就消费什么。现在是市场需要什么就生产什么,市场提供什么就消费什么。以前一切都在自己掌控之中,现在一切都在市场掌控之中。从整个农村的角度讲,以前的农村处于一种封闭割据状态,乡村利用乡村的资源自己养活自己,对外只需要上缴政府征收的税费;现在的农村处于一种完全开放状态,乡村将自己的全部资源(土地、矿藏和人力)投入市场,通

---

① 李志祥:《现代化进程中我国农民经济理性的扩张、困境与出路》,《伦理学研究》2017年第3期。
② 邓小平:《邓小平文选》第3卷,人民出版社1993年版,第373页。
③ 陈嘉明:《"现代性"与"现代化"》,《厦门大学学报》(哲学社会科学版)2003年第5期。

过市场调节从整个产品世界中获得自己的一份。

(二) 以地方政府为引导

在乡村治理方面,现代农村与地方政府的关系不是越来越淡漠了,而是越来越紧密了。在小农经济时代,乡村治理基本上是两条线:一条线是政府统治,一条线是乡村自治。绝大多数私人事务由家庭独立完成,大部分小型公共事务(如子女教育、家族活动等)由家族共同完成,只有少数大型公共事务需要政府完成,包括赋税征收、纠纷调解以及兴修水利和道路交通等工程建设。进入现代社会之后,乡村治理原有的两条线中有一条线被严重削弱了,原来承担重要乡村自治功能的家族基本消失了,以前能够处理众多乡村公共事务的族长也消失了。没有了家族自治,现代社会的农民们越来越深地陷入自己的生活圈子,缺乏对公共事务的关怀,这意味着地方政府需要承担更多的乡村公共事务。除了原来必须承担的事务之外,还必须承担原来由家族承担的事务,如乡村教育、乡村规划等。

从小农经济转变为市场经济,原来不会成为问题的一个现象现在变成了一个严重问题。中国历来地少人多,人均耕地面积非常少。在传统农耕社会,个人以及家庭占有的耕地面积少,这不是一个问题,它反而更有利于以家庭为单位的精耕细作,只要能够保障一个家庭的吃穿住用就够了。但在市场经济中,人均耕地面积少,意味着每家每户只拥有非常弱小的力量,从而难以真正参与到大市场中去。在这种情况下,各自为政的村户必须被组织起来,形成一定的规模生产,才有可能为自己赢得一席之地。这个新生的经济组织工作,不太可能仅仅由农户们自己完成,这就需要地方政府投入更大的精力,引导乡村进行有组织、上规模的经济生产。对此,郑杭生教授指出:"一个国家转型期的农民问题可能最终需要通过国家行为才能解决。"[1]林毅夫教授也指出:"社会主义市场经济要求市场在资源配置中发挥基础作用,政府将经济工作的重心由参与和直接干预生产经营转向培育市场,然而,这绝不意味着政府调控宏观经济的能力被削弱了,恰恰相反,通过为农民保护产权,活络市场,替农民创造

---

[1] 郑杭生、吴力子:《"农民"理论与政策体系急需重构——定县再调查告诉我们什么?》,《中国人民大学学报》2004年第5期。

一个能节约交易费用、能开展公平竞争的经济环境,不仅政府宏观调控经济运行的有效性将大大提高,而且调控的面也大大拓宽了。"①

(三)以个体劳动为主体

进入现代社会之后,中国乡村最基本的生活单位不再是原来的大家庭,而是人口越来越少的核心家庭。在中国古代社会,几世同堂的现象极为常见,一个家庭的人口规模通常都在 10 个人左右。但进入现代社会之后,一方面家庭分裂速度加快,成年男性基本上一结婚就独立门户,常见的情况是父母独立一户,每一个成年结婚的子女都独立成户;另一方面在计划生育政策的影响下,新生人口急剧减少,独生子女时代每个核心家庭基本上是一个小孩,二孩政策之后部分家庭拥有两个小孩。因此,现代乡村家庭的常见规模是四口之家,一对夫妻加两个小孩,或一对夫妻加一个小孩再加一个老人。相比传统社会来说,这样的家庭规模是非常小的。学者王跃生指出:"80 年代初以后,城乡家庭的核心化局面基本形成,出现以核心家庭为主,直系家庭为辅,单人家庭作为补充的局面。"②

不仅如此,现代家庭即使算得上是一个基本的生活单位,但无论如何都不能算是一个基本的生产单位。在自给自足的传统社会里,一个家庭的全部劳动实行内部分工,全家合作。但在现代社会,家庭成员所从事的劳动已经不再能统一为一个完整的家庭劳动了。在大多数农村家庭里,成年劳动力有可能承担完全不同的工作,即便是父子夫妻也不例外。除了一部分土地工作需要全家分工之外,每一个家庭成员都有自己独特的工作,都有自己独特的工作场所,都与自己家人以外的陌生人合作。于是,家庭不再是一个基本的生产单位,每一个家庭成员都成为一个独立的劳动主体,不再受家庭血缘关系的约束,而是完全听从工作关系的安排。在这种情况下,家庭内部的主要关系由血缘等级关系转变成了金钱平等关系,每一个能通过劳动独立养活自己的家庭成员都具有更为平等的地位。正如衣俊卿教授所言:"个体的主体性和自我意识的生成或走向自觉,是现代性的本质规定性之一,是全部现代文化精神的基

---

① 林毅夫:《"三农"问题与我国农村的未来发展》,《农业经济问题》2003 年第 1 期。
② 王跃生:《当代中国城乡家庭结构变动比较》,《社会》2006 年第 3 期。

础和载体,换言之,个体化是理性化的必然内涵。"①

(四) 两种观念相碰撞

由于中国乡村正处在现代化过程之中,多种不同的生活方式在乡村并存,这就导致中国现代乡村存在众多不同的文化观念。从总体上说,农民在中国社会分层中的地位是最低的,陆学艺将中国农民排在十大社会阶层中的第九位。农业收入少,农民地位低,这应该是不争的事实。从另一方面而言,农民所接受的教育等级也是最低的。尽管我国乡村教育事业发展非常快速,但与城镇教育相比仍然存在较大的差距,有学者认为,无论在教师配置、班级设置还是办学条件等方面,我国教育事业都呈现出"乡村教育资源'质弱量余'与城镇教育资源'质强量缺'的格局特征。"②农村中确实也有人受过比较好的教育,但这些接受较好教育的人通常会逃离农村,这就使得真正留在农村的人知识水平很低。因此,中国农民很难产生先进的、有影响的思想观念,也基本上很难实现重大的科技创新。真正的农业创新,包括生产工具和种子肥料的发展,都要依靠乡村社会之外的科技公司。农村能够使用新产品,但无法创新新产品。

从思想观念上看,中国乡村主要存在两种不同的思想观念:一种思想观念来源于血缘和土地。千年不变的传统生活,在中国农民的骨子里刻下了深深的血缘亲情和乡土情结,从血缘关系中产生出来的尊卑礼俗和亲情关爱,这是中国农民所独有的。另一种思想观念来源于市场。全面彻底的市场生活,又将中国农民锁在赤裸裸的利益链条之上,从市场关系中产生出利益至上和契约平等,这是现代社会赋予中国农民的。对于大多数中国农民来说,这两种思想观念是同时并存的。在生活中,传统血缘观念可能会占据上风;而在生产中,现代市场观念可能会占据上风。事实上,这两种观念是相互渗透的,中国现代农民的血缘亲情中多了一些市场因素,而在市场观念中又揉进了一些血缘成分。王铭铭曾经分析过民间传统对现代发展的作用,他认为民间传统的复兴一方面"在地方企业形成与社会互助方面扮演着重要的角色",另一方面

---

① 衣俊卿:《现代性的维度及其当代命运》,《中国社会科学》2004年第4期。
② 苏红键:《教育城镇化演进与城乡义务教育公平之路》,《教育研究》2021年第10期。

又可"服务于对外集资与地方公益事业的发展"。①

二、市场优先的经济伦理关系

万俊人教授曾经指出:"'现代性'至少包括四个方面的要素,即市场经济、民主政治、科学理性和以现代进步主义为基本价值取向的历史目的论和文化价值观。"②现代乡村以市场为导向从而有别于古代乡村,又以土地为根基从而有别于现代城市。在人与自我的关系方面,中国现代乡村经济不再强调生存导向,而是向理性经济靠拢;在人与他人的关系方面,中国现代乡村经济淡化了血缘秩序,开始寻求契约平等;在人与共同体的关系方面,中国现代乡村经济弱化了家庭的绝对优先性,突出个体的劳动自主权;在人与自然的关系方面,中国现代乡村经济借助现代科技力量,展现了征服自然的气势。

(一)人与自我:有限的理性人

受制于传统社会落后的生产力和生产关系,中国古代乡村经济只能局限在生存导向的水平上。进入现代社会之后,中国乡村迎来了两大前所未有的超强力量:在生产力方面,乡村借助现代科学技术的发展,获得了科技含量较高的机械工具和种子肥料,从而极大提高了农民的生产力;在生产关系方面,乡村借助现代发达的市场体系,将自己融入了全国性乃至世界性的市场之中,从而极大提升了农民的共享力。当生产力和生产关系获得解放之后,中国现代乡村经济就不再满足于生存导向,不再仅仅是满足基本的生存需求,而是走上了理性发展之路,开始寻求越多越好的物质财富了。文军称此为"社会理性",认为这是以"经济理性"为基础的更深层次的"理性"表现,其本质特点就是"在追求效益最大化的过程中寻求满足,寻求一个令人满意的或足够好的行动程序,而不是'经济理性'中寻求利益的最优"③。

---

① 王铭铭:《村落视野中的文化与权力——闽台三村五论》,生活·读书·新知三联书店 1997 年版,第 139 页。
② 万俊人:《经济全球化与文化多元论》,《中国社会科学》2001 年第 2 期。
③ 文军:《从生存理性到社会理性选择:当代中国农民外出就业动因的社会学分析》,《社会学研究》2001 年第 6 期。

如果说传统社会中的农民只是一个生存至上的小农,那么现代社会中的农民则可以称之为理性人。当然,与作为资本人格化身的资本家相比,中国现代农民只可以称为有限的理性人。作为一个理性人,现代农民不再局限于最基本的生存需求,而是从生存层面的需求跨入到享受层面的需求。中国农民不再是有吃穿住用就行,而是有了进一步的追求,想要吃得美味、穿得好看、住得舒服、用得方便。从总体上说,农民的需求发展了,从要求活着走向了要求活得好,从基本温饱走向了小康社会。虽然中国农民的需求和欲望获得较大程度的解放,但这些解放仍然是有限的。毕竟与城市相比,中国乡村的经济收入仍然偏低,生活水平也相对偏低。这就决定了中国乡村需求和欲望的解放只是有限的,与城市居民的需求和欲望相比仍然有一定差距。

(二) 人与他人:契约平等

从传统社会进入现代社会,中国乡村经济活动中的人际关系发生了根本性变化。在传统社会,根本性的经济关系发生在家庭内部,辅助性的经济关系发生在邻里亲戚之间,无论是家庭内部还是邻里亲戚,都以一定的血缘亲情关系为基础,并附带有由血缘亲情关系确立的等级关系。可以说,传统乡村经济中运行的是一个以血缘亲情关系为纽带的熟人社会。进入现代社会之后,面向市场的经济活动突破了家庭界限,也突破了乡村界限,取代传统血缘和地缘限制的,是新兴的业缘。周晓虹教授指出:"他们的全部社会关系网络却要远远大于血缘和地缘关系,其中最为普遍和繁杂的是在经营过程中建立的各种业缘或友缘关系。"[①]走出家庭,走出乡村之后,现代农民越来越多地面对与自己没有任何血缘关系的陌生人。他们需要与陌生人共事,需要与陌生人进行经济交易,需要与陌生人共同生活在一起。对于这些陌生人,他们不知道对方的父母亲人,不了解对方的为人品性,甚至不清楚对方的姓名住址。除了经济合作关系之外,人与人再也没有其他的关系。也就是说,现代乡村经济活动中融入了越来越多的陌生人要素。

在以熟人社会为基础的乡村经济活动中,起主导作用的是血缘关系。这

---

① 周晓虹:《流动与城市体验对中国农民现代性的影响——北京"浙江村"与温州一个农村社区的考察》,《社会学研究》1998年第5期。

种血缘关系,既能确定双方的亲疏程度,还能确定双方的地位高低。但在以陌生人为基础的乡村经济活动中,血缘关系以及与之依附的亲情和地位关系被淡化了。在新的经济合作中,每一个村民都是一个独立的经济主体,除了借以参与经济合作的资本(劳动力或劳动资料)之外,他不再有任何其他的形象,不再受其他任何因素的限制。从这个意义上说,参与经济合作的人在人格意义上都是平等的,除了自身资本的不平等之外,不存在由血缘关系等非经济因素造成的不平等。另外,与传统经济劳动中的家长制不同,现代经济劳动中的合作关系,不是被指定的,而是需要参与各方的平等商定。怎么样进行劳动分工,怎么样进行报酬分配,每一个人有什么样的经济责任和权利,这些都需要事先约定。这个约定,或者是口头的,或者是书面的,在本质上体现为一种自由契约。也就是说,中国现代乡村经济活动,人与人之间的分工合作是通过平等协商的自由契约来连接的。

(三) 人与共同体:个人主体

经济主体在拥有自己独立的经济意志之后,随之而来的便是相应的行为后果,即自己决定自己的经济行为。在中国传统乡村,家庭是最基本的经济主体,最主要的经济活动都以家庭为单位完成。个人作为家庭成员,并不拥有独立的经济意志,并不具有真正的经济主体性。进入现代社会之后,家庭作为经济主体的地位不断下降,个体作为经济主体的地位不断上升。对于一个经济主体来说,最直接的标志就是具有基本的经济独立性。很显然,在传统乡村,财富归家庭所有,而不归个人所有。现代乡村则有所不同,每一个成年村民都可以独立获得自己的收入,在履行完家庭经济义务之后,个体拥有一部分可以归自己支配的自由收入。个体自由在集体经济时期就已经开始出现,王跃生指出:"集体经济时期,家庭成员被融入集体生产组织之中,每个成年人都是相对平等、以挣工分为生的劳动者。子女的劳动价值和对家庭的贡献显性化,父母难以将自己的意志强加在子女身上。"[①]因此,除了重大经济支出(如结婚、盖房等)之外,个体的日常生活消费都由个体自己决定。买什么样的衣服,吃什

[①] 王跃生:《社会变革与当代中国农村婚姻家庭变动——一个初步的理论分析框架》,《中国人口科学》2002年第4期。

么样的美食,搞什么样的娱乐活动,个人拥有越来越多的自主权。日常经济支出方面越来越多的自主权,意味着现代农民具有越来越强的经济意志,并且在事实上成长为一名独立的经济主体。

现代农民在经济支出方面的自由意志,从源头上来自经济收入的独立性。在传统社会,家庭是劳动的基本单位,家庭共同生产出来的物质财富由家庭共同占有,共同消费,并不进一步分配到每一个家庭成员身上。但是,现代社会的农民已经越来越多地脱离了家庭共同劳动。他们以个体身份走出家庭,投入到其他的经济组织之中。这些现代经济组织不同于家庭,它需要给每一个劳动者提供报酬。也就是说,劳动收入不是归现代经济组织共同拥有,而是分配给每一个劳动者。于是,走出家庭的个体劳动者开始拥有真正属于自己的经济收入,个体才开始真正成为财产所有者。贺雪峰指出:"分田到户以后,农村家庭开始有较多积蓄,尤其是20世纪90年代城市提供的大量务工机会,使农民收入(尤其是现金收入)的主要来源不再是土地,能够外出务工的年轻人反而比在家务农的父辈收入更多。"①当然,现代农民的个体主体性是相对于传统农村的家庭主体性而言的,个体在家庭中开始拥有自己的财产。但从另外一个意义上讲,在更大的经济组织中,个体的劳动主体性却是在不断缩小。在传统农业中,劳动个体掌握自己的劳动进程,也掌握整体的劳动进程;而在现代经济中,劳动个体不再掌握整体的劳动进程,甚至也不能掌握自己的劳动进程。

(四)人与自然:征服与惩罚

在传统乡村,受制于较低的生产力以及由此产生的低需求,村民与自然保持一种和谐的共生关系,其中大自然居于主导地位。进入现代社会以后,现代发达科技借助庞大的市场媒介深入乡村,从两个方面将乡村生产力提高到了前人无法想象的程度。一方面是农用生产工具的现代化。传统农用生产工具以极其有限的自然为动力基础,或者是人力,或者是畜力,或者水力风力,实质上是借助自然之力来改造自然。而现代农用工具则以油气煤电为动力基础,实质上是由现代科技对自然进行改造后创造出来的。从力量上看,现代科技动力远远超过了传统自然动力。另一方面是种子、肥料和农药的现代化。传

---

① 贺雪峰:《农村家庭代际关系的变动及其影响》,《江海学刊》2008年第4期。

统农业的种子是自然的,肥料是自然的,基本上没有农药,以此为基础的农业产量非常低。现代农业加大了对自然的改造力度,种子是人工杂交的,肥料和农药都是非自然的化合物,以现代生物和化学技术为基础的农业产量是传统社会无法想象的。借助发达的科学技术,现代农民大大提升了自己征服自然和改造自然的能力,改变了自己与大自然的力量对比,不再完全臣服于自然力量。有学者总结说:"在原始文明时期,人们惧怕自然;在农耕文明时期,人们顺应自然;在工业文明时期,人们挑战自然。但是这个挑战也让人类付出了极大的代价。"①

当现代农民借助现代科技力量快速提升自己的生产力,进而改变了与大自然的力量对比之后,传统的、由自然力支配的天人合一关系就开始被打破。传统农业中人靠天吃饭,天不归人掌控;而现代农业中人靠科技吃饭,人借科技掌控自然。当农民感觉到自己在与大自然的关系中似乎处于上风,从自然界掠夺财富似乎只受制于自己的生产力,而不是受制于自然力时,农民们改变了对大自然的敬畏态度,转而开始借助现代科技对大自然进行疯狂的改造和掠夺,以满足自己不断增长的欲望。事实上,改造自然界的力量同时也是破坏自然界的力量。因此,在现代科学技术的影响下,传统的天人合一关系被打破了,取而代之的是一种天人紧张关系:一方面是人对自然的肆意掠夺,宛如近代社会的工业活动一样;另一方面是自然随时可能发动的惩罚,作为对人类过度掠夺活动的回应。人与自然之间的紧张关系将会长期存在,经过掠夺与惩罚的反复争斗之后,人与自然有可能达成更高层面的和谐。

三、有限富裕的经济伦理德性

一方面是熟人社会和土地农业,另一方面是陌生人世界和市场交往,现代农民生活在几乎完全不同的两个经济世界中,他们既具有以农业经济生活为基础的传统经济德性,也具有以市场经济生活为基础的现代经济德性,从而形成了一种以追求有限富裕为目标、兼容两个经济世界的独特经济德性。在价值取向上,中国现代农民保留了小富即安的精神;在生产生活上,中国现代农

---

① 仇保兴:《生态文明时代乡村建设的基本对策》,《城市规划》2008年第4期。

民发展出了勤劳保守的品质;在与人交往上,中国现代农民培养出人情规则意识;在面对自然时,中国现代农民生长出了重乡轻土观念。中国现代农民的双重经济伦理德性因素,一方面会相互冲突,此消彼长;另一方面则会相互限制,相互补充,它们自身的形态不如传统农民和现代工人那样纯粹,但也正因如此,它才可以防止每一种纯粹经济德性可能走向的极端,才可以预防每一种纯粹经济德性潜在的危险。所以,游海华断言:"他们并非注定是中国现代化的'绊脚石',相反倒很可能成长为市场经济的'搏击者'和现代化的'适应者'。"①

(一) 小富即安

对中国农民来说,现代经济生活的最大变化就是从自然经济走向市场经济。无论是在自然经济中还是在市场经济中,中国农民的"重利"本性始终没有发生根本性的改变,只不过这种重利本性在传统经济中受到了严重的抑制,而在现代经济中得到了彻底的解放。在生产力低下的传统经济中,农民进行经济活动的根本目的是保障一个家庭的生存与安全,彼时的"利"体现为各种各样的生活资料,最理想的状况就是全部基本生存需求都得到满足。但在生产力更发达的现代经济中,农民进行经济活动的根本目的是满足整个市场的需求,此时的"利"体现为抽象的金钱财富,而抽象金钱的数量在理论上没有极限。徐勇和邓大才教授指出:"小农家庭的一切行为围绕货币展开,生产是为了最大程度地获取货币,生活要考虑最大化的节约货币。'货币伦理'是这一阶段的基本行为准则。"②可以说,在传统自然经济中,中国农民的重利欲望受到有限生存需求的限制;而在现代市场经济中,有限生存需求的限制被打破了,中国农民的致富欲望得到了进一步的解放。

但在致富欲望被彻底激发的同时,中国农民的另一种本性仍然存在,这种本性就是由长期生存恐惧激发出来的"求稳"意识。只要能够获得相对稳定和足够的物质财富,中国农民就会心满意足地过自己的小日子。要求富裕的欲望与追求稳定的意识结合起来,中国现代农民形成了一种强烈的小富即安精

---

① 游海华:《农民经济观念的变迁与小农理论的反思——以清末至民国时期江西省寻乌县为例》,《史学月刊》2008 年第 7 期。
② 徐勇、邓大才:《社会化小农:解释当今农户的一种视角》,《学术月刊》2006 年第 7 期。

神。在物质匮乏、生存需求得不到满足的贫困时期,"小富"欲望就会发挥作用,现代农民追求财富的积极性就会得到激发,并迸发出强大的力量;但到了物资充足、收入稳定、基本生活需求都能得到满足的小富时期,"即安"意识就会发挥作用,进一步追求财富的积极性就会受到抑制,取而代之的是在小富基础上过相对稳定的生活。从这个意义上说,中国现代农民中很难出现真正的资本家。即便是一些带头领路的致富能手、乡村能人,他们在财富积累到一定规模时也会产生满足心理,而不会无休止地扩大生产规模、追求财富增值。至于其他的普通村民,更容易对一份稳定而相对充足的收入感到满足。

(二) 勤劳保守

进入现代社会之后,中国农民保留了一贯的勤劳美德。在生产力低下的传统自然经济中,唯有勤劳才能提供堪堪满足基本需求的生活资料。现代社会的劳动生产力虽然远远高于传统社会,但中国农民仍然有保留勤劳美德的足够动力。一方面,生产力提高了,但现代农民的欲望也增加了,好生活需要更多的物质财富才能满足。对农民来说,获得更多物质财富的唯一渠道就是勤劳。另一方面,由于历史的原因,农民始终处于社会的底层,在经济生活中也是如此,农民所能从事的职业一般都是低收入的。这两个方面结合起来,现代农民仍然唯有保持十足的勤劳,才能够过上相对满意的生活。现代农民源于代代相传的勤劳,既体现在土地上,也体现在市场上,还体现在工厂中,他们可以忍受各种劳动条件,可以忍耐各种劳动痛苦。可以说,正是现代农民的勤劳美德,在一定程度上解决了中国的"韦伯问题"。中国的农民工真正具有韦伯所说的天职精神,这种天职精神为我国现代经济发展提供了巨大动力。

中国现代农民是勤劳的,同时也是保守的,他们用保守的方式进行着自己的勤劳。现代农民的保守,既体现为经济生活上的小富即安,也体现为经济方式上的墨守成规、因循守旧。事实上,中国农民在进入市场社会之后,爆发出了非常强大的、令人瞠目结舌的创新精神,习近平总书记称此为"创造伟力"①。改革开放不过二三十年的时间,中国农民就改变了传统的农业生产模式,各种特种养殖、特种种植甚至乡镇企业主不断涌现。尽管如此,中国农民的创新仍

---

① 习近平:《在庆祝改革开放40周年大会上的讲话》,《人民日报》2018年12月19日。

有两大局限：一个局限就是缺乏现代创新能力，因为缺乏先进的科技知识，现代农民无力完成真正意义上的农业科技创新，很多创新在本质上不过是模仿和复制。在一两个能人开辟了成功道路之后，其他农民就会一拥而上，极力复制先行者创新出来的致富道路。另一个局限是缺乏冒险精神，创新受限于求稳。薛晓阳教授曾清晰指出，"稳定和太平是中国农民德性的最高原则"，①这种传统心理在现代中国农民身上并未发生根本改变。从这个意义上说，现代农民能够成为中国经济发展的主力军，但很难成为中国经济发展的先行军。

（三）人情规则

传统农民也有规则意识，但这种规则体现为不变的"礼"或者"潜规则"，建立在熟人社会之中，建立在血缘亲情之上。与此有别的是，现代农民培养了全新的规则意识，这些规则体现为现代的"法"或者规定。进入市场经济之后，现代农民由熟人社会迈入了陌生人社会。在市场经济活动中，完全由血缘亲情维系的规则失灵了，取而代之的是相对冰冷、不能变通的规则。在与现代市场日益深入的接触过程中，中国农民开始碰到了现代社会的经济规则。现代经济社会以陌生人为基础，对每一个陌生人都一视同仁，要求每一个陌生人都必须平等地尊重规则，按规则行事。现代经济社会的规则主要涉及两个方面：一方面是长期固定不变的规则，如现成的法律法规、工作条例、单位纪律等；另一方面是临时议定的规则，如依事而拟的合同。在不断与陌生人打交道的经济过程中，在理解和接受各种现代规则的过程中，现代农民在基本规则意识的影响下，开始具备了形成规则、理解规则和遵守规则的能力。

但是，中国现代农民具有的规则意识仍然是不彻底的，中国农民根本不可能形成西方市民社会所曾形成的规则崇拜意识。从古希腊时代起，西方文明就具有根深蒂固的社会契约观念，进入近代社会之后更是出现了普遍的规则崇拜意识。但中国农民的根始终扎在土地、家庭和熟人社会之中，从这种土地、家庭以及血亲社会中，无法生长出不讲人情的规则意识，所有的规则意识都必须以一定的人情意识为基础。从这个角度讲，中国农民的现代规则意识

---

① 薛晓阳：《乡土依恋与农民德性：农民德育的道德想象——基于乡土文学研究及其乡村社会的实地调查》，《陕西师范大学学报》（哲学社会科学版）2016年第1期。

只能算是外来的,是被动适应的,农民骨子里头仍然烙印着人情意识。现代中国农民理解规则,能够接受规则,按照规则办事;他们同时相信人情高于规则,相信熟人好办事。现代农民的观念仍然是:规则是死的,人是活的,活人不能被规则憋死。因此,现代农民往往会在人情的基础上突破规则,而不具备规则神圣不可侵犯的意识。周晓虹教授曾指明了这种情形,他说:"他们表现出了较多的家族主义和特殊主义倾向,不过他们也逐渐接受了认事不认人的普遍主义原则。"①

（四）重乡轻土

在传统农民的观念里,"乡"和"土"成为一体,不可分离;而在现代农民的观念里,"乡"和"土"可以分离,各自为政。"乡"就是"家乡",就是农民栖居的家园,主要承担的是生活功能;而"土"就是"土地",就是农民劳动的场所,主要承担的是生产功能。在传统社会中,农民劳动在土地上,生活在家园里,二者都是固定不变的,并且始终连接在一起,从而催生了传统农民根深蒂固的乡土意识。在现代社会里,乡还是那个乡,土也还是那个土,但农民与乡和土的关系变了。农民离不开自己的家,落叶归根也要回家;但农民可以离开原有的土,农民可以到原来土地以外的很多地方寻找工作。中国现代农民仍然有一部分劳作在土地上,但很多农民在家乡的工厂企业里上班,更多农民则在外地企业打工。没有了出则土地入则家庭的生活方式,中国现代农民的"乡"意识和"土"意识开始分离了。"乡""土"意识分离之后,因为"乡"不可离弃,所以"乡"的意识仍然会不断增强;因为"土"不再重要,所以"土"的意识会不断淡化。也就是说,中国现代农民的"土"味越来越淡。

现代农民的自然意识体现为重乡轻土,即对家乡的关爱眷恋日益加深,而对土地的依赖崇拜日益削弱。"重乡"意识体现为现代农民越来越爱自己的家乡,尤其是越来越爱自己的住宅。积累了一定物质财富的农民,总是热衷于将财富花在自己的住宅上,住房的整体设计、建造装修以及家具添置,基本上不逊色于城市住房。部分农民在院子里栽花种草,有条件的家庭甚至购买小轿

---

① 周晓虹:《传统与变迁——江浙农民的社会心理及其近代以来的嬗变》,生活·读书·新知三联书店1998年版,第273页。

车,供上班游玩之用。可以说,现代农民始终在拓展住房的实用性、美观性和现代性。与此相反,现代农民的"轻土"意识体现为农民越来越不重视自己的土地,越来越破坏曾经赖以为生的自然。当现代农民不再被牢牢束缚在土地上之后,农民有了更多的选择余地,于是,现代农民对土地产生了两种态度:一种态度是放弃,有更好谋生方式的部分农民离开了土地;一种态度是掠夺,留守土地的部分农民在现代科技手段的加持下,漠视客观规律肆意改造自然。总的来说,中国现代农民的家乡意识在不断增强,而土地意识则在不断减弱,真正有建设意义的现代生态意识还没有建立起来。

第三章 中国乡村的个体经济伦理

中国自古以来就是农业大国。农民、农村与农业是中国历史发展的重要"参与者",是中国传统乡村社会发展的基础。中国传统乡村社会在自给自足的生产方式和相对封闭的生活方式的基础上,形成了具有自身特色的乡村经济伦理。① 在中国乡村经济伦理中,个体经济伦理一直占据主要历史地位,集中体现在村民的经济伦理行为和经济道德品质上。考察中国乡村个体经济伦理,既要放在中国乡村历史发展过程中研究,也要立足经济关系和利益关系的辩证唯物主义来审视。从古代农村发展到当代新农村建设,村民始终是乡村个体经济伦理的主角,并将一直发挥着不可替代的作用。

第一节
中国村民个体价值观的历史沿革

　　在中国乡村历史发展过程中,村民个体价值观的演变很大程度上反映了乡村经济伦理发展的过程。梳理中国村民个体价值观的历史沿革有助于我们清晰把握其历史根源和基本方向。从历史角度剖析村民个体价值观,我们必须要牢牢把握物质决定意识的基本规律。"物质生活的生产方式制约着整个社会生活、政治生活和精神生活的过程。不是人们的意识决定人们的存在,相反,是人们的社会存在决定人们的意识"②,"一切以往的道德论归根到底都是当时的社会经济状况的产物"③。村民个体价值观作为上层建筑范畴,必然受其所在时期的经济基础决定。纵观几千年中华文明,我们整体上可以

---

① 参见王露璐:《中国乡村经济伦理之历史考辨与价值理解》,《道德与文明》2007年第6期。
② 《马克思恩格斯选集》第2卷,人民出版社1995年版,第32页。
③ 《马克思恩格斯选集》第3卷,人民出版社1995年版,第434页。

划分为古代、近代和现代三个历史阶段来解读村民个体价值观的演变及其内涵。

一、古代社会：对共同体的依附

马克思将资本主义以前的社会发展阶段定义为共同体。在这种共同体中，"虽然个人之间的关系表现为较明显的人的关系，但他们只是作为具有某种（社会）规定性的个人而互相交往，如封建主和臣仆、地主和农奴等等，或作为种姓成员等等，或属于某个等级等等"。[①] 由此可见两个层面的内涵：一是这个共同体中人与人之间直接发生关系，进而产生相应的伦理价值观念；二是这种关系以及伦理价值观念是建立在等级基础上的关系和观念。何以产生这种等级关系？土地是根源，基于土地根源而衍生了宗族和家庭。在古代社会，村民个体价值观始终围绕着土地来发展和变化的，依附性是其根本特征。

（一）村民对土地的依附性

土地之于乡村和农民来说有着特别重要的意义。[②] 围绕土地耕作所产生的村庄共同体是村民的地域属性之一。农民（村民，下同）对于土地的依附主要表现在两个方面。首先是经济关系层面的依附，即农民生活和生产所依附的土地不属于自己，土地属于封建地主阶级。农村耕作收获后要交租，剩下的粮食才属于自己，以维持家庭延续。没有自己的土地，也就没有生产和生活的话语权；没有充足的粮食，也就没有上层建筑建设的条件。在此基础上，村民个体价值观是依附于封建地主阶级，只能按照其既定的社会价值观念来生活，最后完全服从于阶级统治。其次是土地地域的依附，即农民生活和生产所依附的土地地域限制。农民耕地面积小且相对比较集中。土地是农村生活和生产的中心，土地面积小和地域局限性必然造成农民生活范围的局限性。另外由于古代生产效率低下，农民大部分时间都是以"粗放型"方式耕种。可见，地域性与时间性都直接造成农民对土地的依附或者说被土地所限制。因此，农

[①] 《马克思恩格斯文集》第 8 卷，人民出版社 2009 年版，第 57—58 页。
[②] 参见费孝通：《乡土中国 生育制度》，北京大学出版社 1998 年版，第 6 页。

民个体价值观只能是依附于掌握土地资源的地主阶级,其本身阶级的价值观是非自主性的。在此背景下,物质基础的依附性必然导致价值观的依附性。农民价值观一方面体现为一般意义上的淳朴、善良、勤劳以及相互信任等;另一方面体现为契合封建统治阶级意识的顺从、不争、崇拜权威以及任劳任怨等。

(二) 村民对宗族的依附性

乡村社会中家族力量或宗族组织的形成源于村落共同体中家庭的演变的一系列复杂过程,即家庭经过代际的继替和更新形成一定的亲属关系和血缘关系,并由这些具有亲属关系和血缘关系的家庭形成相应的联合力量或联合组织。这就是乡村社会中的家族力量或宗族组织。① 宗族组织形成的因素主要包括地域以及血缘,呈现乡土性和封闭性。宗族形成本质上是古代生产关系的结果。由于土地性质,造成农民生产生活的地域限制。在长时间的代际更替过程中,相同血缘的村民所形成的家庭更容易集聚在一起,从而形成有利于大家共同生存发展的团体。宗族形成后不仅承担着血缘继承发展的历史责任,同时也承担着协调村民生活生产的政治责任。宗族中一般都会形成具有一定威望的族长,族长对于族内村民的生活生产发挥协调、指挥和决策作用。宗族的存在一定程度上也是规避个体力量薄弱而形成的"拳头"团体。正是因为宗族力量的相对强大,使得宗族内村民对于宗族产生依附和崇拜。宗族也会形成自己的管理模式和价值观念。宗族内村民必须要服从严格的宗族规矩(传统族规)和价值理念。自上而下的族内管理自然会将族规内化为村民的价值观念。不同地域的宗族有着不同的族规,宗族内村民服从并内化这些族规,从而形成了相应的村民个体价值观。这种内化的价值观一旦形成后将具有相当程度的稳定性。这种稳定的族规价值观也会继续巩固宗族的发展和延续。

(三) 村民对家庭的依附性

在乡村社会,家是一个基本单位,也是乡土文化的重要构成元素。② 同宗族概念和形式类似,只是在体量上相对较小,能够根据血缘关系成为乡村经济

---

① 陆益龙:《后乡土中国的基本问题及其出路》,《决策探索》2015年第4期。
② 陆益龙:《后乡土中国的家族力量及其影响的文化取向》,《学术界》2017年第11期。

伦理体系中最基本的共同体单位。费孝通也曾提及"农村中的基本生活群体就是家"①。相比较宗族来说，家庭人员数量相对较少，社会关系也相对简单。但是家庭对于村民的重要性不亚于宗族，甚至在某种意义上家庭对于村民更为重要。基于血缘关系的家庭成员关系更为紧密，主要表现为父子和夫妇等关系。这是维系乡村共同体组织最稳固的关系之一。同村民依附于宗族一样，基于血缘联系的村民对于家庭的依附性更大。家庭所能给予村民的安全感和亲近感更强。通常情况下，父与子、夫与妇的相互依附和信任程度更高。他们的相互作用构成了乡村文化载体的基本单位。此外，根据费孝通乡土伦理以及中国传统儒家文化来审视，家庭伦理等级秩序也是村民依附家庭的道德力量。中国传统文化中男主外女主内、父慈子孝以及父亲家长制等差序等级文化也内在加强了村民对于家庭的依附性。这里的依附性更多体现为顺从和服从家长话语权和决策权。可见，在自然经济条件下，村民的个性无从谈及，其价值观主要是依附于不同层级的共同体，且稳固而持久。

二、近代社会：权益意识的萌发

在两千多年的封建社会历史中，中国传统社会"几乎与世界其他大文化完全隔绝，而近乎一种平衡，稳固不变的状态"②。在这种长期封闭状态下，乡村社会个体呈现恋土重农、重本轻末以及安土重迁等价值取向。这种价值取向也进一步限制了乡村个体权益意识的形成。在长久稳固的自然经济模式下，乡村个体的价值取向依然是以依附性为主，异化"集体意识"牢固，个体权益的意识和概念还处于微弱状态。但是1840年鸦片战争爆发，西方资本主义的野蛮入侵不仅动摇了中国几千年的自然经济基础，同时也推动了商品经济一定程度的发展。随着自然经济解体，国外资本入侵以及国内基于民族资本发展的商品经济萌芽，近代社会乡村个体权益开始萌芽并发展。

（一）自然经济的解体

自然经济是传统封建土地制度下的一种经济形态，主要表现为农民"自给

---

① 费孝通：《江村经济——中国农民的生活》，商务印书馆2002年版，第41页。
② 金耀基：《从传统到现代》，广州文化出版社1989版，第49页。

自足"的生产。这种生产的主要目的在于满足自身日常生活和种族延续的需要,而不是为了单纯的交换。在自然经济状态中,村民个体依附土地开展生产,虽然偶尔会产生一定程度的交换行为,但是村民个体需求和欲望始终处于"封存"状态,个体权益意识淡薄。这种状态持续了两千多年,直到1840年鸦片战争的爆发。鸦片战争爆发后,帝国主义对中国的入侵"比中国先前游牧民族入侵者更带有根本性的挑战"①。这种根本性的挑战结果就是中国自然经济的瓦解。自然经济的主要形态表现为"男耕女织",即小农业与家庭手工棉纺织业的结合。与此同时,自然经济的主要形态也成了封建制度的重要基础。帝国主义的入侵,不仅大肆掠夺我国财富,还通过其资本和商品输入,极大冲击了家庭传统手工业。耕织分离的根本原因就在于家庭传统手工棉纺织业的逐步破产,这也标志着自然经济的解体。传统自给自足的经济形态发生了很大改变,个体在自然经济与商品经济之间徘徊选择和观望。源于自然经济的重农抑商和重本轻末等价值取向开始动摇。虽然乡村社会的自然经济所受冲击相对较小,但是其商品经济已经开始萌芽,进而对乡村个体的价值取向产生影响。尤其是帝国主义倚仗特权低价收购中国农副产品等行径,一方面压榨了乡村个体利益,一方面也激发了乡村个体商品经济意识和个体权益意识的产生。

(二) 帝国资本的侵入

资本主义国家用大炮打开中国大门之后,依靠武力和特权,大肆掠夺中国财富,造成了中国封建主义自然经济的快速瓦解以及中国财富的大量流失。除了武力抢夺之外,资本主义国家通过资本和商品两大"软性"武器对中国进行了渗透式的掠夺和控制。资本主义国家资本输出的主要表现是在中国开设工厂,进行生产与销售。资本主义工厂使用了大量农村廉价劳动力,这一方面是对中国劳动力的剥夺,一方面也为乡村个体提供了接触农耕之外其他工作的机会。资本的增值性要求商品经济的快速发展。商品交换意识和行为越发普遍,这在一定程度上也激发了个体经济意识的产生。这种意识碰撞和冲击

---

① [美]费正清、费维恺:《剑桥中华民国史》(下卷),刘敬坤等译,中国社会科学出版社1993年版,第8页。

动摇了中国个体价值观。个体开始思考个人权益,对于价值取向的选择有了初步的基础。此外,根据资本入侵的基本规律和流程,资本之后必然是资本主义文化的入侵。资本主义文化入侵主要是以宗教外衣的形式渗透到中国社会,包括乡村社会。除了资本主义宗教文化的传播之外,资本主义商品经济文化也一并传播和渗透。这种披着宗教外衣的资本主义商品经济文化渗透对于中国社会个体权益意识的影响较为显著。资本主义文化渗透不仅在城市,也包括乡村地区。乡村个体在长期贫苦处境下更容易受到资本主义商品经济文化的影响。乡村个体逐渐对于商品交换和个人权益有了新的认识和理解。

(三)民族资本的挣扎

随着生产力的发展,在中国自然经济形态中也产生了资本主义萌芽,主要存在于手工业。资本主义萌芽的产生一方面是生产力发展的表现,一方面也是中国传统社会个体经济意识萌芽的物化表现。民族资本在封建自然经济中的发展举步维艰,但是客观上也激发了民族个体经济意识的发展。鸦片战争之后,资本主义国家的资本输入对于民族资本的发展产生了深刻的影响。国外资本雄厚,工厂设备先进,这使得民族资本在与国外资本竞争中处于劣势。国外资本的掠夺性还表现在压制中国民族资本的发展。他们不希望中国也走上资本主义道路,因此对于中国资本一直采取打压态度。在中国近代史上,民族资本一直处于挣扎状态。这种挣扎状态在商品经济领域表现较为明显,同时也深刻影响了中国社会个体经济意识。民族资本也是在商品经济形式上追求利益,与国外资本的竞争以及在国内市场的行为都在一定程度上唤醒了社会个体追求经济利益的价值取向。商品经济意识开始被个体所接受。虽然民族资本在乡村社会较少存在,乡村社会主要还是以自然经济为主要形态,但是整个社会发展的趋势是不可逆转的,影响也是逐步扩大的。因此,不管是传统社会个体权益,还是乡村个体权益都在这个过程中得到了相应程度的诱发。关注个体权益,追求个体利益以及从事商品经济活动等价值取向和实践行为都已经开始萌芽并发展。

(四) 权益意识的萌发

自然经济解体、帝国资本入侵以及民族资本挣扎是相互交织的近代社会发展表征。在这种客观社会状态下,传统的农村个体经济意识受到了较为复杂的冲击,呈现出"不可逆、诱发性以及萌芽性"三个基本特征。所谓"不可逆"是指中国传统自然经济解体的大趋势是历史发展的规律,包括帝国资本入侵以及民族资本挣扎等,都在客观上决定了中国传统经济基础的动摇和瓦解。中国农村个体经济权益意识在此客观历史背景下必然会受到较为明显的诱发性影响。尤其是资本的输入,使得个体开始感受到"资本"在现实生活中的价值和作用,进而对原先价值理念产生动摇,甚至是怀疑。个体经济主体逐步感受到权益对于自身的影响。经济意识开始产生并影响其传统经济行为。这种影响主要包括两个层面:一是经济意识开始萌芽,经济主体开始有意识地重新思考"利益关系"及"利益所得";二是个体经济主体的经济行为逐渐受到影响,部分经济主体已经开始"试水"市场。虽然这种行为很稀少,范围也较为局限,但是客观上已经存在,并且将不断随着社会发展而逐步增强和增多,从而形成较为广泛的权益意识。

三、现代社会:价值观念的多元性

在中国几千年历史上,农民一直处于社会阶层的底层,是被压迫和剥削最多的群体。中国传统乡村社会虽然平静安详,但也贫穷落后。这种不平等的政治地位和不发达的经济环境一直伴随着乡村个体发展,制约着乡村个体的行为和意识。1949年新中国成立,中国人民才真正意义上实现了民族独立和当家做主。也是从这个时期开始,中国乡村个体价值才随着生产关系和经济基础的改变而逐步开放发展。从现代社会发展的几个关键时期看,土地仍然是乡村个体发展永恒的主旋律;经济发展体制的逐步探索和确立也深刻影响了乡村经济发展,对乡村个体价值行为产生了历史性的影响;改革开放之后,中国迅速融入世界经济发展的潮流中,经济交往的频繁性与充分性也使得以文化为基础的意识形态交流更加充分。正如学者所说,改革开放以来中国社会价值观的变迁主要涉及以下四个方面,一是从一元价值观转向多元价值观,二是从整体价值观转向个体价值观,三是从理想价值观转向世俗价值观,四是从精神价值观转向物质价值观。①

(一) 土地改革彰显的正义性

千百年来,农民的夙愿就是"耕者有其田"。真正从本质上解决这一历史难题的是在中国共产党领导下的土地革命和联产承包责任制。② 土地对于农民来说不仅仅是生产资料,它还是一种精神信仰和身份象征。新中国成立前,中国共产党领导的新民主主义革命在土地领域进行大刀阔斧的战斗,斗地主,分田地,农民获得了土地所有权,激发了农民史无前例的热情。此时,乡村土地革命帮助村民获得了自己的土地,农民第一次感受到了主人翁的政治地位和经济体悟,个体价值意识得到了有效激发。新中国成立后,我们开始了全国范围内的土地改革。土地改革彻底改变了中国乡村原有的生活生产关系,使乡村土地所有制发生了翻天覆地的变化。在社会主义制度下进行的土地改革所形成的新的生产关系确保了乡村个体的政治地位和主人翁意识。这个时期的乡村个体在土地基础上产生了具有较强信任感和保障性的"获得财富的愿望"。这种愿望即朴素的个体价值取向。在这种价值取向下,乡村个体更加积极劳动,精神面貌和状态都有了不同于以往的改变。乡村个体价值观开始丰富起来。土地改革具有历史正义性,是社会主义制度下公平正义的具体体现。这种正义性不仅激发了乡村个体价值观的多元化发展趋势,也保证了乡村个体价值取向的正义性。

(二) 计划经济形成的压抑性

在改革开放之前,我们国家走过了相当一段时间的"计划经济"发展之路。所谓"计划经济",即在政府计划调节作用下开展经济活动的经济运行体制。一般根据政府事先制定的计划来确定国民经济和社会发展的总体目标,根据制定的相关政策和措施,按部就班地安排重大经济活动。计划经济最大的特点就是经济发展资源的分配为政府计划所制定。这种被认为社会主义制度下

---

① 廖小平:《改革开放以来价值观的变迁及其双重后果》,《科学社会主义》2013 年第 1 期。
② 仵军智、罗林涛:《当下土地依附关系嬗变与乡村生活的变化》,《中国土地》2011 年第 1 期。

势必出现的经济运行制度严格控制了个人的经济行为和职业选择,在城乡之间制定了严格的户籍制度和福利制度,使得乡村个体在个人经济活动上没有任何选择的空间。乡村个体价值观只能以服从政府为基本价值导向。此外,人民公社运动更是进一步扭曲了乡村个体的价值取向。"大锅饭"的乡村发展模式造成乡村个体在"公"与"私"之间丧失了基本的判断标准和能力。平均主义成为当时乡村个体的主要价值取向,在平均主义价值导向下产生了劳动偷懒行为以及粮食浪费行为,助长了乡村个体责任意识的缺失和自由散漫行为的发生。计划经济体制时期的乡村个体价值观依附于政治道德准则,以国家集体主义意识形态为基本原则。这种发展模式一定程度上压抑了乡村个体价值观的发展,甚至造成了乡村传统个体价值观的扭曲,从而导致了整个乡村道德环境的恶化。

(三) 市场经济激发的开放性

在经过较长时间的发展探索后,党的十一届三中全会在全面总结新中国成立后中国发展路径的经验和教训后,确立了改革开放这个基本方针。改革开放和市场经济运行机制的确立,为农民提供了发展自我的相对公平的竞争环境,农民的主体意识和个体权利意识得到了觉醒和高扬,农民获得了日益自由的行为选择权利,呈现出与现代性相伴而生的个体化趋势。[①] 市场经济以开放包容的姿态强调市场在资源分配中的作用,摒弃了政府计划主导模式,让市场环境更加开放、包容和自由,能够充分激发市场经济主体的主观能动性和独立创新性。乡村社会在市场经济环境中也要按照其规律来开展经济活动,基于契约精神的市场经济规则让乡村个体在市场意识、信用意识、契约精神、责任意识以及权利意识等方面得到了充分的发展,个体价值取向更加多元化。乡村个体由计划经济时期的服从过渡到自主阶段。所谓自主阶段,就是乡村个体对经济与生活方式的自主把握程度更加凸显。这种经济生活方式的自主化和开放性必然会对个体价值观产生积极的影响。多样化的经济生活方式直接决定了个体价值观的多样性。个体价值观已经从"犹抱琵琶半遮面"阶段过渡到开放多元发展阶段。乡村个体价值观多元化发展也进一步促进了乡村个体融入市场经济大潮,从而满足自身发展的内外需求。乡村个体真正实现了

---

① 孙春晨:《改革开放 40 年乡村道德生活的变迁》,《中州学刊》2018 年第 11 期。

根据自身价值取向来选择发展方式的自由状态。

（四）世界文明包含的交互性

中国有着悠久的历史文化，是世界文明的重要组成部分。由于中国历史上长期处于封建主义时期，封闭性成为这个时期中国文化的特征之一。地域与文化的封闭必然导致了社会交往的封闭，在个体文化价值方面也是呈现滞后闭合的状态。从中国近代开始，中国被迫打开国门开始与世界其他国家进行经济与文化交往。这种交往处于被动局面，但客观上影响了社会个体的价值取向。改革开放之后，我国开始实行市场经济，中国积极融入世界经济发展浪潮中。在经济全球化背景下，经济交互必然会形成文化交互。世界文明的相互交流对我国乡村个体的影响是显著的。不同文明代表着不同的价值观，以资本和商品为载体相互影响和相互作用。在当今时代，中国始终持开放性态度对待各国先进文化。由于网络社会的迅速发展以及网络技术的不断更新，文化传播的类型不断丰富，文化传播的速度不断提升。在中国乡村社会，不管是世界商品载体还是网络媒介载体都较为普遍，这就为乡村个体接触世界文化和价值观提供了平台。一言以蔽之，世界经济的无处不在必然导致世界文化的普遍交流，中国乡村社会也不例外。乡村个体价值观在经济决定论和文化交互性中得到发展，且为包容性发展。

第二节
中国村民的经济德行

道德行为作为人类诸种社会行为中不可或缺的一种，不仅具有社会行为意识、目的元素的普遍性，更有自身能动自觉且对社会产生影响的内在规定性。① 经济德行是人类在经济活动中的道德行为，它本质上是人类利益关系的集中体现和表征。中国乡村社会既有传统社会的自足性，更有现代社会的商

---

① 朱亚宾、朱庆峰、王耀彬：《德行与德性：思政工作贯穿创业教育全过程的两个维度》，《黑龙江高教研究》2018年第10期。

品性。由于地域性与区域经济发展的缘故,乡村与城市在经济发展规模和程度上存在差异性,其传统自足性与现代商品性之间的矛盾贯穿乡村发展的始终。在多种发展模式、机制以及相关发展意识的交互作用下,中国乡村村民的经济德行也呈现出个性化与共性化相结合的特征。为了进一步厘清中国村民的经济德行,我们需要对村民经济德行进行解构和建构,把握其主体、过程以及实践中存在的问题,进而提出相关方略,以促进村民经济德行的发展。

一、内涵清晰经济德行结构

解构村民经济德行有助于我们理解村民经济德行的形成主体、内在运行机制、相关影响因素以及最终道德价值归宿。从道德行为形成机制来审视和解构村民经济德行,其结构主要包括伦理主体、利益相关性、道德能动性以及道德责任。

(一) 伦理主体

村民是中国乡村个体经济德行的伦理主体,是乡村经济社会与伦理实践场域的核心。随着中国乡村传统社会分工以及现代市场经济的发展,村民的类别更加丰富,所承载的社会行为也更加具体。我们根据乡村社会具体分工以及当前乡村客观存在的相关主体进行分类,主要包括农民、农民工、农民企业家、乡贤以及村干部等,主体分类囊括了当前乡村经济、政治以及文化各领域的主体力量和典型代表。

一是农民。纵观中华文明几千年,乡土永远是乡村社会发展的最重要载体,也是当前我国国民经济发展的重要基础。乡土一定程度上代表着乡村,在乡土基础上生存与发展的农民一直都是活跃在乡村社会发展历史舞台上的核心。费孝通曾说:"中国社会是乡土性的。"[1]这至少在两个层面解读了乡村农民主体的价值性。首先,乡土发展的主要力量是农民,没有农民的辛勤劳作,就没有基于农业发展的中华文明之璀璨。土地只有与农民结合才具有生产价值属性,才能真正满足人类社会发展的基础需求。乡土的工具性价值只有与

---

[1] 费孝通:《乡土中国 生育制度》,北京大学出版社1998年版,第6页。

农民的主导性价值紧密结合，乡村经济社会才有了不断前进发展的动力，乡村社会文化才有了不断丰富多元的基础。其次，在工具性之外，土地对于农民的价值性还体现在农民的精神世界中，也就是我们所说的农民的价值观与价值行为上。土地对于农民不仅仅是生产资料，它更是一种精神依托，是农民的道德信仰。农民的价值养成与实践在很大程度上依赖于乡村最普遍的生产资料——土地来实现。因此，在广袤的乡村农业发展基础上，农民是乡村经济德行的最主要主体。

二是农民工。从农民主体延伸至农民工主体，一字之差，但道德属性和实践内涵却存在很大差异。农民工，也就是我们常说的进城务工人员，是指户籍在农村，进入城镇从事非农业生产且以非农收入为主要收入的劳动者。农民工是从农民中分离出来的劳动者，其身上存在着农民与工人的双重道德角色。随着我国市场经济的发展，农民工已经成为经济社会建设的重要力量。《国务院办公厅关于做好农民进城务工就业管理和服务工作的通知》中就明确强调，在中国改革开放和工业化、城镇化进程中，进城务工人员作为一支新近涌现的新型劳动大军，已成为中国产业工人的重要组成部分，对中国现代化建设做出了重大贡献。农民工为国家做出重大贡献的过程客观上也是通过自身努力改变当前生活状态的过程。农民工虽然主要在城市工作，但是由于其户籍在农村，他们本质上仍然属于农村人口。在这种生活方式中，农村户籍限制与城市生活向往的矛盾始终伴随着农民工。这不仅体现在农民的生活上，更交织于农民工的价值观和道德行为中。在农民工主体社会价值得到充分肯定的背景下，其个体价值发展问题比较突出，集中体现在其经济道德行为和品质方面。

三是新乡贤。在传统乡村中，乡贤是指那些不但在德行上高尚，而且还具有崇高威望和影响力的贤达人士，在"皇权不下县"的影响下，中国传统乡村治理文化逐渐演变为以乡贤为主导力量的乡村治理模式。乡贤发挥作用的前提是其本身具有一定的道德威望，由此才能够在乡村社会中发挥道德引领作用，能够激发和监督村民学习和遵守村规民约等，以保证乡村社会道德秩序稳定。在中国传统社会中，乡贤在农村生活治理中具有举足轻重的作用，尤其是在基于乡土文化的乡村道德发展方面。改革开放后，我国乡村社会中乡贤文化不断得到发展与丰富，乡贤的作用已经从乡村治理延伸到乡村发展，从道德建设到经济建设,呈现出了蓬勃的乡村经济伦理发展趋势。在这个趋势中,新乡贤的概念和存在逐步得到学界和社会的重视。关于新乡贤的概念有很多阐述,我们认为新乡贤至少要具备以下几个条件:一是成长于乡村,奉献于乡村;二是在某个领域取得显著成绩,具有榜样示范作用;三是具有较高的道德素质,能够发挥其道德引领作用。在市场经济与城镇化发展格局下,新乡贤对于农村经济发展、村民发展致富以及乡村道德建设具有新的历史责任与作用。

四是村干部。在乡村治理体系中除了宗族管理和乡贤德治等主体外,还有一个重要的行政体系管理与参与主体,即村干部。村干部作为乡村管理的重要参与者,在乡村经济发展和社会稳定方面发挥着不可替代的作用。村干部在乡村社会发展中的作用主要体现在以下几个方面。首先是乡村社会秩序的管理。村干部在乡村矛盾解决和人际关系处理方面发挥着"官方协调"作用,以保证乡村社会的基本稳定。其次是乡村经济发展的管理。村干部肩负着带领广大村民发家致富的责任和使命,需要通过在保证农业生产的基础上开辟其他致富途径以带领村民致富,提升生活质量,改善农村环境。再次是乡村道德环境建设。乡村振兴不是简单的经济振兴,而是经济社会文化的全面发展,其中乡村道德环境建设是软基础,是提升乡村个体精神文明的关键。近年来,我国政府进一步加强了村干部建设,打造基层组织管理单位,保证乡村发展的稳定性。尤其在三农目标导向下,乡村基层党组织建设是保证乡村振兴战略取得实效性的基础。基层党组织建设的关键就是村干部选拔与培训,核心是村干部对乡村的科学管理。

(二)利益相关

马克思主义哲学在分析人类社会关系时强调"人类一切关系本质上都是利益关系",包括道德关系。在乡村社会中存在的各种道德行为本质上就是各种利益关系的协调与规范。因此,我们在解构乡村个体经济德行时必须要重视乡村环境中的利益相关性。利益相关性原本是管理学概念,指的是组织决策所影响到的所有外部环境中的主体利益。在伦理学中,我们同样重视利益相关性的概念、实践及其对乡村道德社会的影响。乡村个体经济德行的利益相关性表现为两个方面。首先是个体经济德行对于其他个体所产生的影响。

所谓乡村个体经济德行是指"对社会产生影响"①的行为。对社会产生影响主要包括对社会整体和个体产生影响,其中利益关系影响是核心内容。例如农民的经济德行可能会影响到其他农民、子女或者村干部的相关利益。这种利益关系是客观存在且具有经济德行的内在规定性。其次是外部环境中的其他利益主体对乡村个体经济德行的影响。不管是在道德环境还是在法治环境中,所有个体行为都要受所在环境的影响,也就是受其他个体利益的影响。例如乡贤在进行某项经济德行时,必然要考虑其他相关主体的利益需求,或协调考虑或置之不理,皆为利益相关性的影响。

(三) 道德能动

道德能动性是指道德主体自觉自愿自择的行为过程。从形成机制上看,道德行为能动性是在道德意识基础上产生的道德行为过程和结果。乡村个体在道德行为产生过程中必然要经历从道德意识到道德行为,从自觉自愿到自责的过程。道德意识是道德行为产生的基础,道德行为必然是在道德意识作用下产生的行为过程。乡村个体在产生经济德行时需要形成经济道德意识,在经济道德意识作用下产生经济德行,进而影响其他主体。因此,道德意识的产生显得尤为重要。道德意识如何产生以及如何发挥作用?这是自觉自愿自择的经济德行过程。乡村个体自觉自愿的基础是道德知识的学习。道德知识组成主要包括两个部分,即社会普遍承认与遵守的道德规范和科学文化知识。而乡村个体在实践中由他律转化为自律(自觉自愿),由外在知识转化为内在意志的条件是学习和掌握了必要的道德知识。这种内化意志在乡村个体经济德行产生过程中发挥着至关重要的作用。无论是道德意识还是内在意志,乡村个体经济德行的产生与发展必须要通过教育来实现科学发展。教育的目的是认识和掌握知识和规律,它在乡村个体经济伦理发展中具有不可替代的作用。加强乡村教育,方能真正实现乡村文化振兴,其中包括乡村经济伦理文化振兴。

---

① 朱亚宾、朱庆峰、王耀彬:《德行与德性:思政工作贯穿创业教育全过程的两个维度》,《黑龙江高教研究》2018 年第 10 期。

(四) 道德责任

正因为道德行为产生的内在机制是自觉自愿的自由意志,也就有了意志决定行为这一观点的出现。这一观点让行为过程及其后果弥漫着"我的所为"的气息,行为也就顺理成章具有了责任性。① 乡村个体经济德行亦是在自觉自愿的自由意志基础上产生的行为,自由意志从内部规定了其责任性。在日常乡村个体经济行为中存在大量的失范现象,这本质上就是责任缺失的基本表现。个体经济德行不管出于内在规定还是外在约束,责任性始终是其属性和要求。我们通过灌输相关道德规范,以他律方式斧正乡村个体经济德行;我们希望通过相关教育将道德规范内化为乡村个体意志,从而增强个体经济德行的责任性。责任意识的培养与形成应该贯穿乡村个体经济德行的全过程。此外,他律约束始终是被动约束,我们要通过主动性实践来践行和内化责任意志。乡村个体经济行为就是内化责任意志的最好实践方式,如何促进乡村个体从经济行为到经济德行的转变,责任意志的内化既是过程亦是结果。道德责任是乡村个体经济德行的内在规定性,也是其外在实践的价值导向和归宿。

二、践行完整经济德行过程

经济发展整体过程一般包括生产、分配、交换和消费四个环节。在不同历史时期,乡村个体经济发展的四个环节呈现不同的强度和趋势,但都客观存在于乡村经济生活中。经济活动过程本质上就是人的利益协调过程,也就是道德行为过程。因此,我们在分析乡村个体经济德行时必须关照乡村经济活动的四个层面,结合历史唯物主义基本观点来审视村民经济德行及其内涵特征。

(一) 生产

乡村生产过程以农业生产过程为主,即农民运用一定的生产工具作用于土地等生产资料的客观过程。农业生产作为人类生产过程,必然影响着乡村主体的伦理精神和道德品质。"个人怎样表现自己的生活,他们自己也就这

---

① 罗国杰:《伦理学》,人民出版社 1989 年版,第 12 页。

样。因此他们是什么样的,这同他们的生产是一致的——既和他们生产什么一致,又和他们怎样生产一致。"由于农业生产的三大性质即乡土局限性、地域性以及片段性,乡村农业生产造就了农民主体的"淳朴道德",也导致了勤劳勇敢与狭隘保守、分工合作与独自劳作以及互帮互助与个人私利等道德矛盾。例如农业生产的局限性还体现在分工不充分不科学方面,这也在一定程度上制约了乡村职业道德的发展。

在乡村个体经济面貌上,传统农业生产过程并没有真正解决农民贫困问题。这是当前我国实现三农政策以及乡村振兴战略的出发点,也是解决乡村生产水平、乡村致富以及乡村精神文明建设如何协调发展的问题。新农村建设致力于乡村个体道德素质的提升。乡村个体道德行为和道德品质的提升也必然会进一步促进乡村生产过程的科学发展。乡村精神文明建设以及乡村个体道德素质提升一方面依赖乡村生产水平的提升,一方面也会促进乡村生产水平的提升。个体道德素质对于生产水平提升的作用主要体现在个体知识水平的提高以及乡村个体劳动积极性的激发上。只有激发了劳动者积极性,才能发挥他们在农业生产中的创造性和能动性;只有发挥了劳动者能动性,才能实现农业生产过程的科学化、职业化与高效化。

(二) 分配

在自然经济为主导的时期,我国乡村经济的典型分配原则是自给自足。自然经济不是以交换和消费为主要目的的经济发展方式,因此也就甚少存在物质交换形式。乡村个体在农业生产过程中一方面是被剥削性地缴纳粮食,一方面是自余性的粮食留用。在封建自然经济状态下,农民在分配过程中处于劣势,是被剥削的一方,因此这种分配过程是非正义性的。自余性的粮食留用是自然的分配结果,农民没有选择性,也更没有进一步分配的意识和能力。

新中国成立后,乡村真正进入了社会主义初级阶段。在这个阶段,我们国家实行的是以按劳分配为主体、多种分配方式并存的制度。在这种分配方式中,乡村个体收入可以按照三个方式进行分配:一是按照市场经济规律和要求进行分配;二是按照政府政策和制度进行分配;三是按照乡村个体道德水平来分配。前两者是制度规定性分配,后者既是前两者分配的道德基础,也是进一步促进社会分配正义的前提。由于乡村个体物质产品的相对有限性,因此在三者分配过程中也呈现出不同的价值导向。基于市场经济规律的分配需要乡村个体立足契约精神开展经济活动;基于政府政策和制度的分配需要乡村个体立足法律权威开展经济活动;基于自身道德水平的分配不仅需要社会分配正义的实践与宣传,更需要乡村个体自身的道德学习与伦理实践。对于目前乡村个体来说,在分配正义的个人价值取向上还需要进一步加强引导和教育。

(三) 交换

自然经济在很长一段历史时期存在于乡村社会,是传统乡村社会的主要经济形态。自然经济形态下乡村个体主要是以自给自足的形式来实现生活与发展,用于交换的物质产品较为匮乏。不充分的交换行为意味着利益关系的不充分,也就直接导致了乡村个体经济德行的不充分与不具体。传统乡村即使存在一些交换行为,也是简易的交换行为,其中所涉及的道德利益和伦理关系相对简单。

随着生产力和生产关系的不断发展,乡村物质产品逐步丰富起来,为乡村交换行为的发展提供了物质基础。在商品经济环境中,乡村个体物质交换行为成为一种常态行为,商品交换更加普遍。商品交换行为的充分发展,进一步促进了乡村个体经济德行的发展。商品交换不仅需要基本的市场规则来规范,更需要健全的道德规范来配合发展。目前在乡村商品交换中还存在一些问题,例如偷工减料、以次充好以及失信交易等。乡村个体交换德行缺失一方面是因为乡村个体交换行为的不充分,一方面也是因为乡村市场规范的不健全,但主要还是因为乡村个体道德价值意识的局限性。为了更好地促进乡村个体交换德行的发展,我们必须要对乡村个体进行法律和道德教育,灌输等价交换、公平正义和诚实守信的基本原则。在教育基础上,广泛开展契合市场经济的商品交换活动,以充分的商品交换行为来践行交换价值和原则,以促进相关经济德性的内化,保证乡村个体经济德行的形成和发展。

(四) 消费

从生产过程或经济活动流程来看,生产是起点,分配与交换是中介,消费是终点。消费是整个环节的终点，也是其他环节存在的价值归宿。消费是人类得以生存和发展的基础。衣食住行是每个人存于世界所必须要消费的领域。在自然经济条件下，物质资料的匮乏导致乡村个体消费主要限于生理需要层次。乡村个体为了得以生存和繁衍而进行必要的消费。这时的消费行为对于其他人以及周边环境的影响不大，个体消费德行相对简单。乡村个体的消费道德意识、道德能力以及乡村消费道德评价都处于起步阶段。不管是常规消费对于道德的影响，还是道德意识对于消费行为的影响，皆相对简单。

生产决定消费，当生产力不断提升后，乡村个体的消费能力和消费德行得以发展。较为丰富的物质产品能够满足乡村个体生理需求。按照马斯洛需求层次理论，乡村个体在满足基本的生理需求后必然会追求精神需求，这在一定程度上激发了乡村消费道德行为的发展。目前在我国乡村地区，消费行为得到促进和发展，因此也带来了新的消费伦理问题。乡村社会的地域性、城乡差距以及个体素质相对有限等因素，导致乡村个体消费不能很好地处理人与人以及人与自然之间的关系。消费中人与人之间的关系不仅表现在人与其他人之间的关系，也涉及消费对于自身发展的影响；人与自然的关系则反映了乡村个体发展与自然环境的关系，例如索取或污染等。乡村个体消费德行本质上是人类生存发展的问题，不管是在人际利益关系上还是在环境保护的可持续性发展问题上都显得较为突出。

三、多元经济德行矛盾冲突

随着商品经济的发展以及乡村振兴战略的不断推进，我国乡村社会得到了显著发展。这不仅表现在乡村经济体量的增加，也表现在乡村个体生活质量的提升，更表现于乡村个体经济伦理水平的提高。乡村地域宽广且经济发展不平衡，造成我国乡村个体经济德行也是参差不齐。根据我们的调研结果以及当前全国乡村社会发展现状来看，乡村个体经济活动仍然存在知行不一、职业道德缺失以及道德评价机制不健全等问题。这些问题在一定程度上影响了乡村个体经济德行的发展。

（一）知行易于错位

个体行为既受个体意识意志作用影响，也受外在环境影响。乡村个体经济德行是乡村个体在经济活动中基于自身经济伦理意识而产生的对其他人形成影响的行为过程。在这个行为过程中必然存在知行是否合一的问题。知行合一是中国传统文化对于人的内在外在统一性的要求。在经济活动中，我们仍然坚持和倡导知行合一。但是在当前乡村个体经济德行过程中仍然存在知行易于错位的情况。知行易于错位情况可以从三个层面来解读。首先是乡村个体经济德行中的"知"。新中国成立后，我国通过改革开放以及土地改革等一系列措施激发乡村经济活力，通过乡村教育来激发乡村经济主体对于市场发展和乡村发展的规律认知，通过大量的新农村项目实践来倡导乡村振兴中的乡村文明建设。由此可见，乡村个体对于道德知识或科学知识的获取和掌握更加方便和丰富。用伦理规范性语句表述就是乡村个体知道"应该做什么，应该怎么做"的基本道德知识。其次是乡村个体经济德行中的"行"。乡村经济活动的普遍开展决定了乡村个体经济德行的存在。乡村个体必然要通过相关经济活动来获取经济效益，以满足自身物质与精神需求。在获取经济效益过程中，经济德行必然会涉及"利益相关者"问题，与他人或他物不断产生相互作用。不管是法律视角还是道德维度，我们倡导经济德行中的相互协调与规范，以呈现乡村秩序井然的生活和生产状态。最后是乡村个体经济德行的"知行错位"。所谓知行错位就是乡村个体经济德行容易出现知行不一致的情况。例如乡村个体在从事相关经济活动时知晓相关规范与原则，但是其经济德行与道德知识之间是错位的，不匹配的。例如乡村个体知道商品交易需遵守诚实守信原则，但是在可能获取不当利益时容易产生以次充好的交易行为。

（二）经济规模偏小

市场经济要求在"三农"问题上的集中表征之一就是以现代农业建设为主体的乡村经济发展。得益于市场经济体制和农业改革体制等因素，我国乡村经济得到了较大的发展。但是目前存在的一个主要问题是乡村经济不成规模。造成乡村经济规模偏小的原因主要有以下几点。首先,乡村经济发展的资本投入有限。传统的乡村经济发展以粗放型为主,主要以扩大土地资源为条件实现所谓的规模发展,实际成效较为有限。① 改变以土地资源为主要元素的经济发展模式是实现乡村经济规模扩大的主要条件之一。其次,技术水平有限也是限制乡村经济规模的因素之一。由于技术投入和技术水平的限制,乡村经济可以保持相对规模发展,但是难以满足规模经济拓展。第三,乡村经济主体职业水平有限,也在一定程度上限制了乡村的经济发展潜力。由于乡村经济规模偏小,乡村市场经济的行业规范性也相对不足。行业规范不足主要表现在制度规范和道德规范两个层面。由于乡村经济规模有限,相应的乡村市场行业制度规范性不足。一方面是缺少制定行业规范的意识,一方面是缺少行业规范制度,导致乡村市场制度不完善,最终不利于乡村经济规模发展。另外,乡村经济规模有限也在一定程度上制约了乡村社会道德规范的作用。

(三) 职业道德缺失

职业源于现代生产过程中的分工,职业道德主要是指生产分工内容以及人们在分工协作过程中形成的道德内容和行为规范。可见,职业道德内涵主要取决于两个基本要素,一是分工,二是生产过程中人与人之间的相互作用和关系。从农村经济社会发展情况来看,由于生产力水平相对有限,农村生产过程中的分工相对简单,主要还是基于传统农耕操作的两性分工以及老幼分工等。即使在经济发展水平较高的乡村地区,其分工也不如现代城市工业发展中的职业化。因此,基于乡村经济基础上的现代职业化程度整体较低,直接导致乡村职业道德一定程度的"缺失"。职业道德缺失一方面是源于乡村经济发展水平较低,一方面也受到乡村职业道德教育不足的影响。我们在全社会范围内开展职业道德教育,在高等教育范畴内对学生进行职业道德教育,这些都取得了较为显著的成绩。通过教育方式灌输职业道德规范,帮助人们了解和掌握职业道德内容,进而通过他律方式进行规范协调。但是乡村地区的职业道德教育相对落后,这也就直接影响了乡村个体职业道德知识学习以及他律

---

① 习近平:《现代农业理论与实践》,福建教育出版社1999年版,第4页。

作用。不管是基于经济基础的职业道德生成还是基于教育的职业道德培训,在乡土环境中皆为有限。乡村个体不仅缺乏爱岗敬业、诚实守信、办事公道以及奉献社会等主要职业道德意识,也缺乏践行这些职业道德的职业分工,职业道德的乡土化以及实践内化难度较大。这些都会在一定程度上造成乡村个体经济德行的内外引导和约束的双缺失,从而导致一些失范行为的出现。

(四)底线道德缺场

无规矩不成方圆。在乡村社会发展过程中,始终都贯穿着"规矩",以协调人际关系和行为活动,保证最基本的社会秩序。这里的规矩主要包括两个方面:法规和道德。在乡村社会发展过程中,法规始终发挥着重要的作用。在当前市场经济条件下,乡村经济社会发展也必须要有法规来保障和规范。《中共中央关于建立社会主义市场经济体制若干问题的决定》明确强调"社会主义市场经济体制的建立和完善必须有完备的法制来规范和保障"。但是由于地域相对封闭以及市场经济发展不够充分等原因,在乡村社会中法规更多体现为村规民约,法规一定程度上存在"缺场"情况。乡村个体在经济活动中出现相关问题时习惯性诉诸村规民约,按照乡村传统方式进行协调。在传统乡村社会相对简单的经济关系中,村规民约能够发挥一定的作用,但是在市场经济更加充分多样化的利益关系协调中,村规民约的内在约束力和张力相对有限。乡村个体的法规法律意识和村规民约意识之间的差异性容易导致乡村个体经济德行的失范。乡村个体所推崇或喜欢诉诸的村规民约本质上是道德规范。这种道德规范的强制力有限,无法与法律的国家强制力相提并论。在乡村个体经济德行不断发展的前提下,必须要让法律贯穿乡村社会经济发展全过程,以规范乡村主体行为,维护乡村市场稳定,进而保障乡村社会的良性发展。

(五)缺乏评价机制

乡村个体经济德行的发展需要面对两个基本问题,一是乡村个体经济德行是"善"还是"恶",一是乡村个体经济德行如何可持续发展。前者是价值判断,是基础;后者是动力机制,也是价值目标。在当前乡村个体经济德行环境中,存在不规范或失范现象的原因有很多,其中科学评价机制缺失是主要原因。一个科学道德评价机制包含两个基本内容：标准和方法。目前乡村经济社会环境中，既有的道德评价机制在标准和方法上都存在缺陷，从而导致了评价机制的不科学，对于乡村个体经济德行没有发挥应有的规范和引导作用。在评价标准上，乡村社会评价标准相对简单，以利益为导向，主要是以有利于自我或有利于熟人社会个体为标准，抑或以乡村淳朴的道德要求为基本标准，对于市场经济或社会整体价值规范的要求不高。这就造成乡村个体经济德行的趋利性与自我性。在评价方法上也不甚科学。评价方法更多以结果为导向，赚钱就是"善"，赚不到钱就是"恶"。例如农民工回家过春节，这本质上也是一年一度考核评价的时期。乡村个体在评价个人"成就"时主要以"赚钱多少"为基本标准。这种标准容易导致乡村个体"唯利是图"。为了能够在村里或家族显得"有价值""有出息"，乡村个体在追求经济利益时容易出现失范甚至是违法现象。这种评价机制不利于乡村个体经济德行的引导和规范，也不利于其可持续健康发展，最终会导致乡村个体经济德行走向真正的"恶"。

四、促进经济德行与时俱进

文明进步与发展一方面是受生产力和经济关系的决定作用影响，一方面也取决于所处社会的公民道德教育和建设水平。乡村个体经济德行的发展同样也是按照这个规律来演进与变化的。针对乡村个体经济德行中存在的问题和现象，我们认为最重要的解决方式是发展乡村经济，并在乡村经济发展以及乡村个体生活富裕的基础上开展公民道德教育。双管齐下方能实现乡村个体经济德行的发展，进而推进乡村文明建设。

（一）加强乡村经济发展

乡村经济伦理发展的唯物主义基础是乡村经济发展。我国传统文化强调"仓廪实而知礼节，衣食足而知荣辱"，讲的就是经济发展对于道德发展的决定作用和深刻影响。在当前，加强乡村经济发展已经成为国家乡村振兴战略的重要组成部分，实现乡村经济发展是解决三农问题的根本途径。乡村经济发展有着不同于城市经济发展的"乡土"特色,这种强烈的特征决定了乡村经济发展的独特性。"乡土"意味着农民对于千百年来赖以生存的土地的"崇拜性"和"依赖性",这种类似于图腾性质的依附关系扎根于农民的内心深处。这种情况决定了乡村经济发展必须要以乡村实际情况为基本条件,以乡土为基本元素,发展契合乡村特色的经济模式。因此,我们认为乡村经济建设至少应该包含两个层面的推进。首先是国家经济发展的整体推进,这必然会使乡村个体享受到国家整体发展的福利。其次是在乡村振兴战略背景下利用乡村资源和特色来发展乡村企业。传统农业生产解决了农民温饱问题,乡村企业发展则可以解决农民生活品质问题。费孝通在早期的乡村调研过程中就认为乡村社会有着特有的环境和关系,增加乡村个体的收入才是解决乡村问题的根本途径。在充分调研基础上,他认为"乡土工业可能是一种最有效的入手处"。① 所谓乡土工业,就是乡村企业。发展乡村企业有利于农民在"离土不离乡"的情况下增加收入,能够有效解决农村剩余劳动力这一难题。② 乡村个体经济收入增加后才会形成更加丰富的道德精神需求。乡村企业不仅能够增加乡村个体的收入,改善乡村个体的生活,更重要的是乡村企业可以提供乡村个体实现人生价值的新职业。此外,想要加快乡村经济发展一定要注重乡村经济规模的发展。规模经济是乡村经济发展的重要表征,也是乡村社会发展的重要基础,更是培养现代职业农民的必要条件。培养现代职业农民不仅有利于乡村企业发展,也有利于乡村个体经济德行的发展。

(二) 培养现代职业农民

培养现代职业农民既是乡村市场经济发展的必然要求,也是乡村个体个人价值和社会价值实现的内在要求。2012年中央一号文件明确提出要大力培育新型职业农民。国家政策要求是顺应市场经济发展和乡村振兴战略需求的表现。职业农民是在传统农民基础上产生并发展的新型群体。职业农民的形成需要建立在乡村经济的分工细化基础上。乡村经济分工细化主要取决于乡村企业的建立和发展。前文已经论述了乡村企业发展的必要性和重要性。在

---

① 费孝通:《费孝通文集》第4卷,群言出版社1999年版,第439页。
② 王露璐:《费孝通早期乡村伦理思想述析》,《齐鲁学刊》2017年第5期。

分工基础上,乡村个体不仅能够掌握技术性和商业性,也能够在职业化发展过程中增加经济收入,更重要的是乡村个体能够在相对稳定的职业分工中形成职业道德意识,从而为乡村个体的经济道德行为发展提供更加稳健的基础。新型职业农民应具有高度的社会使命感并且在观念上不墨守成规,在技术层面上精通掌握,在生态理念上秉持可持续发展理念,主动肩负起对生态环境和子孙后代应有的责任。[①] 从这个概念中,我们既能看到职业化发展的经济效益,更能看到职业化发展能够促进乡村个体的道德发展。传统的人与人、人与自然的关系一直是乡村主体的主要关系网络,也是乡村个体经济道德行为的主要内容。职业农民发展能够很好地帮助乡村个体协调好人与人、人与自然的相互作用关系。因此,我们需要加大乡村职业农民的培育力度。乡村职业农民培育主要取决于两个因素。一是加强乡村企业的发展。乡村振兴战略重心下移至农村,利用农村自然资源和剩余劳动力资源发展乡村企业,让乡村个体在"家门口"上班,不仅能够增加乡村个体经济收入,也能够满足其"乡土依恋",更重要的是能够提升乡村个体职业农民的认可度和接受度,能够充分激发乡村个体的生产积极性。二是要加强乡村职业农民的培训和教育。目前我国政府非常重视职业农民培训,但是仍然存在一些客观问题和困难,主要包括契合农村职业农民的培训模式不健全、培训资金不足以及相关政策保障不够完善等。因此,加强乡村职业农民培训必须要探索符合乡村个体经济特性的培训模式,注重商业性、技术性和乡土性的结合,强化职业道德培训。此外,政府要制定和完善相关政策法规,保障培训资金和师资的"下乡"和"融乡"。

(三) 完善新农村市场机制

发展乡村企业以及注重职业农民培养等措施归根到底是要依靠完善的乡村市场经济机制来保障。当前,我国市场经济机制正在不断完善,有效促进了我国经济社会发展。但是在乡村经济发展过程中,市场机制虽然存在但并没有充分发挥其作用。我们在观察和研究乡村经济过程中,既要关注微观经济主体,更要重视宏观经济机制。市场机制对于乡村个体来说不仅是市场规律和规范的问题,也是其经济德行发展的基础和保障。市场机制主要包括价格

---

① 朱启臻、胡方萌:《新型职业农民生成环境的几个问题》,《中国农村经济》2016年第10期。

机制、供求机制、竞争机制以及风险机制。每个机制对于乡村个体经济德行都有着深刻的影响和作用。例如价格机制能够促进乡村个体的等价交换意识和行为;供求机制能够促进乡村个体在自然交换过程中理解可持续发展的理念和把握尺度;竞争机制能够提升乡村个体诚实守信和公平正义的意识和行为;风险机制能够帮助乡村个体增强风险意识和责任担当能力。四个机制之间相互作用,形成完整的市场机制内部运行模式。因此,他们对于乡村个体经济德行的作用和影响也不是独立呈现的,在相互作用中促进乡村个体经济德行的整体发展。此外,市场机制除了内在运行机制外,还包括外在作用机制。我们知道市场机制具有一定的盲目性,因此需要加强政府宏观调控,以促进市场机制的最大效益。同样,完善乡村市场机制也必须要加大政府宏观调控力度。在当前乡村市场经济发展相对不充分的情况下,加强政府政策调控与法律保障显得尤为重要。政策调控和法律保障既是对市场机制的规范和引导,也是对乡村市场经济中的个体性行为的规范和引导,从而促进乡村个体经济德行的发展。

(四) 加强乡村公民道德教育

在道德养成过程中,除了经济决定论之外,我们还要重视乡村公平道德教育的作用。道德本质上是人类社会行为规范,是教导人们按照"应该的方式"做"应该的事情"。这种导向性规范一方面是由经济决定的,一方面也可以通过教育来实现。道德教育的目的是告诉人们道德规则和规范。灌输和教育是主要手段,最终目的是能够实现道德内化。所谓道德内化,简单地说"就是社会对人们提出的各种道德要求转化为个体的道德品质和道德行为"[1]。从道德教育到道德内化,再到乡村个体道德行为的自主性、自择性和自律性是公民道德教育的基本逻辑和价值归宿。乡村个体经济德行的发展需要立足乡村公民道德教育来进行。加强乡村公民道德教育需要从以下四个方面入手。首先是在乡村地区大力宣传、弘扬和践行社会主义核心价值观。党的十八大提出,倡导富强、民主、文明、和谐,倡导自由、平等、公正、法治,倡导爱国、敬业、诚信、友善,积极培育和践行社会主义核心价值观。社会主义核心价值是乡村个体

---

[1] 许启贤:《认真研究道德内化的特点和规律》,《高校理论战线》2003 年第 10 期。

经济德行的主要标准,乡村个体要严格按照核心价值观的要求来规范自己的行为。这就需要我们在乡村地区大力宣传社会主义核心价值观,引导广大乡村个体学习和内化社会主义核心价值观。其次,要充分挖掘市场经济中的"乡土"道德元素。传统乡村文化内涵丰富的道德元素,包括经济发展的道德元素。我们在进行道德教育时要充分重视和挖掘"乡土"特性,鼓励和引导乡村个体按照契合社会主义市场经济的道德元素来规范自己的行为。再次,要加强学校道德教育。青年兴则国兴,青年强则国强,青年道德素质高则国家精神文明强。当前乡村振兴战略目标下,国家和政府积极引导大学生返乡创业和就业,促进乡村发展。乡村学生既是乡村个体的代表,也是乡村建设的中坚力量。充分发挥学校道德教育作用有利于在学生成长过程中形成稳定的道德行为。这种稳定的道德行为不仅能够促进乡村经济发展,还能够在乡土社会形成价值引导。最后,要完善乡村道德评价机制。道德评价机制以善恶为标准,以自我约束和社会舆论为手段,能够促进道德行为的可持续性以及引导道德主体践行道德的行为。科学合理的道德评价机制能够形成良好的社会舆论和氛围,对于乡村个体经济道德行为能够发挥积极的引导作用。完善乡村社会道德评价机制必须要处理好标准和方法的问题。标准是以社会主义核心价值观为基础,融合传统乡村社会美德;方法是坚持动机和效果辩证统一的价值判断。

第三节
中国村民的经济德性

村民经济德性是乡村个体经济伦理的重要组成部分。经济德性是经济德行的可持续性发展所表现出来的稳定性特征。在中国乡村传统文化发展过程中,乡村个体基于"乡土"元素形成了丰富的道德品质。基于历史唯物主义,不同历史时期的乡村个体经济德性呈现不同的内涵与特征,始终以"矛盾体"的否定形式不断发展与演进。在丰富多样的经济德性发展中,我们需要基于社会主义基本导向引导形成具有中国特色的乡村个体经济德性,形成契合"乡土"的乡村文化,培育乡村振兴中的"文化自信"。

一、客观审视经济德性矛盾冲突

"矛盾存在于一切事物的发展过程中","每一个事物的发展过程中存在着自始至终的矛盾运动"。① 中国乡村个体经济德性的发展也是矛盾运动的外在表现之一。在中国乡村经济社会发展过程中,受经济规律和道德发展规律的作用和影响,乡村个体经济德性内涵丰富且呈现历史性矛盾运动趋势。在当前乡村振兴战略发展中,我们一方面要明晰乡村经济德性的客观性和矛盾性,一方面要始终坚持发展理念来判断和引导乡村道德文化的发展。从目前乡村个体经济德性现状来看,主要存在乡土依恋与背井离乡、勤劳勇敢与安于现状以及持续发展与眼前利益等矛盾。

(一)乡土依恋与背井离乡

一方面是乡土依恋。土地承载着人类文化和文明,它的内涵极为丰富,人类的生存伦理和对大自然的道德感情被纳入其中。我国是传统农业大国,乡村社会道德图景形成的基础和乡村个体道德寄托的载体均是农业,乡土不仅是乡村个体的生产资料,它本质上已经成为乡村个体的精神依托。作为生产资料的乡土如何成为乡村个体的精神依托,从而形成根深蒂固的"乡土依恋"呢?首先是乡土对于乡村个体的生存价值。农民生存和发展的根基是土地,对于农民来说,种地是最稳妥、最可依赖的经济生产方式。土地解决了农民生存的问题。因此对于农民来说,扎根土地是保证其世代延续的最基本条件。其次是乡土对于乡村个体的发展价值。乡村个体在保证最基本生存的基础上寻求发展价值,包括物质生活和精神生活。乡村个体在世代耕种的基础上不断总结经验和技术,进一步提升了农业生产效率,也提高了乡村个体的生活水平。同时,乡土对于乡村个体的精神价值更加凸显。乡土已经从纯粹的物质性升华为乡村个体的精神依恋。乡村个体对于乡土以及农业耕作有着深厚的淳朴感情和依恋,已经成为一种道德情感。最后是乡土对于乡村个体的习惯价值。乡土对于乡村个体的价值从生存到生活,从生活到精神,从精神逐步演

---

① 《求是》杂志哲史部:《领导干部谈哲学》,人民出版社1991年版,第333页。

化为风俗习惯。基于乡土发展的勤劳勇敢、公平正义以及发展致富等经济德性都已经成为乡村个体的生活习惯和风俗。

另一方面是背井离乡。乡村个体依恋乡土,却又出现离开"乡土"的情况。乡村个体离开"乡土"存在两种形式:一种是主动式离开"乡土",一种是被动式离开"乡土"。无论是主动式离开还是被动式离开,根源在于经济利益,具体体现在三个方面。首先是乡土耕作的经济收益相对较低,难以满足人们日益增长的物质和文化需求。与其他产业相比,农业产业的收入相对较低,尤其是在我国乡村农业发展水平不高的情况下,单靠农业耕作难以实现生活富裕。其次是乡土就业机会相对较少。乡村社会就业机会主要是农业耕作及其相关职业,满足不了乡村个体对于职业发展的需求。尤其是在市场经济环境中,乡村个体接触外在信息和机会的渠道和能力都得到了拓宽和发展。对于经济利益与优质生活的需求迫使他们离开土地,进入城市。最后是城乡二元制所导致的户籍身份认同问题。为了改变农民身份,拥有城市户口,很多乡村个体选择离开土地进入城市进行打拼。他们的目的是改变家族命运和子女发展前途。依恋与撤离的矛盾不仅体现在行为上,更持续"纠结"于乡村个体的内心,成为经济德行选择的"困惑"。乡村个体"背井离乡"一定程度上也造成了乡村社会发展的滞后。乡村劳动力输出以及土地资源浪费使得乡村社会"空心化"。这种"空心化"对于乡村个体的乡土依恋情感是一种刺激,也是一种无奈。乡村个体经济德性始终在"依恋"与"背离"中徘徊与选择,他们共同构成了乡村个体的道德精神世界。

(二) 勤劳勇敢与安于现状

一方面是勤劳勇敢。乡村个体的乡土依恋是几千年乡土文化的结果。在乡土基础上产生了丰富多样的乡村道德元素和品质。乡村个体所形成的各种经济德性都与土地密切相关。一个人在乡村社会中的存在以及价值定位也都因"土地"而成,因"土地"而变。在我国乡村社会中,最能体现"乡土"特色的个人德性品质就是勤劳勇敢。首先是勤劳品质。勤劳是社会公认的价值品质,是各行各业取得成就的重要基础和手段。对于乡村个体来说,最原始、最传统的道德要求就是勤劳。它成为个体在共同体中存在的根据以及善恶评价的标准。农业耕作是体力劳动,需要乡村个体支出大量的体能来换取粮食产量。因此,勤劳与其说是劳动需求,不如说是乡村个体对土地的敬畏。农民若是好吃懒做的话,那么他一定会被所在共同体鄙视。一块杂草多的土地会给他的主人带来不好的名声。乡村个体需要花费大量的精力来善待土地,进而赢得赞许和粮食。其次是勇敢。乡村个体由于地域限制,相对封闭的社会环境和农业生产的自然环境共同铸造了其勇敢的经济德行。封闭社会环境中社会关系也较为简单,乡村个体在熟人社会中勇于承担责任,以乐于助人为乐,乡邻之间相互支持,易于形成勇敢的交往品质。另外,乡村个体在农业生产技术相对落后的情况下敢于与自然灾害进行斗争。为了能够获取尽可能多的粮食,乡村个体敢于"斗天斗地",这种淳朴的经济行为蕴含着淳朴勇敢的品质。勤劳勇敢的经济德性一直是乡村个体所追求和引以为豪的道德品质。它不仅能够有效促进乡村生产力的解放,也有利于乡村社会关系的稳定。

另一方面是安于现状。我们在分析勤劳勇敢道德品质的形成时强调了农业生产的自然特性以及在农业生产基础上形成的共同体生活的社会特性。归根到底,勤劳勇敢的最终目的是为了"利益",既有农业产量的目标性,也有共同生活相互作用的价值性。这种本质"利益"追求在乡村社会主要呈现为"改变现状"。改变农业生产效率,改变农业产量,改变家庭生活以及未来发展机遇等。因此,勤劳勇敢是为了实现更好的生活而内化为乡村个体的淳朴道德品质,在乡村经济生活中发挥着至关重要的作用。然而,我们课题组在相对落后的甘肃岷县相关村落中调研时却发现,该村很多村民相对安于现状,对于改变现状的欲求不够强烈。虽然乡村个体依然保持着勤劳勇敢的经济德性,但是他们对于目前生活状态的"改变"需求不大。通过调研,我们发现很多村民"习惯于"土地耕作,"乐于"现状。这种安于现状一方面表现为农业生产的"原地踏步",一方面也表现为"麻木性"地经营目前生活。我们在询问其原因时,他们也无从回答为什么会安于现状,似乎这是一种传统,一种既定的乡村规矩,他们只有遵守。个别村民也知道外出打工可以获得更多的非农业性收入,但是他们并没有外出务工以改变现状的欲求和计划。这种安于现状的经济德性既源于土地的封闭性,也源于乡村教育的未开化性,更重要的还是源于乡村个体内心对于外在世界的恐惧性和对乡土的依赖性。

(三) 公平正义与个人私利

一方面讲究公平正义。在新中国成立之前，中国乡村社会主体由于受到社会制度以及生产资料所有制的影响，一直处于受剥削的生存状态。剥削本身是一种非公平不正义的行为。乡村个体一直处于这种状态，进而对于公平正义产生了强烈的向往并努力追求。新中国成立后，农民翻身做主人，第一次感受到了主人翁的社会地位。乡村个体在获得主人翁社会地位后必然会更加急迫地追求公平正义。这也成为乡村个体在经济社会生活中的主要经济行为和道德夙愿。乡村个体所追求的公平正义主要体现在以下个几方面。首先是乡村社会发展成果的共享。按照马克思主义的观点，农民生产的物质资料应该由农民分享。但是在旧社会，农民生产的财富主要由剥削阶级享受。因此，在民主社会，乡村个体公平正义的首要意义就是对所创造财富的共享权利。乡村经济社会发展的成果应该由乡村个体共同分享。其次是发展机会的共享。随着乡村经济和教育的发展，越来越多的乡村个体意识到机会的重要性。人是发展的终极目的，社会应该让所有的人受益，消除贫困，让所有人在享有平等发展机会的基础上获得充分和全面的发展。对于乡村社会发展过程中出现的机会，乡村个体皆有共享和追求的权利。例如我们常说的乡村个体关注和追求"发财"机会。再次是政治权利的享受。在旧社会，乡村个体基本没有政治权利。政治权利的"高大上"和"实效性"使得他们内心深处对其充满渴望。最后是代际权利的分享。乡村个体在经济活动中以"利益最大化"为目标，因此对于自然资源的索取可能存在"无节制"的情况。这就造成了代际发展的公平正义问题。目前这已经成为乡村社会发展的主要问题之一，下文将重点论述。

另一方面又追求个人私利。中国乡村传统社会农业生产必然会造就乡村个体，尤其是农民的"小农思想"或"小农意识"。由于传统社会农业生产力水平有限，农业生产效率不高，直接导致乡村个体生存压力以及相关竞争。在传统社会，竞争的范围和程度有限，竞争的规则性也较弱，所有乡村个体都围绕生存来开展相关活动。在这种背景下，小农意识中个人私利的经济德性较为明显。尤其是在乡村熟人社会的人际交往中，人们不是以法规为导向，而是以熟人社会的传统习俗为基本准则。因此其道德评价标准相对宽泛,评价方法也不甚科学,甚至能够"宽容"以生存为目标的"个人私利"。传统乡村社会对于个人私利的道德谴责力度较小,这也就成为乡村个体"小农意识"的一部分。在乡村社会进入市场经济之后,市场经济的趋利性进一步放大了乡村个体的个人私欲。但这又与社会主义市场经济的道德规范相冲突和矛盾。此外,市场经济环境下乡村个体处于陌生人环境,契约精神和规则意识要求他们在追求个人私利时要把握尺度。这就造成了乡村个体经济德性中的公平正义和个人私利之间的矛盾。一方面是宏观环境中的公平正义要求,一方面是私下个人利益可能存在的不正当追求。乡村社会主体的个人私利德性既是市场经济发展客观存在的情况,也是当前我国社会主义核心价值观所要规范的对象。在乡村市场经济不断发展的过程中,乡村个体也必须要规范个人私利行为,在利益与道义之间寻求价值平衡。

(四)发家致富与平均主义

一方面强调发家致富。费孝通的"志在富民"目标和思想体现了他本人浓浓的乡土愿望和情感,同时也客观呈现了乡村贫困的经济图景。中国几千年的农业社会虽然延续了代际发展,也产生了丰富的文明文化,但是乡村社会始终没有摘下贫困帽子。乡村与贫困似乎总是能够画上等号。乡村个体与城市个体之间形成了鲜明的生活水平对比。这种长期贫困的生活状态激发了乡村个体发家致富的心理。在旧社会,乡村个体在发家致富方面显得有心无力。进入现代社会后,政治权利和经济机会帮助村民获得了发家致富的基本条件。在乡村社会,个体在个人经济利益导向下追求各种发展和致富的机会。同时,乡村个体在获得相关机会后也是倍加珍惜和努力奋斗。只要勤劳勇敢、努力奋斗就能够实现家庭富裕,就能够实现生活水平的提升,这一经济动机和行为进一步激发了乡村个体发家致富的经济德性。乡村个体发家致富体现为追求现金收入或其他物质等,但本质上还是传统乡村社会宗族思想的延续。光宗耀祖始终是中国社会个体的梦想和追求。发家致富的经济德性和德行实际上就是乡村个体在新时代实现家族兴旺的行为。乡村个体在实现发家致富的目标后,往往会选择衣锦还乡,在周边父老乡亲和家族老人的赞许中获得个人价值和社会价值的统一和快感。这种获得感或荣誉感也必然会进一步激发乡村个体更加积极地通过努力来获取财富。

另一方面又幻想平均主义。不患寡而患不均是中国传统乡村社会农民思想中的一个重要部分,同时也是中国传统伦理文化中的一个显著"符号"。平均主义思想深深镌刻在乡村个体的思想中,其核心原因在于封建剥削制度。剥削制度本质上是非公平正义的制度,统治阶级享受着不平等的丰裕生活,而农民阶级则是在两极的另外一端。长期的压迫驱使乡村个体埋下了向往平均主义的种子,这"也被视为反抗阶级剥削和压迫的强大动力"。在进入现代社会之后,计划经济体制和人民公社制度又进一步刺激和巩固了乡村平均主义思想和行为。即使到目前为止,乡村个体平均主义思想在经济生活中依然产生着消极影响。这一方面是因为乡村依然相对贫困,另外一方面则是因为这种平均主义思想已经成为乡村个体对于未来生活的一种理想诉求。平均主义思想的消极作用体现在缺乏竞争性、共同贫困以及嫉妒仇视等。在乡村振兴战略发展中,市场经济始终是乡村发展的主导力量。但是乡村个体存在的平均主义思想将削弱其市场竞争力。乡村个体缺乏竞争意识,也反对竞争发展的过程,对于竞争结果存在天然的"畏惧"。无法真正融入市场竞争也就意味着持续性贫困。对于一些乡村个体来说,只要群体中皆为贫困,那么个人贫困在心理上就是可以接受的。这种典型的消极发展和生活意识严重制约了乡村经济发展。在经济发展之外,乡村个体人际关系也可能会受到平均主义思想的影响。对于发家致富的其他乡村个体来说,往往容易引来讽刺、挖苦甚至是诽谤。乡亲之间的隔阂因此产生并进而出现矛盾,影响乡村社会稳定。

（五）勤俭节约与铺张浪费

一方面主张勤俭节约。在中国传统乡村社会,土地耕作是乡村个体生存发展的主要方式。由于生产力水平低下,农业生产容易受自然灾害的影响,这种不可控性使得乡村个体在保证来年继续耕作的目标导向下逐步形成了勤俭节约的经济德性。勤俭节约作为乡村个体经济德性,在乡村道德评价中具有很高的权重。费孝通曾经说过:"一个把收入全部用完毫无积蓄的人,如果遇到歉收年成就不得不去借债,从而可能使他失去对自己土地的部分权利。一个人失去祖传的财产是违背孝道的,他将受到责备……在日常生活中炫耀富有并不会给人带来好的名声"。① 乡村个体勤俭节约的经济德性在社会进程中呈现两个发展趋势。首先是勤俭节约从工具价值转变为美德价值。所谓工具价值是指乡村个体勤俭节约是为了能够积累资源以便可持续性开展农业生产并获得可观收入。对于农业生产来说,其不确定性要求乡村个体必须要通过勤俭节约来保证基本的生产资料供给。随着社会不断发展,这种勤俭节约的行为逐步成为社会公认的美德价值,是乡村社会道德评价的重要标准。其次是勤俭节约从个人美德升华为社会美德。勤俭节约除了有"资本积累"作用外,在生活消费领域也发挥着积极作用。农业生产的物质财富相对有限,再受中国历史上相关剥削制度的作用影响,乡村个体个人消费财富相对较少,这也驱使乡村个体在生活消费中逐步形成勤俭节约的道德品质。这种道德品质在日常的生产和生活中逐步得到巩固,成为一种全社会普遍认可的经济行为,就是社会美德。由此可见,乡村个体勤俭节约的经济德性不管是从工具价值出发还是从个人美德视角审视,最终都成为一种社会美德,规范制约着人们的经济生活行为。

另一方面又施行铺张浪费。与勤俭节约经济德性形成鲜明对比的是当前乡村社会存在的铺张浪费现象。例如婚丧嫁娶等乡村传统礼仪活动。我们在这些活动中能够看到传统的礼仪,也能看到追求奢华、盛大以及夸张热闹的新形式,这些新形式造成了大量的物质浪费。乡村个体为什么会追求和享受这种铺张浪费的经济行为呢?我想这主要出于两个原因:传统消费美德的"场域性"与现代消费道德的"异化性"。首先是传统美德的"场域性"。所谓场域性是指实际场所和环境对于道德的具体要求。勤俭节约是乡村个体重要的经济德性,但是在某些场域中却呈现不同的价值取向。例如乡村传统社会中对于婚丧嫁娶则是要求"大办"。费孝通认为:"人们认为婚丧礼仪中的开支并不是个人的消费,而是履行社会义务。孝子必须要为父母提供最好的棺材和坟墓。……父母应尽力为儿女的婚礼准备最好的彩礼与嫁妆,在可能的条件下,摆设最丰富的宴席。"② 可见,乡村个体铺张浪费的经济德性在特定场域中也呈

---

① 费孝通:《江村经济——中国农民的生活》,商务印书馆 2001 年版,第 112 页。
② 费孝通:《江村经济——中国农民的生活》,商务印书馆 2001 年版,第 112 页。

现特定的价值取向。若是能够把握"度",那么与勤俭节约的经济德性依然具有契合性。其次是现代消费道德的"异化性"。所谓异化性是指勤俭节约经济德性因为攀比和炫耀等因素而沦落到铺张浪费。随着经济发展,乡村个体所能支配的物质财富逐步丰富,在乡村攀比、面子以及人情等陋习支配下产生了较为严重的铺张浪费现象。这种经济德性不仅影响乡村经济发展,对于乡村道德文明建设也会产生消极作用。

(六) 可持续发展与环境破坏

一方面赞颂可持续发展。乡村个体长期从事农业生产,形成了很多"乡土性"传统美德。这些经济德性都促进了中国乡村经济发展和道德文化建设。例如勤劳勇敢和勤俭节约等经济德性,在农业生产过程中发挥着至关重要的作用。我们在全面剖析乡村个体经济德性时发现,所有乡村个体经济德行和德性都是为了规范相关行为,最终是为了获得生存延续。因此,可持续发展应该是乡村个体经济德性中最核心的要素。乡村社会可持续发展理念和德性经历了从传统到现代的发展历程。在传统社会,虽然我们不提可持续发展,但是乡村个体经济行为的目的是为了使得家庭或家族得到绵延不绝的发展和延续。为此,他们必须要重视农业生产,重视土地,重视农业生产资料等,这些都是他们安身立命的基本条件。乡村个体的"种子预留""土地翻整"以及"浇水灌溉"等都体现了他们可持续发展的意识和德性。在进入现代社会后,我们注重科学发展精神和理念。可持续发展理念就是在不影响后代人满足其需求的条件下满足当前人们的需求。乡村个体以科技与文化不断发展为基础,也更加认识到可持续发展的意义,并用科学技术来实现可持续发展的行为。在当前乡村振兴发展战略下,我们需要进一步加强乡村个体可持续发展理念的培育与引导,将其科学内涵内化为乡村个体的道德意识,从而指导其经济德行。

另一方面又实行环境破坏。虽然乡村个体具备基本的可持续发展理念,但是由于其道德认知不稳定性,以及受外在经济环境的影响,其经济发展行为遭到了严重的环境破坏。农村的生态环境保护迫在眉睫,主要有两大方面的原因:一是关乎着农村的可持续发展和农民的身体健康,二是关乎着城市的环境状况和整个国民经济的可持续发展。① 乡土对于乡村个体传统的"图腾"价值意义不断淡化。尤其是在市场经济利益驱使下,乡村个体为了追求利益最大化,不惜以破坏环境来实现个人不当私利。经济利益的诱导是乡村环境破坏的主要原因。此外,乡村个体环境道德认识的缺乏也是其行为失范的原因之一。与完善的进化系统大自然相比,人类只是一个后来者,在人类出现以前,地球生态系统的主要价值就已经存在,因此大自然是一个客观的价值负载物。② 大自然为人类提供了生存的基础,却没有得到人们正确的"善待"。乡村个体对土地的感情并没有升华到"共同体"的价值高度。我们需要树立人类与大自然共存的价值导向。乡村个体需要充分认识到所处环境的重要性,以规范自身的经济行为,促进人与自然的和谐相处。

二、科学引领经济德性发展路径

乡村经济德性取决于经济社会发展,作用于经济社会发展。在当前乡村个体经济德性内在矛盾发展作用下,我们一方面需要加强经济建设的"决定作用",一方面要加强乡村道德文化的价值引领作用,更重要的是在社会主义道德文化基础上建构具有中国特色的乡村经济德性,以促进乡村振兴发展在中华民族伟大复兴中发挥"乡土"作用。

(一) 坚定社会主义核心价值观引领

党的十八大提出了倡导富强、民主、文明、和谐,倡导自由、平等、公正、法治,倡导爱国、敬业、诚信、友善的社会主义核心价值观。高举中国特色社会主义核心价值观旗帜是实现乡村个体经济德性发展的坚实基础。

第一,要处理好社会主义核心价值观的"乡土性"与"统筹性"。社会主义核心价值观一方面具有"乡土性"。社会主义核心价值观"承接中华五千年的文化传统、扎根时代诉求,立足于多元价值观念的整合优化,具有深厚的道德

---

① 张丽、崔彩贤:《环境伦理视野下的农民生态道德研究》,《西北农林科技大学学报》(社会科学版)2013 年第 2 期。
② [美]霍尔姆斯·罗尔斯顿:《环境伦理学:大自然的价值以及人对大自然的义务》,杨通进译,中国社会科学出版社 2000 年版。

共识意蕴"。① 中国传统文化根源上是乡土文化,在时代发展中,传统乡土文化不断更新与发展。因此,社会主义核心价值观本身就具有浓厚的"乡土"气息。我们在学习和践行社会主义核心价值观的具体德性要求时也会发现,其中的公平、平等、自由、爱国以及诚信等优秀道德品质都体现在乡村个体淳朴的道德行为中。社会主义核心价值观是中国传统文化承上启下的重要部分,承接的是几千年的传统文化,启下的是习近平新时代中国特色社会主义建设,包括社会主义精神文明建设。

社会主义核心价值观另一方面具有"统筹性"。习近平总书记在建党95周年的纪念大会上指出:"文化自信,是更基础、更广泛、更深厚的自信……我们要弘扬社会主义核心价值观,弘扬以爱国主义为核心的民族精神和以改革创新为核心的时代精神,不断增强全党全国各族人民的精神力量。"可见,社会主义核心价值观在中华文明发展中的历史作用和价值。当前,我国处在改革发展的重要时期,文化思想呈现多元不同的价值元素和取向。我们需要一种扎根于中华传统文化又契合新时代发展的主题文化。这种文化必须要在政治上和内涵上占据"统筹"地位,以引领中国特色社会主义发展,尤其是乡村经济社会发展,实现社会主义全体成员的自由全面发展。

第二,弘扬社会主义核心价值观,实现乡村经济德性的价值引领。乡村个体经济德性的发展必须要坚定社会主义核心价值观的统筹引领,需要发挥政府和乡村主体的实践理性价值,以实现乡村个体经济德性的科学发展与理性实践。

一方面,政府要高度重视乡村社会主义核心价值观的宣传与实践。政府是乡村社会发展的重要参与者,是乡村社会科学发展的设计者与组织者。加强乡村社会主义核心价值观的宣传教育工作是政府建设乡村文明的重要手段。政府要通过各种渠道开展社会主义核心价值观的解读、宣传和教育工作,引领乡村个体经济行为的道德规范;同时将社会主义核心价值观的要求内化到乡村振兴战略中,在富民政策与行动上体现社会主义核心价值观的内涵,让乡村个体在真正受益的过程中感知社会主义核心价值观的"温暖",进而实现

---

① 吴春梅、张士林:《转型期农民道德的分化、困境与共识》,《华中农业大学学报》(社会科学版)2017年第3期。

内化于心,外化于行的道德价值。

另一方面,乡村个体要主动学习和践行社会主义核心价值观。社会主义核心价值观是规范所有社会行为的道德规范。在乡村社会,由于地域性以及城乡二元制等限制,乡村个体在道德规范和行为方面具有了自身的特征。我们在开展道德教育时要关注和研究乡村道德主体的特点,注重道德教育的"因材施教",保证乡村个体能够获得正确的道德认知。此外,乡村个体要主动学习和践行社会主义核心价值观,这是乡村个体经济德性发展的关键。主动学习和践行首先要求乡村个体能够对社会主义核心价值观产生道德认同,进而促进他们开展自我学习,在掌握社会主义核心价值观内涵后能够通过个体经济行为来践行和内化社会主义核心价值观的内涵。充分发挥乡村个体的道德能动性是实现社会主义核心价值观在乡村社会价值引领的内在要求。

第三,树立乡村先进人物的道德榜样作用。从历史经验看,在唤起人们巨大的革命热情、激励人们无私奉献、鼓舞人们斗志的方法中,榜样教育法无疑是最普遍最有效的方法之一。[①] 道德教育与发展也不例外,需要道德榜样发挥示范引领作用。在乡村社会,我们要充分挖掘新乡贤、农民企业家以及优秀大学生中的道德榜样。例如致富有道的乡村个体,其在致富过程中如何践行道德价值,实现物质与精神双发展的案例。对于其他乡村个体来说,经济上取得成功又愿意带领大家共同致富与建设乡村的成功人士,其经济德性必然会被其他乡村个体所崇拜与模仿,进而发挥引领作用。乡村个体在先进道德典型身上能够看到基于道德、勤劳以及技术而成功的希望,这将内在激励乡村个体践行经济德性,努力奋斗,向榜样看齐,以实现自身的发展。

(二) 创新"乡土"经济德性

乡村个体经济德性的发展不仅需要社会主义市场经济的科学发展,也需要我们有意识地引导和创新发展。我们在创新发展乡村个体经济德性时既需要紧跟时代步伐,更需要立足传统"乡土"。费孝通强调中国社会本质上就是乡土社会,因此乡村经济德性的创新发展必须要坚持"乡土"特色。

一是要重视经济德性的"乡土性"。经济德性是经济伦理学的重要内涵,

---

① 张子建:《浅谈榜样教育法在新时期思想政治工作中的应用》,《共产党人》1999年第11期。

是经济主体开展相关经济活动时"应该"坚持的基本原则和行为规范。经济德性源于经济发展，也会反作用于经济发展。因此，社会普遍重视经济德性的发展。对于乡村个体来说，他们生活于经济社会，同样要接受和内化各种经济德性的作用和影响。但是在乡村社会生活的个体与城镇个体在经济行为上存在差异性。这种差异性就是我们一直强调的"乡土性"。具体问题具体分析，具体环境具体表征。乡村个体行为的"乡土性"是其本质特征，重视其"乡土性"是经济德性发展"实事求是"的价值要求。我们在开展乡村道德文化发展时一方面要重视乡村经济科学发展，一方面要基于"乡土性"开展中国传统文化的挖掘工作并使其与现代文化进行充分融合发展。乡村个体经济德性必须既要体现社会主义核心价值的普遍性，也要体现乡土中国的特殊性。

二是要扬弃经济德性的"乡土性"。创新发展乡村经济德性不仅要重视社会主义核心价值观的统筹引领，也要重视传统乡村文化的继承发展。我们在前文论述乡村个体经济德性时可以看到，乡村个体经济德性呈现内在矛盾性。我们客观看待乡村经济德性内在矛盾运动规律，他们共同形成了乡村丰富多样的道德图景。但是在现实乡村生活中，我们也能看到一些呈现为陋习价值属性的经济德性。这些经济德性对于乡村经济发展和社会稳定产生了消极的影响。因此，我们在创新发展乡村经济德性时必须要坚持扬弃方法论。对于有利于乡村经济社会发展的经济德性予以继承和发展，对于一些不利于乡村经济社会发展的陋习经济德性予以屏蔽和革新。乡村个体经济德性的"乡土性"创新发展应该是乡村优秀传统文化的创新发展。如何辨别乡村个体经济德性的"善"与"恶"？我们要坚持凡是有利于人民发展的皆为"善"、凡是不利于人民发展的皆为"恶"的评价标准，通过不断的宣传、教育与实践形成可持续发展的乡土经济德性。

三是要内化经济德性的"乡土性"。乡村个体经济德性的发展不仅需要经济发展，也需要道德教育，更需要通过经济伦理实践来内化。道德发展规律要求我们通过道德教育来灌输各种道德规范，以社会舆论方式进行监督，最终形成生活压力，促使社会主体按照道德规范进行各种活动。在这个过程中，我们要充分重视主体的道德能动性。对于乡村个体经济德性的发展来说，需要重点落实两个方面的工作。首先，要重视发挥教育与实践的作用，帮助乡村个体在获得正确道德认识的基础上进一步获得道德情感和道德意志,最终来自觉自愿自择各种经济伦理行为。其中,道德实践尤为重要,尤其是经济道德行为的开展。这需要政府加强引导,也需要法律进行规范,通过乡村个体持续性的经济道德行为来内化经济德性。其次,要把经济德性的"乡土性"进一步内化为乡村个体的道德意志。在当前社会经济发展环境中,生产资料多元化和经济全球化导致价值文化多元化。乡村个体对于一些优秀的"乡土性"经济德性可能会产生怀疑,甚至是摒弃。我们要高度重视优秀"乡土"经济德性的继承与发展,利用乡村经济发展的独特性来内化乡土经济德性。

习近平总书记强调我们要坚持四个自信,即道路自信、理论自信、制度自信和文化自信,其中文化自信是最根本的。所谓文化自信是指一个民族、一个国家以及一个政党不仅充分肯定和积极践行自身文化,而且对其文化的生命力有坚定信心。党的十八大以来,习近平总书记在多个场合强调中国优秀传统文化的价值,表达了他对于优秀传统文化的认同和尊崇。传统文化一定程度上就是乡土文化,对传统文化的认同就是对乡土文化的认同。我们在坚定文化自信的道路上必须要高度重视文化的"乡土性"。在当前市场经济发展环境中,面对广大的乡村市场发展,我们可以构建文化自信的"乡土性",将优秀传统经济德性上升到文化自信层面。这不仅有利于乡村经济伦理的发展,也有利于乡村个体对于乡土经济德性的认同与践行。我们要通过乡村建设来建构文化自信的"乡土性"。任何乡村建设都应该坚持一个根本性原则,即以农民为主体、保留与维护乡村社会的价值理想和文化信念。在建设中不能只保留农村社会的外貌,却失去了乡土社会的内在精神与道德气质。[①] 因此,我们要以习近平新时代中国特色社会主义理论为指导,以乡村振兴为基础,建构内含乡土经济德性的文化自信。

---

① 张宏伟:《新时期农民需要文明道德的滋养》,《人民论坛》2017年第10期。

第四章 中国乡村的企业组织伦理

党的十九大报告指出:"农业农村农民问题是关系国计民生的根本性问题。"①在此背景下推动实施"乡村振兴"战略,既是加快城乡一体化的重要导向标,又是推动乡村企业现代化提质升级的催化剂。乡村企业作为中国改革开放浪潮中出现的新事物,同时也是农村经济发展的龙头和生力军,其变化与发展映射出中国乡村企业的伦理镜像,成为与当代主流经济学研究方向不同的又一重要命题。

自改革开放以来,我国乡村经济发展取得了前所未有的成就。在取得经济飞跃的同时,我们也必须清醒地看到,虽然乡村经济发展带来了乡村伦理道德的变革,但乡村的企业伦理道德建设远远滞后于经济建设,部分乡村企业法纪观念淡薄、道德意识模糊、社会责任缺失,在利益面前急功近利、唯利是图,不惜损害国家、社会与他人利益,弱化甚至完全忽略了自身在社会中应担当的角色。鉴于此,我们需要通过人本之维、社会之维、生态之维三个维度,以人本性为基础,社会性和生态性二维加以支撑,进一步分析当代中国乡村的企业伦理缺失问题,寻找破解乡村企业伦理与社会发展渐行渐远的"钥匙"。

第一节
当代中国乡村的企业管理伦理②

管理是围绕人类社会行为进行的,是为达到一定组织目标的社会实践活动。自人类诞生起,就已经有了管理。美国著名学者哈罗德·孔茨从管理与

---

① 习近平:《决胜全面建成小康社会,夺取新时代中国特色社会主义伟大胜利——在中国共产党第十九次全国代表大会上的报告》,人民出版社2017年版,第2页。
② 部分内容参见涂平荣、赖晓群:《当代中国乡村企业管理伦理缺失的镜像检视》,《江西社会科学》2022年第11期。

伦理的共同指向——协调的视角,界定管理是"社会组织中,为了实现预期的目标,以人为中心进行的协调活动"。① "科学管理之父"泰罗首次提出了"科学管理理论",认为"管理就是确切地知道你要别人干什么,使他用最好的方法去干",②从而将管理对象从静态物转移到现实人。自20世纪80年代起,关于管理伦理的理论研究在基于对中国传统管理伦理思想、马克思主义关于经济伦理理论以及西方管理伦理思想研究的基础上,开始在中国逐渐兴起,虽然到现在还不过40年,但是已经成为人类社会科学研究的一个极为重要的方面。

迄今为止,基于不同的研究视角,在中国关于管理伦理的研究包括从中国传统思想中关注管理伦理的当代价值、经济视域下的管理伦理分析、中小企业管理伦理现状剖析与路径选择,以及企业管理伦理中蕴含的理念等。学者龚天平教授基于企业管理和伦理互融互通的视角,关注当代企业管理伦理的发展新动向,提出了相应的策略,为当代中国管理伦理在这一研究方向赋予了新的学理意义。但是,就管理视域下对中国乡村企业发展的伦理镜像研究甚少。随着乡村企业在农村社会经济发展中地位的提升以及乡村企业组织化关系与性质的不断发展,这些伦理主体在公共生活中肩负着更为重大的伦理责任。

一般来说,我们把"乡村企业管理伦理"定义为:乡村企业以管理行为和活动为载体而表现出的伦理道德,是在市场经济条件下乡村企业为达到既定目的,由企业管理的内生性折射出的伦理属性。随着改革开放的推进以及市场经济在中国地位的日益提升,乡村企业在经营管理中所面临的问题渐趋复杂。中国伦理学会副会长王小锡教授在《道德资本与经济伦理——王小锡自选集》中具体指出经济全球化背景下"我国企业存在着敬业精神稀缺、信任基础薄弱、信誉意识不足三大问题"。③ 这表明,管理问题中折射出的伦理因素不再仅仅作为一项指标,而是作为企业现代化进程中的重要决定性因素。受历史、地域及城乡二元结构等因素影响,我国乡村企业历经沧桑,在曲折艰难的发展过程中,既有成功的管理经验,也有失败的管理教训。

---

① [美]哈罗德·孔茨、海因茨·韦里克:《管理学》,张晓君等译,经济科学出版社1998年版,第5页。
② [美]弗雷德里克·泰勒:《科学管理原理》,马风才译,机械工业出版社2013年版,第16页。
③ 王小锡:《道德资本与经济伦理——王小锡自选集》,人民出版社2009年版,第74页。

一、当代中国乡村企业管理伦理的成就与特色

我国乡村企业在特殊的历史环境与社会条件下艰难曲折地发展,显示了强大的生命力,为中国经济社会发展做出了重要贡献。新中国成立后,我国乡村企业从无到有,从小到大,从弱变强,到目前为止,乡村企业已成为乡村经济发展的主力军。乡村企业的发展不仅带动了农村经济的繁荣、扩大了农村市场需求、推动了农村现代化建设进程,而且提升了我国经济社会发展的整体实力,为缩小城乡差距、实现全面小康做出了重要贡献。我国乡村企业在发展进程中积累了一些成功的管理经验,创造了一些企业管理伦理财富,折射出了一些企业管理伦理的正面镜像,如"企业成员伦理维系,管理成本较低;企业员工同心同德,管理效率较高;企业勤勉自强意识浓厚,效益及新业态发展迅猛"等,具体内容如下。

(一) 企业成员伦理维系,管理成本较低

乡村企业一般规模较小,大都由农民企业家建立,企业成员之间基本上均沾亲带故,血缘亲情浓厚,运行成本、用人成本、融资成本,企业凝心聚力与监督等管理成本均相对较低。具体表现如下:首先,企业创建成本低。乡村企业多为家族型企业,特别是在组建初期,都知根知底,可凭借家族之间特有的血缘、亲缘、地缘关系及其各自的相关社会资源,能够以较低的资金成本迅速集资创业。家族利益与家族荣誉感的共同性与目标的一致性能使企业成员在创业初期私心杂念较少,共同担当意识浓厚,齐心协力干事创业,有时甚至是不计报酬、任劳任怨地工作,因而能在较短的时期内获得一定的竞争优势,较快地完成原始资本的积累。其次,企业用人成本低。乡村企业成员之间大多具有血缘、亲情关系,有钱大家赚,有责共同担,"打虎还得亲兄弟,上阵须教父子兵",这就是血缘、亲情蕴含的伦理文化力量,企业发展要出力时,大家对工资、薪酬等不会提太高要求,甚至不计个人得失去做工作,可见其用人成本低。再次,化解企业管理矛盾的成本低。乡村企业成员大都具有亲戚关系,他们之间由血缘或亲缘纽带维系,领导与员工之间等级淡化,长幼有序,尊老亲幼等

伦理情怀浓厚,在这种氛围下处理与协调企业事务相对轻松有效,即使有分歧或矛盾,也能以较低时间成本解决,以便齐心协力应对瞬息万变的市场行情,争取市场份额与商业机会,从而为企业赢得更多的生存与发展空间。最后,企业凝心聚力,激励、监督等成本低。多数乡村企业成员在血缘、亲缘上有天然的纽带,家族声誉上有共同价值认同,使得企业成员彼此间的知悉度、信任度、责任感要远高于非家族企业。他们之间心理戒备与交往成本相对较低,从而乡村企业凝心聚力、激励与监督等成本均相对较低。正如相关实证资料显示:浙北 D 镇乡村家纺企业主要由家庭及其亲属组建。在企业发展进程中,家庭成员能相互协作,既可能动地应对市场竞争与生产方式转型,又可利用乡土文化长久地维系亲缘、业缘网络,以实现家族的共同利益。①

(二) 企业员工同心同德,管理效率较高

效率是指有用功率与驱动功率的比值,从管理学视域而言,它是指组织的各种投入与产出在单位时间内的比率关系。一般而言,效率与产出、投入存在一定的关系,即效率与产出成正比、与投入成反比,以最少的投入获取最大的产出,这是所有经济行为追求的目标。因而,效率成为衡量一切经济活动的最终综合指标,是经济活动的根本原则,也是经济伦理的基本原则,正如万俊人教授所言,"效率不仅有物质利益或实质性价值的价值表现形式,也具有精神或非物质的价值表现形式,同时还具有社会制度和组织的中介化价值表现形式"②。首先,乡村企业成员利益的一致性与共同的家族声誉认同感导致企业决策流程少、过程短,一定程度上提高了决策效率,降低了决策成本。其次,在多数乡村企业中,决策层大多是同一家族,或有手足亲情,或有浓厚友情,大家对企业外部环境变化具有地域的、天然的一致性。瞬息万变的市场情况很快就能传递到每个决策成员。为了共同利益与家族声誉,决策层能迅速聚会讨论、决策应对,很多情况下不需要经过现代企业管理层决策的必要程序,直奔主题,在普遍认同家族利益与声誉的前提下迅速达成决策共识,使得决策效率

---

① 张静、宋志方:《家庭本位与经济—社会网络——对 D 镇乡村家纺企业的经济人类学分析》,《湖北民族学院学报》(哲学社会科学版)2019 年第 4 期。
② 万俊人:《市场经济的效率原则及其道德论证——从现代经济伦理的角度看》,《开放时代》2000 年第 1 期。

极为高效,正如相关实证资料显示:手足型家族企业具有较高的经营效率,手足亲情对提升企业经营效率的作用也较为明显。① 再次,乡村企业的管理者多以家族长者居多,最高决策者一般是年富力强、经验丰富的长者或出类拔萃的公认强者,在企业中有一定威望,企业重大与最终决策由他们定夺。这种家长制或公认强者的权威领导,可使乡村企业决策速度快、效率高,处理事务便捷高效,决策所消耗的时间、精力与经济成本大大降低,有时时间就是效率,效率就会产生效益。最后,乡村企业多数情况是由家族或亲戚朋友等成员共同控股,企业所有者与决策者合二为一,决策权与管理权重叠,企业决策从某种程度讲是所有者对其资产的一种处置方式。这种具有实际权力性质的物权处置是自由的,它不受外部力量干涉,所以处置效率很高。

(三) 企业勤勉自强意识浓厚,效益及新业态发展迅猛

乡村企业地处乡村,受农耕文化影响深远。中华民族的勤劳、勇敢、自强及艰苦奋斗、拼搏进取等精神在乡村企业根深蒂固、影响深远。由于乡村企业大都白手起家,基本上由家族、亲朋等成员构成,开始创业时多面临资金少、技术弱、人才乏、融资难、条件差、规模小、环境差、市场窄等多种困境,很多乡村企业历经磨炼,甚至多轮起死回生,在企业发展过程中大都是靠勤勉自强、艰苦奋斗、拼搏进取精神维系,加班加点工作,甚至无偿义务劳动的现象在乡村企业也司空见惯,特别是在企业发展生死关头,企业成员大多出于家族荣誉感与血缘亲情关系,会以企业存亡利益为重而不计个人得失、挺身而出、勇敢担当、全力以赴,极力帮助企业渡过难关。正如相关资料显示:当企业面临困境时,家族企业更愿意做出额外的贡献,避免让家族成员蒙受巨大损失的家族企业失败②。

在当代中国乡村现代化进程中,乡村企业毋庸置疑起到了重要作用,仅以乡村企业的主要来源及重要组成部分的乡镇企业为例,其在乡村现代化进程中就起到了重要作用,乡镇企业从最初的"异军突起",到逐渐成为农村经济的

---

① 翁若宇、陈秋平、陈爱华:《"手足亲情"能否提升企业经营效率?——来自 A 股上市手足型家族企业的证据》,《经济管理》2019 年第 7 期。
② Carney, Michael. "Corporate Governance and Competitive Advantage in Family Controlled Firms." *Entrepreneurship: Theory and Practice* 29.3(2005), p.249-265.

主体,再到20世纪90年代转制成为我国民营企业的重要组成部分,并融入开放型经济大潮。① 在乡村企业艰难曲折的发展历程中,也涌现了很多可歌可泣的农民企业家与知名企业,其勤勉自强、开拓创新、锐意进取精神与实践可圈可点,为乡村企业迈向现代化提供了范例,如在国内被誉为"改革先锋""最美奋斗者"、在国外曾成为美国《新闻周刊》封面人物的中国乡镇企业家鲁冠球,当年靠筹借的110元,从小型加工厂起家,经乡镇企业壮大,再到民营企业发迹,充分见证了我国乡村企业勤勉自强、开拓创新的发展奇迹。在他的带领下,昔日由他与妻子及亲朋好友6人创办"农机修理厂",后发展成"集团",经过40多年的蜕变,鲁冠球的企业从昔日小作坊发展成现在营业收入超千亿的现代化跨国企业集团,并开创了乡镇企业收购海外上市公司的先河,成功实现了从乡村市场迈向全球市场的华丽转变,也向世界展示了中国企业家勤勉自强、改革创新的敏锐智慧和责任担当。② 全国工商联2018年10月24日在北京发布的《改革开放40年百名杰出民营企业家名单》中,相当一部分企业家是来源于20世纪七八十年代兴起的乡镇企业,乃至更早期的社队企业③。上述乡村企业艰难曲折的蓬勃发展史,不仅是我国乡村企业勤勉自强意识浓厚的缩影,也是我国乡村企业发展壮大与管理成效的一个见证。在现代化的进程中,我国乡村企业也在不断向科技化、网络化、智能化等方向发展,不断地走出乡村、走向城市、走向世界。

二、当代中国乡村企业管理伦理的问题与不足

在我国改革进入"深水区"的大背景之下,利益分歧引发了包括价值观念的多元化、社会管理的失序、社会矛盾冲突的日益激化等诸多问题。从现代企业文化发展需求与新时代乡村市场行为主体的新要求来看,中国乡村企业管理伦理行为与社会发展需求已有些相背而行,部分管理理念或行为与现代企

---

① 顾雷鸣、杭春燕、付奇:《乡镇企业:从"异军突起"到逐鹿世界》,《新华日报》2018年6月28日。
② 李树林、林宏伟、莫小平:《鲁冠球:新时代民营企业家的榜样》,《中华工商时报》2021年11月9日。
③ 陆远、王志萍:《传统与现代之间:乡镇企业兴衰与中国农村社会变迁——以苏州吴江区七都镇为例》,《浙江学刊》2019年第1期。

业管理伦理文化存在某些相悖而行的镜像,这种镜像从管理伦理的人本性、社会性与生态性三个维度分析,可归结为当代中国乡村企业的管理伦理缺失问题。具体表现为"战略意识淡薄,管理方式粗放;管理模式单一,情治人治盛行;利益分歧固化,劳资关系紧张"。

(一) 战略意识淡薄,管理方式粗放

企业战略管理是企业旨在为适应市场经济条件,实现可持续发展而制订的企业整体发展目标的管理举措,关乎企业转型、市场动向和社会需求各个层面,是一种长远规划。近年来乡村企业在管理活动中出现的种种伦理失范行为引发越来越多人质疑:"为何这些问题不能止于管理层?为何这些问题不能事先预见,加以防范呢?"就企业运行层面而言,预见和防范问题属于企业战略管理问题。加拿大著名管理学大师亨利·明茨伯格认为:"在战略制定过程中非常重要的因素,一个是管理价值,即组织中正式领导者的信仰与偏好,另一个是社会责任,特别是组织在社会道德中所发挥的作用。"①乡村企业不仅在战略管理层面缺乏长远以及精细的规划,而且在管理方式上粗放,这些都是乡村企业管理伦理失范的重要诱因,具体表现如下。

第一,乡村企业管理缺乏适用乡村企业发展的、完善的战略理论支撑和指导,战略规划不够精细。当前主流管理伦理学的研究对象是大型企业,现实生活中用于指导乡村企业的理论以及应用成功的案例更是少之又少。一方面,按照大型企业的管理模式进行规划,其中牵涉的组织、实施和反馈的各个流程并不与乡村企业一致,且不具有面向乡村企业的普适性,这使得乡村企业陷入盲目管理和无序管理的尴尬境地;另一方面,乡村企业经过长期的发展,也已摸索出适合自己的战略管理"范式",虽然当前乡村企业所谓的"范式"总体上仍适用于乡村企业,但倘若机械地套用,不及时依据战略理论调整以适应市场经济的复杂变化,战略管理伦理在乡村企业效能的发挥会受到影响,模糊和碎片化的管理已经不能适应市场复杂的需求,进而"战略管理"被广泛认可的可能性更小。与此同时,乡村企业的管理方式粗放、结构松散、权责分工不明晰,

---

① [加]亨利·明茨伯格、布鲁斯·阿尔斯特兰德、约瑟夫·兰佩尔:《战略历程(第2版)》,魏江译,机械工业出版社2006年版,第21页。

对于企业共同目标是什么以及如何实现目标等问题都没有清晰的规划,没有严格的管理理念指导,管理过程中具有随意性,常常出现朝令夕改、治标不治本等现象,管理结果更加不确定,以至于会经常出现企业内部运行紊乱的现象。

第二,乡村企业的核心利益相关者即领导层不具备管理战略意识,战略理念粗放。企业的发展动力不外乎内在经济利益的驱动和外在市场、社会的施压,但最"关键问题不在于公司是否有'正确的'核心理念,或者是否有'让人喜爱的'核心理念,而在于是否有一种核心理念指引和激励公司的人"[①]。换而言之,根本的动力源还是来自领导者与管理层,吉姆·柯林斯同样在其著作《基业长青》一书中强调"高瞻远瞩的公司能够奋勇前进,根本因素在于指引、激励公司上下的核心理念,亦即是核心价值和超越利润的目标"[②]。超越利润的目标,更加强调人们追求一种伦理价值,这不但打破了传统的将伦理因素视为企业战略管理中的外在因素的悖论,也进一步验证了支持企业永续发展的优质基因始终取决于乡村企业的经营管理层。

第三,乡村企业发展未能建立起系统的管理战略环境。我国学者曾经就伦理因素在企业战略决策管理中的作用进行了模型分析,模拟企业战略管理的决策过程,即"预先假设—战略规划—战略实施—战略控制"四个环节,强调了形成企业战略管理共识与环境的重要性。管理伦理内在包含的追求企业利益的应然性责任与履行管理伦理的实然性义务,任何一方都不能偏废。但实际上,多数乡村企业未能建立起系统的管理战略环境,它们常常"小富即安",缺乏长远的战略规划,其创新意识差、研发观念弱、科技研发人才奇缺、产品科技含量低、市场竞争力弱,企业存活率低、发展瓶颈多。且多数乡村企业产品服务单一,多数是靠价廉生存,走薄利多销老路,不愿过多进行科技投入、研发新产品或启用新设备,做大做优做强意识薄弱、能力较差,市场拓展能力弱。

(二) 管理模式单一,情治人治盛行

企业管理模式是指企业在市场经济条件下,通过规划、决策、投资、实施等举措,以确保既定的企业管理目标得以实现。依据时代背景不同,管理模式经

---

① [美]吉姆·柯林斯、杰里·波勒斯:《基业长青》,真如译,中信出版社 2005 年版,第 83 页。
② [美]吉姆·柯林斯、杰里·波勒斯:《基业长青》,真如译,中信出版社 2005 年版,第 67 页。

历了"家族式""合作式"和"整合式"等;依据管理科学性的高低,可以划分为传统式和现代式管理模式;依据管理侧重点不同,可以划分为日式和美式管理模式。虽然我国企业经历了漫长的发展进程,我国管理模式也呈现出了多样性,但是我国乡村企业现实的管理模式却显得与现代管理模式格格不入。正如有的学者指出:当前我国农村企业缺乏规范化管理意识,远没有建立规范化管理体系,更缺乏专业管理人才①,多数乡村企业仍然是以家族控制管理模式为主,管理模式单一,情治、人治不可避免地在乡村企业盛行。而情治、人治在中国的盛行,与中国传统文化中以血缘关系为纽带的宗法观有着千丝万缕的关系,同时由于乡村企业地缘意识较强,以此为基础建立起来的乡村企业不可避免地陷入"情治"和"人治"的怪圈。而作为科学管理的基石——法治在其中的作用被弱化,正如有的学者指出:"农村企业缺懂管理与会经营的专业管理人才、不少企业未建立正规的财务制度、法律与制度意识不强,不少企业行为常游离于违规违法的边缘。"②随着现代管理理论的发展,这种管理模式日益成为乡村企业走向现代化的桎梏,阻碍着"乡村振兴"战略的进程,甚至引发社会矛盾,乡村企业现代化管理受阻。

家族控制管理模式通常是指乡村企业出于降低经营和管理成本等方面的考虑,选择具有血亲关系的人集中经营管理企业的经济活动模式。在家庭控制管理模式下,企业的经营权和所有权具有一致性,一旦二者分离,职业经理人与企业实际所有者就会形成"代理与委托"的关系,在这种情况下,两方会依据各自的目标行使权力不同的产权职能,甚至会出现产权分离、造成经济损失等问题。此外,家庭控制管理模式下,因目标不一致引发一系列问题的风险会进一步减小,出于"代理—委托"成本考虑,家庭控制管理模式下各方的关系变得更加牢固。

一方面,这是一种自我保护的行为,这种模式能够保证企业内部人员整体意志的一致性和保证企业主要利益相关者对企业的忠诚度,甚至能最大限度上提高乡村企业的内部凝聚力。在成立初期,企业会面临着诸如外部环境的

---

① 张仲雯:《乡村振兴战略的实施与农村企业管理的规范化发展》,《农业经济》2019年第4期。
② 徐庆国等:《农村中小企业发展助推湖南乡村振兴战略的思考》,《湖南农业科学》2019年第3期。

不明朗、市场竞争风险与压力的未知性问题,从而缺乏投资和发展外在的动力,而此时,建立在血缘关系和共同生活基础之上的家庭支持成了最容易获得的动力来源,也有利于利益最大化目标的实现,并且一旦通过家庭力量度过该风险阶段,出于共同经济利益的需要,这种掺杂血亲伦理关系与合同经济关系的管理模式便得以延续,形成该乡村企业日后发展依赖的常规路径。情治、人治在乡村企业逐渐扎根,久而久之,人治压倒法治,功利化、不公平现象更加严重。

另一方面,这是一种自我封闭的行为。在企业不断扩大的过程中,这种模式会自发地将非家族人员排出圈外,家族成员的固定性和局限性不可避免地会暴露出来,乡村企业在管理过程中会出现决策的集权、利益的分配不均、决策的不科学、产权的不清晰等问题,换而言之,这些都源于家族控制的管理模式的弊端,进而成为阻碍企业发展的一颗"定时炸弹"。当这些矛盾集中显现之时,就会出现"分家""散伙"等现象,导致企业分崩离析,乡村企业情治、人治盛行,管理模式单一的弊端也日益显现。首先,在人事方面,表现为主要按照血缘关系的亲疏程度而非市场经济关系的标准进行编排。这类属于人力资源层面的管理伦理问题贯穿于员工聘用、升迁、奖励等各个方面,再加上家庭内部人才的单一性和局限性,尚不能做到"人尽其才"。其次,在产权方面,会出现产权单一性问题。乡村家族企业控制包括决策、监督、用人等所有产权,各方利益分配不公平所引发的矛盾,往往会成为隐性。最后,在管理方面,会出现权利集中化问题。在关乎企业重大决策上往往缺乏科学的决策和处理机制,仅以个人意志与情感作为决策的标准,久而久之,家庭外部的基层员工会更加缺乏企业的主人翁意识,缺乏工作的动力。

(三) 利益分歧固化,劳资关系紧张

劳资关系研究最初缘起于恩格斯,在 19 世纪后期经过马克思基于私有制视角对劳资关系的深入剖析和揭露,对"劳资关系"的系统研究才真正开始。企业劳资关系研究关注公权力、劳方及其代表和雇主及其自主这三方之间的互动和关系。[1] 学界从劳资关系性质的界定、劳资关系冲突现状、劳资关系理

---

[1] Bevort, Antoine, and Annette Jobert. "Sociologie du travail: les relations professionnelles," *Sociology of Work: Industrial Relations*. Paris: Armand Colin, 2011(2), p.5.

论等角度进行价值选择和判断,不难看出,其中的共同点:劳资双方始终存在着基于"目标不一致"和"利益不一致"上的各种分歧。随着我国城乡二元结构的博弈,留在农村中的企业劳动力成了劳资关系中的弱势群体。加上我国计划经济时期与市场经济时期劳资关系的核心差异,劳资关系日益呈现出冲突的复杂性和多元性,具体表现如下。

一方面,利益"二元化"分歧是劳资关系紧张的直接诱因。以人力资源管理伦理为例,利益相关者理论认为,乡村"企业是在一定的组织环境和社会关系中存在,企业行为对所有利益相关者产生影响,它在谋求股东利润最大化之外有维护和增进社会利益的义务"①。将我国乡村企业的利益相关者按照核心和边缘利益相关者进行划分,企业核心利益相关者以企业经营管理者即股东为主体,以获取经济利益为目标;边缘利益相关者以企业员工为主体,以完成既定生产计划为目标,虽然本质上二者都是劳动者,"从生产的逻辑来看,应该是劳动力资本统帅物力资本和货币资本,即劳动者占有资本制度而非资本占有劳动者制度"②。实际上,真正为企业花费心思和体力脑力更多的还是企业工作者,但是困囿于企业员工只是乡村企业运行过程中的生产要素之一,股东才是乡村企业的终极利益主体,基于各自分工的差异,现实中企业员工相对处于劣势的地位,出现"资强劳弱"畸形格局。加之乡村企业内部之间缺乏共同的企业管理伦理认同,企业员工缺乏积极的工作态度,业务水平囿于缺乏与物质激励配套的精神激励以及正常的内部竞争压力而停滞不前,继而影响企业绩效,劳资冲突会进一步被激化。

另一方面,劳资权力的分歧是劳资关系紧张的重要诱因。员工作为关涉乡村企业经营中的"计划—组织—指挥—协调—控制"各个管理活动的主体,在乡村企业中却被视为"边缘利益人"甚至"局外人",加上自身又缺乏对企业的认同感和归属感,这也可以解释为什么较之有共同宗旨和价值理念指导的企业,农村企业更容易陷入人才"请不到、待不下、留不住"的困境。

乡村企业劳资权力体现在员工一方,主要包括知情权、决策权、发展权以及监督权等。首先是知情权,表现为劳资双方共享原则,这是基于劳资双方共

---

① 齐建国、陈新力、张芳:《论生态文明建设下的生产者责任延伸》,《经济纵横》2016年第12期。
② 刘成海:《劳资关系与经济增长的实证研究》,《技术经济与管理研究》2016年第10期。

同认可的基础上形成的持续良性互动结果。而乡村企业知情权所需的共享规则并未建构起，劳资双方之间的互动更无从谈起。其次是决策权，表现为以家庭控制管理模式为主的乡村企业，由于决策方的单一性和局限性，在关乎企业重大决策上，往往缺乏科学的决策和处理机制，唯个人意志论。但是，实际上，越是缺乏民主决策的企业，劳资关系冲突往往会因为得不到有效及时的解决而越紧张。再次是发展权，表现为乡村企业员工接受培训和教育的权力在一定程度上受到了限制，不管是出于乡村企业战略管理决策不科学，抑或是乡村企业资金局限的原因，任何劳动者业务能力水平的提高，单靠自身实践，缺乏上岗后的继续教育都是远远不够的。最后是监督权，表现为乡村企业在运行过程中缺乏有力的内部监督。劳资信息不畅通，互动程度低，企业管理层作出的决策往往缺乏内部监督，极易出现因裙带关系所引发的不公平现象，"效率"与"公平"的问题再一次被提及，不仅损害了乡村企业的整体利益，更致使员工懈怠工作，面对不公时敢怒不敢言，为明哲保身而选择放弃维权，不揭发、不敢揭发、不能揭发的怪象由此产生。

第二节
当代中国乡村的企业营销伦理

美国"现代营销学大师"菲利普·科特勒认为，所谓营销，即个人或组织为满足其所需，通过创造提供产品或服务，并与他人自由交换产品或价值的过程。营销活动的实质是一种处理各种利益相关者复杂关系的活动，只有遵守相应的营销伦理规范，才能处理好各种利益相关者之间的关系。营销伦理对企业的营销活动在营销道德标准上的要求表现为：不单纯盲目地追求利润，在满足消费者利益的同时，兼顾其他利益相关者的利益，实现企业和社会的共同和谐发展。正如学者指出：企业生存和发展的关键就在于能生产或经营消费者所需要的产品，或提供消费者所需要的服务。美国学者墨菲认为，诚信经营是营销伦理的首要规范，其要求在于，做到对消费者、合作伙伴、公司员工等利益相关者诚实、守信。实现多方互利共赢的必要条件是本着诚实守信的伦理原则进行交往。企业营销伦理主要体现在企业营销过程中的以下几个方面,即产品策略伦理、价格策略伦理、促销策略伦理等方面。

乡村企业是由农村集体经济组织或农民投资控股支配,企业地址一般在乡镇地域内。自20世纪70年代后期中国实行改革开放这一基本国策后,在全国农村范围内,工厂企业快速发展起来。乡村企业在运行中极大依赖于市场需求,通过市场调节与流通实现再生产,因而其市场营销战略就起着至关重要的作用。同时乡村企业的营销伦理观念又支配着企业的市场营销行为,当代乡村企业要实现可持续发展就必须遵循市场规则,做好管理伦理意识形态方面的工作,把社会伦理内化到企业营销伦理之中。乡村企业兴起于农村,在信息市场中处于不利地位,如何加大宣传力度,做好当前有效营销是一个备受关注的问题。现在,很多乡村企业在文化理念与教育中处于劣势地位,一些根深蒂固的传统观念乃至制度上的不健全限制其实现当下新思想的转变,从而在营销路径上容易作出不符合道德伦理的选择。改革开放以来,我国乡村企业由无到有、由少到多,至今已发展迅速,在促进乡村经济社会发展、活跃城乡市场、满足消费者需求等方面已发挥了重要作用,但部分乡村企业在发展进程中也出现了违规生产、产品质量不过关、虚假广告等问题,其背后暴露的是无视基本营销道德准则,无视消费者及社会利益的镜像。

一、当代中国乡村企业营销伦理的成就与特色

乡村企业是推动乡村经济社会发展的中坚力量,对服务周边、活跃城乡市场具有十分重要的作用。我国乡村企业营销活动形式多样,在营销活动中也遵循企业伦理规范,折射出了一些正面的营销伦理镜像。

(一)服务周边辐射范围广,活跃城乡市场能力强

乡村企业地处乡镇地域,对促进周边村民就业与服务或产品消费具有独特的拉动与推进作用,成熟的乡村企业甚至可以促进当地农村资源与农业生产要素的重新组合与优化配置,形成地方特色产业、品牌产业或龙头企业,进而提升周边区域的经济活力、推动乡村产业兴旺,带动周边村民致富,并在"乡

村振兴"战略中扮演重要角色。近年来外出农民工返乡创业及农村籍大学生返乡创业就是很好的事例,也成为当下农村经济社会发展的一个热点与亮点。首先,乡村企业通过产品的生产与销售服务于周边地区,形成一个小范围的经济辐射圈,带动了农村相关产业的发展,吸收了不少当地农村剩余劳动力就业,拓宽了当地农户收入增加的渠道,带动了当地村民致富。其次,乡村企业的产品或服务就近销售,满足农村市场需求,既节省了交通运输成本,又方便了附近村民的生产或生活,使周边居民能够就近买到日常的生产或生活用品。再次,很多乡村企业的经营范围对周边自然资源的开发与利用具有较大的推进作用。乡村企业的生产原料或服务对象很多都是就地取材,开发利用乡村资源或为附近周边客户提供生产生活用品或服务,乡村企业发展能有效促进周边自然资源开发利用或社会服务深度融合。最后,乡村企业修建的公共基础设施可以和周边村镇共享。如部分道路、自来水、电等公共基础设施,甚至教育、医疗、通讯、公交、公园等社会公共服务品也与周边村镇共享,从而更深层次地服务周边地区。

当今社会科技与网络已经将全社会密切联系起来,不出门便可获悉天下事,但乡村企业外向度弱,在市场竞争中处于不利地位。当代乡村企业在社会主义市场经济大环境中面临着一系列挑战,如缺乏先进科学技术、地缘上的局限性、粗放型生产等等。由于生产过程中的不科学、技术水平的落后与科学文化的薄弱,当代中国乡村企业在生产过程中往往注重商品生产数量而忽视产品质量,且粗放型的生产方式容易造成生产资源的极大浪费。企业应采取一种积极的态度看待环境保护,而不是仅仅把它看作额外"成本"增加的财务负担。[①] 乡村企业没有充分认识到自然资源的有限性,人类生产生活不能违背自然规律,在低科技含量产品的生产下产生了低水平产业,产生了一系列不规范的营销行为,这是当下值得深思的问题。

(二) 营销运行机制灵活,营销模式发展较快

乡村企业一般生产规模不大,具有相对独立的产销经营权,企业产销对接

---

① IBM 中国商业价值研究院:《洞察中国——创新、整合与协作:中国企业跨越式发展之路》,东方出版社 2008 年版,第 167 页。

便捷,营销决策链短,营销机制灵活。如江苏吴江县的丝绸重镇盛泽早在1986年10月就创办了东方丝绸市场,有效降低了县域内部分难以进入国营商业统一销售网络的乡镇企业的营销成本。而开弦弓丝织厂则是独具营销战略眼光的乡村企业,早在东方丝绸市场创建之初就瞄准商机,在东方丝绸市场内建立销售门市部,这在当时的乡村企业是极其罕见的,凭借销售门市部,开弦弓丝织厂很快开拓了上海、南京、连云港等地的大宗产品销售市场。到80年代末,吴江县七都镇电缆厂又创新了营销激励机制,销售部营销人员依据营销业绩提成,最多的时候销售人员的收入是厂长收入的百倍,并且电缆厂还会想方设法为营销人员合理规避税收提供条件。[①] 此外,有些乡村企业销售人员还打出各种优惠活动,展开形式多样的促销活动。还有部分乡村企业主动出击,外出寻找订单,实施订单生产,形成定点销售,直销等销售模式,避免了传统销售中环节多、链条长、时间久、速度慢等弊端。

长期以来,乡村企业地处乡村,商品供需的市场信息相对闭塞,传统的营销模式一般有直接建销售点销售、进商场销售、进批发产品批发销售等,销售或服务的交通运行成本较高。在这类营销模式下,乡村企业的产品一般都是通过"生产→批发→零售→消费者"这种营销渠道对外营销产品,商品流通环节较多,营销链较长,所耗的时间较长,交通运输的成本也较高,产品的成本价格也要相应上升,同时还影响到产品的时效性,特别是有些时鲜产品还容易腐烂变质,这些镜像在乡村企业或多或少的存在,给乡村企业营销带来了严峻的考验。近年来,随着新农村建设如火如荼地开展,政府出台了各种"支农、富农、惠农"政策,农村的基础设施、公共服务产品与服务、农村企业的政策红利与营商环境得到了很大改善,乡村企业的营销模式也日益多元化。大宗批发、直销、订单生产、订单加盟、期货等营销模式越来越多元化。特别是随着互联网时代的到来,不少乡村企业也及时跟进网络时代的发展要求,逐步学会了利用网络技术开展营销业务,网上订单、网络销售、乡村网上销售点,农村电子商务开始出现并逐渐发展壮大,农村电子商务服务站不断增多,据相关资料显示,我国淘宝村的数量已由2010年的3个增加到了2020年的5 425个,还更

---

① 陆远、王志萍:《传统与现代之间:乡镇企业兴衰与中国农村社会变迁——以苏州吴江区七都镇为例》,《浙江学刊》2019年第1期。

进一步形成了242个淘宝镇,到2021年,淘宝村的数量已达到7 023个,淘宝村集群化态势显著。除此之外,依靠京东、抖音、快手等其他互联网平台发展农村产业的例子也层出不穷。[①] 农村电商销售,进一步克服了农村商品流通的时空局限性,实现了农村商品流通的规模化经营,减少了农村企业生产与销售的盲目性,降低了农村企业的成本,提高了农村企业生产与营销效率,也充分彰显了乡村企业营销运行机制灵活、营销模式发展较快的优势。

二、当代中国乡村企业营销伦理的问题与不足

在营销伦理方面,当代中国乡村企业获得了长足的进步,但仍然存在销售信息滞后、社会责任模糊等诸多问题。

(一) 市场竞争力弱,销售信息滞后

乡村企业一般布局分散,类型多而杂、规模较小、资金匮乏、装备落后、技术陈旧、管理滞后,员工素质整体不高,有些企业甚至仅由自身家庭成员与亲戚朋友构成,企业内部劳动分工不细,缺乏专业的管理人员、生产人员、销售人员及售后服务人员,产品的技术含量或服务质量不高,同质化较为严重。同时,乡村企业竞争对手多,经营渠道少、营销能力不足,加上交通相对落后、社会基本公共服务设施简陋、距离原料产地或销售市场路途相对较远、运输成本较高等因素,这些不利因素均严重制约着乡村企业的产品质量、产品或服务产销效率与效益及市场竞争力。要在市场上立于不败之地,既需要生产质量过硬的产品或提供优质的服务,又需要提高生产或服务的效率与效益,才能站稳市场,赢得顾客,才能实现盈利或创收。另外,乡村企业一般自身条件不佳,大多面临经营管理不善、科技含量不高、运行资金不足,缺乏较强的管理实力、经济实力、科技实力与市场竞争力等问题,面对高手如云的竞争对手、瞬息万变的市场行情与错综复杂的社会环境,乡村企业缺乏政府的财政支持与科技扶持,其生存与发展空间有限,加上管理理念、管理能力、管理体制等条件制约,

---

① 张樹沁、邱泽奇:《乡村电商何以成功?——技术红利兑现机制的社会学分析》,《社会学研究》2022年第2期。

处在这种环境下的乡村企业，一般不愿意或没能力去选择通过增加投入、培训员工、改进或引进新技术与新设备、提高生产或销售效率等途径去提升产品或服务质量，其市场竞争力就可想而知了。质量提升方法不多，销售渠道不畅，产品宣传不到位，这些均是乡村企业市场竞争力弱的真实镜像。

乡村交通相对落后、信息闭塞，不少乡村企业老板思想相对保守，信息意识淡薄，对瞬息万变的销售信息反应不灵敏或把握不准，对市场发展态势多凭已有经验判断，对市场信息的时效性、真伪性、适用性、价值性等特点缺乏科学、理性的认识，对市场信息的收集、整理、鉴别、捕捉、应用能力不高。正如有的学者指出，乡村信息化建设存在"信息资金投入不足，乡村信息基础设施滞后；信息建设人才匮乏，乡村信息管理技术薄弱；农民信息意识淡薄，乡村信息运用难度较大；信息服务体系欠缺，乡村信息服务水平较低"[①]等困境。在这种社会背景与地域场景下，不少乡村企业老板甚至对市场信息缺乏基本的了解，认为信息化就是电脑打字、上网聊天等，不习惯或不会网络销售，而且他们获取信息的渠道较少，其市场信息主要来自广播、电视、亲友面对面转播、告知或手机传播，对网络或政府公共服务信息关注与使用较少。部分乡村企业老板虽已认识到市场信息的重要性，但对市场信息缺乏科学认识，特别是如何运用市场信息去改进企业生产与销售，提高市场竞争力，提升企业经营与管理效率与效益等，未有清晰明了的思路，未能找到切实可行的实效路径，有时也使有限的市场信息难以发挥应有的功效。同时，一些农村基层政府在农村市场信息收集、整理、宣传、开发、传送、运用等方面也存在工作方法不当，管理措施不力，信息时效不准等问题。甚至某些政府部门对市场行情信息缺乏长效监测机制，对市场行情变化把握不准，出现了一些伤害乡村企业的市场信息，导致乡村企业对市场信息产生怀疑，对政府安排的市场信息有抵触情绪，甚至仇恨情绪。加上乡村市场信息传播的方式方法、输送路径、软硬设施、技术水平等方面相对滞后，使一些乡村企业想推广运用市场信息也因时效不强、条件不成熟而失败。这些都是乡村企业市场信息滞后的真实镜像，正如有的学者所说："乡村中小企业的市场信息不灵，常导致企业生命周期不长，从业人员不稳定，

---

① 涂平荣：《农村信息化建设的困境与对策》，《宜春学院学报》2014年第10期。

人才流失严重。"①前面也谈到当代中国乡村企业兴于乡村,资金来源多由农村集体经济组织或者农民以自身的经营利润进行再投资生产,同时我国乡村企业受地域因素制约,面向市场的企业信息化建设远远不能满足企业生产和销售的需求。由于乡村企业经营与生产人员大多数为农民,知识文化素养在某些方面存在较大不足,加上生产技术多数停留于传统的方式,基础设施跟不上时代的迅速变化,且乡村企业信息化建设起步较晚等诸多因素使得乡村企业在社会主义市场体系中面临着信息滞后的镜像。

(二) 社会责任模糊,营销伦理扭曲

企业作为经济活动的主体之一,应遵守社会规则,其言行要对社会负责。正如美国学者阿奇·卡罗尔(Carroll)在其著作中提到"企业社会责任意指某一特定时期社会对组织所寄托的经济、法律、伦理和自由决定慈善的期望"②。我国知名学者周祖城教授从企业责任是应然性还是实然性问题、是部分还是综合责任,责任的主体、客体、内容五个角度对企业社会责任进行了探讨,在合乎伦理的前提下,企业社会责任是正确对待外部社会以及内部利益相关者。可见,国内外学者都认为企业应担负起必要的社会责任。

目前,我国正处在体制转换、经济转轨、社会转型的深度磨合期,人们的思想意识、价值观念也正在经历市场经济与西方外来文化的双重冲击,虽然乡村企业也在向现代化的进程迈进,但仍然有不少乡村企业宣扬"道德无用论",认为"形式主义"终究抵不过"现实主义"的利益和绩效至上,毕竟"金钱至上"的价值导向更有诱惑力与实用性,而将管理伦理边缘化,乡村企业作为"理性经济人"的趋利动机也日益膨胀,社会责任意识逐渐模糊。近年来,部分乡村企业试图通过恶性降低生产成本追求更高的经济利益,将法律规章与道德责任置之脑后。比如部分乡村企业利用其独特的地域优势向农民倾销制售假冒伪劣农药、化肥和农资种子等,这些乡村企业在追求经济利益的过程中,道德伦理已经渐渐淡出了他们的视野,它们罔顾市场消费者的切身利益乃至生命健

---

① 徐庆国等:《农村中小企业发展助推湖南乡村振兴战略的思考》,《湖南农业科学》2019 年第 3 期。
② [美]阿奇·卡罗尔、安卡·巴克霍尔茨:《企业与社会:伦理与利益相关者管理》,黄煜平等译,机械工业出版社 2004 年版,第 23 页。

康,从这些乡村企业极富功利性的营销手段可以看出其社会责任感的缺失。他们在商品市场营销过程中利用各种"捷径"投机销售,不仅暴露了其本身市场竞争力不强、生产技术欠缺等问题,更是其扭曲人性的影射,是法律道德意识淡薄、极端利己思想导致营销伦理严重匮乏的表现。由于乡村企业资金来源渠道少且不稳定,如果资金链一断,就无法保障企业正常运转,乡村企业就将面临更大的挑战,某种程度"资金风险"也刺激了部分乡村企业的盈利心态,甚至使其变得扭曲。这促使部分乡村企业在开展营销活动中过分夸大产品的一些特色或者功效,忽视消费者的正当利益,引诱消费者购买相关商品等,这也造成一些不当营销现象的出现。

同时一些乡村企业作为经济理性人,急于实现自身经济利益最大化,在生存压力与利己主义诱因的双重驱动下,一些乡村企业只顾眼前利益,难以顾及企业自身形象,去经营销售假冒伪劣产品或提供次质服务,以致能"多、快、好、便"地获取不法利益,坑害消费者、扰乱市场秩序,破坏社会风气。部分乡村企业无视商品或服务质量,或有意隐瞒商品缺陷,或以旧冒新、以次充好,或闪烁其词,甚至编造、捏造产品功效,坑蒙拐骗消费者等现象频频被曝光。如给待售的牲畜肉注水、给待售的活禽灌沙、出售腐坏变质的农产品或加工产品等事情时常发生,甚至有些是社会影响大、性质恶劣、后果严重的重大事件,如震惊全国的出售含有大量苏丹红"红心鸭蛋"①事件;山东费县以碎石粉为主料制造牲畜饲料蒙骗饲养户②事件;陕西长安农村手工作坊常年卖昧心"黑豆腐"③事件;江苏如皋"面粉增白剂"④事件;山东部分白羽鸡养殖户为催促肉鸡快速生长,违规喂食金刚烷胺、利巴韦林等抗病毒药品,40天长到5斤的"速生鸡"⑤事件等。正如诺贝尔经济奖获得者保罗·萨缪尔森指出:"只要能在竞争的市场蒙混过关,商人便会把沙子掺进食糖里去"⑥,在高额利润或巨大利益面前,不少乡村企业的经济理性会更加膨胀,社会责任会荡然无存,正如马克思

---

① 姜雪丽:《质检总局检查显示两种京产咸蛋含有苏丹红》,《新京报》2006年11月22日。
② 高祥等:《费县一男子用碎石粉充当主料造出20吨假饲料》,《齐鲁晚报》2013年6月24日。
③ 李永利、王晶何、玉琼:《西安一黑作坊藏身民房日产豆腐五六百斤》,《三秦都市报》2013年2月3日。
④ 陈刚、王骏勇:《江苏如皋调查"面粉增白剂"事件》,《北京青年报》2010年4月9日。
⑤ 何青:《央视曝光速生鸡潜规则:40天长5斤添加违禁药物》,《法制晚报》2012年12月18日。
⑥ [美]保罗·萨缪尔森:《经济学(下册)》,高鸿业译,商务印书馆1982年版,第246页。

在批判"资本"时所指出:"有50%的利润,资本就铤而走险;为了100%的利润,资本就敢践踏一切人间法律;有300%的利润,资本就敢犯任何罪行,甚至冒绞首的危险。"① 殊不知,乡村企业也是社会的成员,必须在法律许可的范围内公平参与市场竞争,正如美国学者米尔顿·弗里德曼所指出:"企业仅具有而且只有一种社会责任——在法律和制度许可的范围之内,利用它的资源和从事旨在增加它的利润的活动。这就是说,从事公开和自由的竞争,而没有欺骗和虚假之处。"② 这些事件严重扰乱了市场秩序,威胁着消费者生活乃至生命健康,扭曲了企业营销伦理,给社会造成了恶劣影响。

(三) 诚实信用缺位,营销功利性强

目前,我国正处在经济转轨、社会转型、体制转换期,人们的思想意识、价值观念正面临市场经济与外来文化的冲击,"一切向钱看"的价值导向影响深远,乡村企业作为"理性经济人"的趋利动机也日益膨胀,诚信意识逐渐模糊,经济效益是其主要目标,尽最大努力实现利润的最大化,成为乡村企业的首要任务,于是在营销过程中虚假广告、"以次充好、以假乱真"、"坑、蒙、拐、骗"等现象均有发生,这种营销理念和部分营销行为与现代企业营销伦理规范是格格不入的,殊不知"诚信是企业的无形资产"③,作为社会企业应严格遵守企业营销的基本伦理准则,要对社会负责、对消费者负责,要讲信誉、公平交易,要生产合格的产品,与社会建立和谐共生关系,取得社会的认同。④ 号称"现代营销学之父"的菲利普·科特勒认为"产品是能够提供给市场以满足需要与欲望的任何东西"⑤,并提出了"社会市场营销观念"。在这个营销观念中,他明确要求企业在进行营销活动中,要兼顾消费者权益与社会福利。可见他对产品的理解赋予了两层伦理意蕴:一是能够上市,二是能够满足消费者的需求与欲望。他的"社会市场营销观念"也强调了企业营销行为要对消费者与社会负

---

① 《马克思恩格斯选集》第2卷,人民出版社1995年版,第266页。
② [美]米尔顿·弗里德曼:《资本主义与自由》,张瑞玉译,商务印书馆1986年版,第16页。
③ 乔法容、朱金瑞:《经济伦理学》,人民出版社2004年版,第309页。
④ 王小锡:《中国经济伦理学——历史与现实的理论初探》,中国商业出版社1994年版,第151页。
⑤ [美]菲利普·科特勒:《营销管理:分析、计划、执行与控制》,梅汝和等译,上海人民出版社1997年版,第9—10页。

责。对照中外学者对企业营销伦理的规范要求,可以折射当前部分乡村企业的营销理念与行为存在"诚实信用缺位、营销功利性强"等镜像,具体表述如下。

一是乡村企业与消费群体之间诚信的缺位。不少乡村企业在管理过程中遵循的"先经济后道德""先权利后义务"等原则,常常被人诟病为"非伦理管理"或"物理伦理管理",继而陷入伦理困境,从"个体人"的物化到整个"社会人"的物化,致使社会各领域出现以利己主义为核心的种种社会问题。尤其是在市场经济中竞争日益激烈,产品趋同性威胁快速提升、技术革新不断涌现,通过正当途径获取合法利益当然无可厚非,但是仍有为数不少的乡村企业为抢占市场先机铤而走险,通过缩短产品周期、虚假宣传等手段赚取眼前利益,忽视了因企业失信带来的"蝴蝶效应",相应地不管是显性还是隐性消费者对企业的"不信任"随之而生,而这些均是企业诚信缺位的真实镜像。

二是以诚信为核心的价值观在乡村企业内部的缺位。纵使现代社会的核心价值观深入人心,但并未转化为推动乡村企业发展的人文动力,相对而言,从乡村企业的老板到普通员工,内心深处关注的仍然是企业利润或收入数量,诚信伦理文化远未深入大脑,未形成坚守诚信信念,更难指导企业行为,与高速发展的经济要求不相适应。可以解释的是,信任与信念虽一字之差,但只有信任抽象升级为信念、渗透到管理活动各个方面之时,以企业社会责任为主的人文关怀的激励作用才能实现可持续。

三是部分实证资料显示不少乡村企业的行销行为诚信缺位与功利性强。据相关资料显示,部分金融机构对典型民营企业(大部分是乡村企业)信用状况进行了调查,结果仅有接近 5% 的民营企业信用评级为 A 以上,民营企业存在较大的道德风险、逆向选择、相依违约等信用风险,主要表现为:因政策执行中伦理缺失导致的权钱交易和逃税漏税等;因市场竞争中伦理缺失导致的利用传媒夸大产品效用或功能,或是诋毁竞争对手的声誉、进行不正当竞争等;因经营活动中伦理缺失导致生产出的产品质量不过关(如食品质量问题)、技术指标不合格等[①]。

---

① 陈永丽、周晓晨:《民营企业成长中的伦理价值》,《光明日报》2012 年 7 月 4 日。

第三节
当代中国乡村的企业生态伦理

党的十九大以来,"乡村振兴"战略、"五大发展理念"以及"美丽中国"等一系列政策的提出,无不把党在社会主义现代化事业中"把方向、谋大局、定政策、促改革"的主心骨作用发挥得淋漓尽致,促进乡村企业"生态伦理化"已经成为贯穿中国乡村企业生产经营活动关键要素的新导向,将美丽乡村的生态伦理建设提上了议事日程。但是,我国乡村企业的生态伦理现状总体而言并不乐观,仍然存在许多比较突出的问题,从理论和实践、思想和经济、意识和体系等各个层面厘清乡村企业的生态伦理镜像,对于进一步探讨中国乡村生态伦理建设的基本路径具有重要作用。

乡村企业作为农村现代化、乡村振兴中"产业振兴"的中坚力量,不仅推动了产业兴旺发展,还吸引了人才,带动了劳动力的回流,促进人才振兴,与此同时,生态伦理作为生态文明的一部分,发挥着促进农村地区生态文化建设和实现乡村生态与文化协同振兴的重要作用。乡村企业在其发展过程中,在生态伦理建设层面也取得了一些成效。

一、当代中国乡村企业生态伦理的成就与特色

乡村企业作为推动乡村经济现代化发展的重要支撑,尤其是近年来以"乡村振兴战略"计划为引领的一系列政策的推进和实施,使乡村企业的生态伦理建设得到了越来越多的肯定和重视,尤其是互联网等大数据的飞速发展,让企业违背生态伦理的行为暴露无遗,使得环境的日趋恶化得到有效的遏制,生态保护初见成效,以此带动了包括经济、人文乃至生态建设协同发展,这些都是当代中国乡村企业生态伦理的正面镜像。

(一)环保政策力度加大,环境恶化有效遏制

一是环保政策力度加大。我国乡村企业生态伦理建设进程的快慢,与农

村环保政策力度的大小息息相关。通过一系列环保政策的颁布和实施,助力乡村在关于环保基础设施、生态责任担当、生态监督落实等各方面的建设。在过去几十年里,谈到我国农村建设的政策,更多是"新农村建设",党的十六届五中全会曾提出了新农村建设的"二十字"总要求,即"生产发展、生活宽裕、乡风文明、村容整洁、管理民主"①。近年来,在乡村建设中,"乡村振兴"战略逐渐进入人们的视野、成了主流,并逐渐成了乡村建设政策的中流砥柱。尤其是在2018年国务院发布的中央一号文件中,更是实现了"将生产向产业升级、生态向宜居转型、管理向治理推进、生活向质量升级"的过渡,这些政策变化使得乡村企业将拥有更多的改造和发展机遇。党的十九大报告指出"打好三大攻坚战",尤其是农村地区的"污染防治攻坚战",更是一块硬骨头,必须始终坚持"亮剑精神"。

一方面,乡村企业生态污染得到补偿,环保设施基础得到夯实。西方称"生态补偿"为"生态服务付费",这是一种基于全球化背景下提出的关于生态建设路径层面的新概念。它"不仅有利于促进生态服务提供者的积极性,缓解甚至消除其为保护生态环境导致的穷困状态,而且能够有效解决生态环境资源的这种公共产品的供给问题"②。与乡村企业密切相关的是,政府通过加大对企业内部的生态环境保护力度进行激励,如对购置污水、废物以及废气净化等处理设备的相关当事乡村企业进行财政补助、贷款优惠、甚至税收减免等,通过经济手段调控,把乡村企业纳入农村环保治理体系之中,形成联结政府、企业、农村居民"三位一体"的治理体系。当然其中仍然存在关于生态补偿标准的争议,尤其是农村地区,涉及这些方面的法规尚未健全,但较之以前,农村地区在生态建设上的确迈出了重大步伐。

另一方面,乡村企业生态破坏得以惩戒,生态环保问责制度得到落实。党的十八大报告已提出"保护生态环境必须依靠制度。要把资源消耗、环境损害、生态效益纳入经济社会发展评价体系,建立体现生态文明要求的目标体系、考核办法、奖惩机制……健全生态环境保护责任追究制度和环境损害赔偿

---

① 顾仲阳:《乡村振兴,小康才全面》,《人民日报》2017年10月23日。
② 吴剑:《市场化生态污染补偿标准设计——基于环境经济学的研究视角》,南京信息工程大学,2014年,第6页。

制度"①。这些措施与制度已在乡村得到有效落实,奖惩并行已成为政府有效调节乡村企业生态伦理行为的重要方式。今后,相应的生态责任监督落实进程也要进一步加快。既然存在激励制度以激励乡村企业作出肯定的回答、并进一步支持符合生态要求的意愿,必然也离不开惩罚的规制,以击退乡村企业作出违背生态伦理行为的意愿,事实证明,一个地区的环境规制程度越高,相应地其污染程度越低。在此过程中,乡村企业的主体责任落实是使其自觉承担生态责任的内在驱动力,而外在的规制,近年来表现为政府通过把握好企业准入与退出的杠杆,在准入时把握好农村发展主流方向,引导企业审慎发展,在企业生产污染治理成果尚未取得重大突破时,避免盲目地产能扩张,以免增加环境治理负担和成本。必要时依靠对企业进行全方位评估,启动企业退出机制,对于违规企业进行停产整顿甚至责令关闭,将生态责任纳入乡村企业各个环节以及政府环保工作,这种由乡村企业与政府一并担责的形式,大大地提高了环保工作的执行力和成效。

二是环境恶化得到有效遏制。我国关于环境污染的研究,主要集中在经济学视角下关于城镇污染治理政策制度的研究,关乎"美丽乡村"建设的农村污染,尤其是生活污染,不管是实证分析还是路径探析,都少之又少。农村居民不仅是农村环境污染行为的实施者和受害者,更在农村环保工作中扮演着参与的角色,综合考量下,农村居民视角下生活污染的现实研究,显得尤为必要。一般而言,农村社区的生活污染主要包括日常生活产生的污水、垃圾、粪便以及与农村生活有关的固体废弃物等。以农村居民对生活污染的处理形式为例,过去农村对于自家产生的固体污染的处理,大多采取简单粗暴的形式,即直接倾倒在家门口或随意丢弃在非垃圾处理区,并且仍有为数不少的农民沿用传统的焚烧或者集中掩埋的处理办法,这一系列行为导致农村环境一度陷入了污染临界化的尴尬境地。据相关资料显示,截至 2017 年年底,我国已完成 13.8 万村庄农村环境综合治理,约 2 亿农村人口受益,农村人居环境建设取得明显成效②。这表明,农村地区的生活污染治理已经取得了一定成效。

---

① 胡锦涛:《坚定不移沿着中国特色社会主义道路前进 为全面建成小康社会而奋斗——在中国共产党第十八次全国代表大会上得报告》,人民出版社 2012 年版,第 41 页。
② 全国干部培训教材编审指导委员会:《推进生态文明 建设美丽中国》,人民出版社、党建读物出版社 2019 年版,第 121 页。

以农村粪便污染源的处理为例,"建立诸如节水双瓮厕所、节水三格厕所、粪尿分集式生态卫生厕所以及三联沼气池厕所等卫生厕所"①,这些措施在源头上实现了对生活污水的循环利用、粪便处理和污染控制。随着农村现代化的大力推进,尤其是农村生活水平的提质升级,农村居民消费产生的生活污染导致的农村环境恶化在源头上得到了有效遏制。

乡村企业实现了对生产污染的有效遏制。提到农村生活污染,则不得不谈及乡村企业的生产污染,这是农村人居环境恶化的主要诱因。企业行为指企业运营管理情景下应对环境关系的系列战略行为,旨在减轻环境危害的主动性措施。② 乡村企业污染主要包括产业能耗、废弃物以及城市工业转移带来的污染等。以往的乡村企业,往往被贴上了"小散乱污"等标签,即规模小、分布乱、结构散及污染治理难等,以至于人们容易形成乡村企业是属于内生型发展的刻板印象,简单的产能复制与扩张已经不符合当下农村经济发展主流。习近平总书记在谈及生态环境与经济发展关系时提出:"坚决摒弃损害甚至破坏生态环境的发展模式和做法,决不能再以牺牲生态环境为代价换取一时一地的经济增长。"③随着乡村振兴中"产业兴旺"的助推,乡村企业对生产污染的有效遏制成了产业发展的必然趋势。一则表现在乡村企业生产所需能源正实现由燃烧污染的高消耗能源向清洁低碳能源的改变,过去占比近百分之七十的企业能耗,污染了包括江河、大气等各个方面,历来为人们诟病的"乡村企业一味驱逐经济利益、忽视环境"等,迫使乡村企业必须向绿色经济发展迈进,实现发展方式的转变。产业升级是关涉企业长远发展的关键,是克服生产粗放、资源浪费等生态弊病的"内服药方",只有将生态建设与产业升级相挂钩,才能更好地助推生态环境整治,实现成果的转化,实现"生态发展"的美丽。二则随着乡镇环保考核体制的推进与完善,乡村政府开始对城市高污染工业向乡村转移的行为亮起警示牌,从而减少了过去因缺乏市场指导和社会监管而进行的盲目转移次数,为乡村企业的发展把好关。

---

① 夏立江:《新农村环境保护知识读本》,中国劳动社会保障出版社2011年版,第105-106页。
② Sarkar, R. "Public Policy and Corporate Environmental Behaviour: A Broader View", *Corporate Social Responsibility & Environmental Management*, 2008, 15(5): p. 281-297.
③ 习近平:《习近平谈治国理政》第2卷,外文出版社2017年版,第395页。

(二) 生态保护成效明显，各方建设协同发展

一是生态保护成效明显。一方面，乡村人居环境得到明显改善。随着"乡村振兴"战略的推进，"生态宜居"也成了农村现代化亟待考虑的重要指标，环境宜居，提高人居建设水平成为重中之重，人居环境建设也是提高农村人民获得感和幸福感的关键。中共中央办公厅、国务院办公厅专门为整治农村人居环境进行了为期三年的行动部署，为进一步提高农村地区人居环境水平谋划大局。乡村规划和管护机制的推行，有利于明确以政府领导、村民和乡村企业为主体的责任，实现农村人居环境有规划、有管理、有监督的长效机制。习近平总书记在2003年担任浙江省委书记之时，通过亲自参与考察调研，部署实施了如今为全国各地致力于推进人居环境建设而纷纷学习的"千村示范、万村整治"工程，经过数十年的检验，浙江各地村容村貌发生了翻天覆地的变化。"目前，全省农村生活垃圾集中处理建制村全覆盖，卫生厕所覆盖率98.6%，规划保留村生活污水治理覆盖率100%，畜禽粪污综合利用、无害化处理率97%，村庄净化、绿化、亮化、美化，造就了万千生态宜居美丽乡村，为全国农村人居环境整治树立了标杆。"[1]这种工程经验值得更多地方深入学习，为确保完成三年整治农村人居环境行动提供了重要保障。

另一方面，生态环保长效机制初步形成。乡村集中进行生态环境保护与整治，并非为了一时的得失，而是旨在形成生态环境保护的长效机制。这不仅表现在乡村政府政策的施力，实现生态行为有章可循，更体现在乡村社区的生态自治，逐渐提高了自己作为农村的主人翁意识，通过细化生活污染区域，将生活污染治理责任具体化，甚至组建社区队伍，对乡村企业、政府以及周边群众进行全方位监督，合力促成生态环保机制的长效运行。传统上"谁污染谁治理"的原则更多地属于事后型，具有滞后性，一旦出现严重污染行为，短时间内是无法单靠企业自身解决的。过去，鉴于农村环境治理的复杂性和社会性，单独让污染主体自主地转化为环保主体，长效并不显著。现在，纵观我国乡村生

---

[1] 中共中央办公厅、国务院办公厅：《中央农办、农业农村部、国家发展改革委关于深入学习浙江"千村示范、万村整治"工程经验扎实推进农村人居环境整治工作的报告》，《中华人民共和国国务院公报》2019年第8期。

态环保的镜像,可以明晰出由政府政策施力、企业责任落实、社会监督有力,使得乡村企业的生态环境成效显著。乡村企业不仅需要为处理污染担责,更需为因滞后处理而产生的问题买单。近几年来,我国生态投入与建设力度加大,已经形成了以生态建设问题为导向的相对完整的生态环保法律、制度体系,并且在不断改革中得到扩充和完善,同时,通过推行终身担责制,为乡村企业对其污染行为担责提供了更强有力的规制,有利于生态环保长效机制的形成和落实。

二是各方建设协同发展。乡村企业作为农村现代化、乡村振兴中"产业振兴"的中坚力量,对带动经济、人文、生态协同发展具有建设性意义。在党中央和国家的号召下,乡村企业建设正循序渐进地向着生态伦理化方向展开,在产业发展、地域人文、生态建设及社会生活等方面取得了较为显著的成就。乡村企业生态伦理化不仅推动了产业兴旺,更为吸引人才和助力劳动力回流增添了动力,拉动了乡村企业的人才振兴。生态伦理作为生态文明与农村发展的一部分,对于农村地区生态文化建设、实现乡村生态与人文协同发展都具有重要的指导与规范作用。

首先,农村经济建设取得了重大成就,乡村企业实现了初步的"产业升级",包括生产方式转型、生产工具优化、生产内容革新、城乡一体化发展等。据我国农业农村部副部长余欣荣的介绍,自党的十八大以来,乡村产业发展呈现出良好发展态势,"粮食产能连续7年保持在1.2万亿斤以上,农产品加工业主营业务收入达14.9万亿元,乡村休闲旅游营业收入超过8 000亿元,农业生产性服务业营业收入超过2 000亿元,农村网络销售额1.3万亿元,返乡下乡创新创业人员累计达780万"[①]。与以往乡村企业的发展模式相比,今天的乡村企业更注重根据地域发展的区位因素和发展条件,开辟集成绿色农业、循环工业、特色第三产业等多元特色的农村经济发展新路子。

其次,农村人文建设稳步协调发展,初步实现了"人文美丽"。生态文化产业优化了农村地域产业布局,逐步成为农村地域新兴产业,促使农村地域文化、生态、社会与经济发展齐头并进。人文对农村地区的影响最直接地表现在

---

① 李竟涵、缪翼:《夯实乡村振兴的产业基础——农业农村部副部长余欣荣解读国务院〈关于促进乡村产业振兴的指导意见〉并答记者问》,《农民日报》2019年7月2日。

生活方式的生态化上,既展现农村地域文化的优势与特色,又推动美丽乡村建设的发展。乡村企业对农村地区人文建设的作用在于,可以进一步优化农村地域原有生活能源结构、升级农村消费方式,往绿色消费方向发展,即在尊重自然环境发展规律的基础上,实现满足人民美好生活需要与自然协调发展的消费方式,既不因为农村地域资源丰富而毫无节制,也不因为其消费成本低而不加干涉。推动实现"乡风文明""生活富裕",建构人居关系和谐、精神风貌、地域文明优秀,达到人、地、文的和谐统一。建设农村人居环境,要注重人与自然的协调统一,遵循以人为本、保护生态环境、因地制宜的三大原则。

最后,农村生态建设迈出重大步伐,实现"生态优化",生态伦理在乡村经济发展和自然环境优化中具有重要的精神支撑和桥梁作用。习近平总书记在2018年5月召开的"全国生态环境保护大会"上强调:"生态文明建设是关系中华民族永续发展的根本大计。"①经济建设作为生态建设的根本支柱既然取得重大成就,"生态美"自然也就有了更好的保障。以昆明市团结镇为例,过去的团结镇主要以资源型乡镇企业为主,这些企业的经济产业发展长期以农产品加工、石英砂开采为主,显然已经达到了资源枯竭的瓶颈期,而生态环境破坏带来的恶果,更是让当地人意识到要走出"低水平产业重复发展"怪圈的迫切性和重要性。因此,必须强调主动进行生态修复和治理,一方面,实行采矿区工程修复和经济植被种植并行,采取生态建设和经济效益兼顾的举措;另一方面,因地制宜,充分利用原有采沙运输修建的网状交通线路,以及空旷的地域、宜人的气候等地方特点,进行山地、汽车休闲活动等"第二次创业",为团结镇发展指出了一条新的生态发展路。如今,我国乡村绿色发展转型成功的案例越来越多,这表明我国乡村生态建设又更进了一步。

二、当代中国乡村企业生态伦理的问题与不足

在党中央和国家的号召下,乡村企业建设正循序渐进地向着生态伦理化方向展开,在产业发展、地域人文、生态建设及社会生活等方面取得了较为显

---

① 习近平:《坚决打好污染防治攻坚战 推动生态文明建设上新台阶》,《人民日报》2018年5月20日。

著的成就。但是,正如党的十九大报告指出,我国正处于社会主义现代化建设进程之中,既存在较大的发展潜力,又面临着诸多的挑战和困境,尤其是在农村生态伦理建设方面存在许多问题。

(一) 乡村环保宣传不力,企业生态理念薄弱

一是乡村环保宣传不力。改革开放四十多年来,我国经济发展取得了许多历史性成就,也出现了一些社会现实问题,其中生态环境问题尤为突出。生态伦理思想从古至今,在东西方生态文明的发展历程中,不管是"天人合一""道法自然""马克思主义生态观",还是"可持续发展""两山理论""绿色发展""美丽中国",其核心要义始终是追求"人与自然的和谐统一"。习近平总书记强调,我们要"正确处理经济发展和生态环境保护的关系,像保护眼睛一样保护生态环境,像对待生命一样对待生态环境,坚决摒弃损害甚至破坏生态环境的发展模式,坚决摒弃以牺牲生态环境换取一时一地经济增长的做法,让良好生态环境成为人民生活的增长点、成为经济社会持续健康发展的支撑点、成为展现我国良好形象的发力点"①。随着美丽乡村建设的大力推进,各地方政府针对当地存在的环保问题,已经颁布和实施了一系列法律法规和政策,以助力实现"美丽中国"目标,农村地区的生态建设,包括乡村企业污染、乡村农业发展、农村畜牧业等乡村重点领域,都是我国生态伦理建设的重要方面,但也是"硬骨头""深水潭",这与农村地区日益提升的生活水平形成鲜明差距。从内部、中介、外部视域出发,农村环保工作出现的问题主要表现为原生"乡土观念"阻隔、生态理念与实践对接不畅、市场主体的宣传力度不足。

第一,就内部视觉而言,表现为原生"乡土观念"在农村根深蒂固的阻隔,宣传深度不够。这与我国国情有着密切的联系,以土生土长的农民为视角,农村地区特有的乡土气息,使得农民在面对生态环境问题时不是主动抗争,而是被动纵容、拒绝发声,做一个"沉默者"。当前,环保宣传的受众主要以城市为主,即使关涉农村地区,也更多地是以地方政府人员、事业单位和在读学生为对象,而不是作为主力军的农民。因此,纵使农村居民的生活水平日渐好转,当涉及生态伦理或者生态文化等问题时,农民仍然会基于农村

---

① 习近平:《习近平谈治国理政》第 2 卷,外文出版社 2017 年版,第 395 页。

传统的生产、生活观念和经验行事，垃圾任意堆放、污水随地排放等依然是乡村的常态。

第二，就中介介质而言，表现为乡村实现生态伦理理念与实践对接的不畅，技术帮扶不足。我国农村现行的环保宣传工作，无非意在唤起民众生态伦理建设意识与参与积极性，扩充建设大军，助力实现"美丽乡村"，但现实是农民作为农村环保的主力，都仅仅停留在观念的参与上，其行为并未与观念同步发展。到目前为止，生态意识或多或少地存在于农民的意识之中，但如何将环保知识运用到实践中去，许多农民陷入了两难。以农民最常见问题如污水处理为例，如何实现污水利用，转变绿色发展生活方式，并没有专门的技术指导。

第三，就外部视觉而言，表现为乡村中各类市场主体环保宣传的不力，教育体系不全。虽然从党的十八大以来，党中央、国务院办公厅等出台了多部有关农村污染防治、人居环境整治等文件，并要求依据文件精神，在农村开展广泛的教育宣传工作，为实现全民参与迈出重大步伐，但是这些文件通常也只是做了统筹性、原则性的要求，并没有基于地方实情采取通俗易懂、接地气的宣传方式。由于农民知识水平有限，通过主题座谈会、读书分享会等方式产生的效果往往不尽如人意，取而代之的利用方言进行下基层走访式、宣讲式宣传，张贴环保宣传标语、海报等形式更加通俗易懂。不可否认，政府作为连接个人与社会的桥梁，其在生态伦理建设中存在失责问题，尤其表现在乡村环保宣传不到位，生态文明建设精神无法深入人心，不能为农村居民加入环保建设大军做好精神奠基，相应地，农民作为生态伦理建设的主要参与者和环保治理的受益者，参与积极性不高，使得乡村"保卫战"成为政府的独角戏。与此同时，农村在环保宣传机构、工作人员、评价监督、成效考核等方面，都没有明确且规范的方式。在日本等国家，农村环保教育是通过构建"政府主导多元主体参与机制，中央、都道府县和市町村分别设置了环保农业推进机构，农协中央会设立了环保全形农业推进委员会，囊括了专家、消费者、政府和农户代表"[①]，以达到完善其教育体系的目的，值得我们去学习和借鉴。生态伦理的教育与宣传工作，具有较强的社会性和广泛性，不仅影响到每个人，更是对整个社会具有重要影响，要更多地依托全社会的力量来进行生态伦

---

① 付晓玫：《欧盟、美国及日本化肥减量政策及其适用性分析》，《世界农业》2017年第10期。

理的教育与宣传,农村环保宣传教育的普及、美丽乡村的建设仍然任重道远。

二是企业生态理念薄弱。传统意义上,中国乡村企业发展不可避免带有宗法和家族气息,与现代化企业相比,其兼具家庭伦理、社会伦理的复杂性,如何运用现代企业理念将生态伦理注入其中,仍然是必须面对的重要问题。反观乡村企业,其作为农村人居环境污染制造的主体,既有共同致力于农村生态环境建设的责任,也有参与生态建设和承担治理成本的义务。总体而言,我国当代乡村企业普遍存在生态责任意识薄弱的现象,即乡村企业在生态层面自觉承担企业社会责任的意识薄弱。美国行政伦理学者特里·L.库伯(Terry L.Cooper)把责任伦理分为"客观责任伦理"和"主观责任伦理","客观责任伦理"是指那些由外在于责任主体的社会、组织和他人,通过法律的、道德舆论的形式所施加的,要求责任主体务必承担的责任;"主观责任伦理"指责任人行动的责任情感,而这种情感又源于对道德的自觉认知和对良知的认同。① 乡村企业的生态伦理理念是企业文化的重要组成部分。在现实中,企业的生态伦理理念等文化软实力非常重要。在社会主义市场经济这个大背景下,乡村企业存在生态理念薄弱、生态责任意识低下的现象,关键在于未坚持乡村企业发展中各方面关系的整体性原则,未厘清乡村企业自身发展与遵循市场经济发展秩序的关系、与自然生态效益之间的关系、与农村地域之间的关系,具体表现如下。

第一,未厘清自身发展与市场经济发展规律的关系。我国乡村企业的发展历程不过数十载,虽起步相对较晚,如今却发展成了农村现代化经济的重要支柱,其发展成就固然不可否认,但发展问题同样不可忽视。需要明晰的是,正因乡村企业发展时间短,以至于发展到现在,其内生性缺陷才日渐暴露。纵使乡村生态伦理建设配套的硬件设施日渐完善,但是,在当前市场经济发展条件下,囿于现代科学技术所造成的各种生态问题并不能单纯依靠科技自身来解决,人们不再仅仅关注外在硬件技术,更应把关注点聚焦到生态文化等软实力上来。但是,当前我国仍有为数不少的乡村企业存在为自身利益不惜违背市场发展规律的怪象。尤其是提及生态伦理等"软实力",乡村企业更多地停

---

① [美]特里·L.库珀:《行政伦理学:实现行政责任的途径》,张秀琴译,中国人民大学出版社2001年版,第63-81页。

留在口头约定等表面的形式之中,缺乏真正的契约精神,并忽视它在农村社会中应当为其各种经济行为承担的生态伦理责任。近年来,甚至出现有些乡村企业和政府环保部门打"游击战"的现象,以河南省多个地方的乡村企业为例,这些企业"白天歇业,晚上开工;排污从'粗放式'发展到'精细化',排污管道'打一枪换一个地方'。若非在河南、天津等地农村看到,很难相信乡村企业排污也玩起了'高智商'。乡村污染企业利用地下暗管、渗井,打起了排污'游击战'。一些地区甚至出现了牛畸形人患癌的恶果"①。实际上,乡村企业并未意识到,随着"乡村振兴"等政策的推进,农村经济的发展更多向生态方向靠近,即追求绿色经济、生态经济,其现代化进程也相应地要求农村企业走向发展模式生态化。乡村企业在这一过程中玩的种种战术,无不映射出其内在生态伦理理念的薄弱,无法厘清企业与农村市场经济的关系。

第二,未厘清自身发展与自然生态效益之间的关系。美国著名生态学家E.P.Odum 在其著作《生态学基础》中提出:"生态系统发展的原理对于人类与自然的相互关系有重要的影响,生态系统发展的对策是获得'最大的保护',而人类的目的则是'最大的生产量'。这两者是常常发生矛盾的。"②由此不难发现生态发展与利益主体之间对抗性的一面,但是,依据 R.爱德华·弗里曼的观点,"今天的企业家面临的挑战是:以正道赚钱,同时保护环境"③,我们似乎又可以推断二者具有和谐统一性的一面。然而,乡村企业在发展的实际过程中,利益主体对于二者的对立统一关系而言,其对立性在当前乡村企业发展中愈加明显,以近年来学界出现的新概念来阐述,即"环境悬崖"理念——"环境因遭受持续增大的超强外部压力的推动,因而突破其生态临界点,从而滑向生态自我崩溃的状态"④——一方面明确指明了当前环境悬崖产生的诱因是"持续的外部压力",而非内部,另一方面则指出环境悬崖依然是动态演变的过程。

第三,未厘清自身发展与农村地域之间的关系。就农村生态环境建设的动力而言,个人、政府、社会都是必不可少的力量,受城乡二元结构的桎梏,城

---

① 翟永冠,等:《重污染"下乡"牛畸形人患癌》,《京华时报》2014 年 1 月 25 日。
② [美]E.P.奥德姆:《生态学基础》,孙儒泳等译,人民教育出版社 1981 年版,第 126 页。
③ [美]爱德华·弗里曼、杰西卡·皮尔斯、里查德·多德:《环境保护主义与企业新逻辑:企业如何在获利的同时留给后代一个可以居住的星球》,苏勇、张慧译,中国劳动社会保障出版社 2004 年版,第 3 页。
④ 丁宪浩、张艳:《关于"环境悬崖"基本属性的几点思考》,《道德与文明》2016 年第 2 期。

市和乡村发展模式上的巨大差异在于发展程度上的两极分化,国家和政府对农村地区投入不多,关注度比较低,是造成这种格局的关键性因素。依据当前我国政府和社会关注的重心在城市这一基本国情,依靠农村居民个人的力量并不现实,再由于农村发展缓慢,给农民一种错觉,即生态伦理建设仅仅是精神性建设,并不能给他们带来实际利益,唯有经济发展才是硬道理,才能实实在在地给予农民实惠,因此大多数农民对乡村环境污染通常采取漠视态度,而没有意识到正确处理好"人与自然"关系的重要性。有专家指出:"行为经济学通过实证研究发现,投资者经常进行自我欺骗,他们趋于将好结果归功于自己的能力而把坏结果归咎于外部环境的恶劣。"[1]殊不知,这些都是乡村企业伦理素养低下、生态伦理观念缺乏的表现。

(二) 企业设备技术落后,资源耗费严重

当前,受经济技术水平的限制,我国乡村企业发展速度较为缓慢,乡村企业的生产大都属于粗放式,设备落后,现代化技术很难达标,机械化和自动化程度也很低,资源耗费现象严重。由于乡村企业技术工艺落后、设备简陋、资金缺乏、整体素质较差,其防治污染的能力也弱。地方政府大力招商引资加快地方发展速度,导致很多高耗能高污染企业在农村扎根落户,但是这些企业一般都没有购置污水废气处理设备或者购置了设备的企业往往因为使用成本高而弃之不用。有的乡村企业由于在生产设备、检测手段等方面考虑不周,在运作过程中造成了诸多不良后果,大量的"三废"从原材料中排出,不但浪费了有限的资源与能源,而且加剧了环境污染与危害。典型的例子莫过于焦化、造纸和金属镁冶炼。一些乡村企业虽然有一定的社会责任感,也有意识地采取相关措施以防治污染,但往往只是简单复制城市与工业污染防治的做法而没有落实到农村实际,不仅效果不佳,还造成一些环保设施难以正常运行。具体内容如下。

一是企业设备技术落后。乡村企业一般缺少配套的生态伦理建设基础设施,例如废弃物排放与处理、垃圾分类处理等设备,进而导致农村地区生态环

---

[1] Miller DT, Ross M. *Self-Serving Bias in Attribution of Causality: Fact or Fiction*. Psychological Bulletin, 1975, 82: p.213–225.

境的恶化,即使引进了先进设备,因人才以及知识等限制,这些设备同样无法正常运转。因此,仍然滞留在农村地区的乡村企业通常是经过自然筛选留存下来的,这些企业通常出于企业的经济利益和带动乡村发展的诱导而继续存活,其发展重心根本不在自主创新和与时俱进,而是仍然以物质资源依赖型、粗放扩张型、甚至高排放型等为发展模式,它们在缺少科学技术含量和资金的情况下,直接将污染物排放到天空、农田、河道,进而成为影响美丽农村建设的一个个"毒瘤"。习近平总书记指出:"生态环境问题,归根到底是资源过度开发、粗放利用、奢侈消费造成的。"①

二是资源耗费严重。例如化学污染(农业化肥、农药的不规范使用),已经成为农村地区农业发展的通病。"根据生态环境部公布的《中国生态环境统计年报(2020年)》显示,2020年,我国农业源化学需氧量排放量为1503.2万吨、农业源氨氮排放量25.4万吨、农业源总氮排放量158.9万吨、农业源总磷排放量24.6万吨,分别占全部废水中的62.1%、25.8%、49.3%、73.2%,可见,从水环境污染情况来看,农业源污染成为农村水环境污染的重要因素。"②但是,实际使用率不到百分之三十,并未达到预期效果。

(三)乡村环保法规乏力,环境污染惊人

一是乡村环保法规乏力。一方面,环境监管部门误判当前生态环境污染形势,未做好充足的预判,把重点放在城市和工业园区,而忽视了农村地区由于生产要素成本低,已经成了企业竞相争夺的目标这一问题,使其成为生态治理盲区。城乡二元结构的桎梏,使得原本处于弱势的农村,不管是在生态建设的重视程度上,抑或是执行力上,都出现了乏力问题。除了此前提到的企业生态责任意识薄弱外,更多地表现在政府在乡村生态建设上的相对"不作为"。相对"不作为"是总体而言,农村生态建设并未得到及时的响应,具体的生态工作并未落到实处。甚至由于城乡差距,出现选择性地将涉及生态问题的乡村企业视为"放养区"的情况,并且现行的主流环保政策和法律主要以城市为主,并不适合乡村,于是便出现了乡村环境污染缺乏立法预防与控制,更缺少惩

---

① 习近平:《习近平谈治国理政》第2卷,外文出版社2017年版,第395-396页。
② 邓彩红:《农村水环境污染现状及对策》,《资源节约与环保》2023年第1期。

戒，即违法成本较低，从而纵容乡村地区的污染由点扩张到面，成为环境治理的"法外之地"。习近平总书记曾指出，有四个问题在当前我国现存环保体制中比较突出："一是难以落实对地方政府及其相关部门的监督责任，二是难以解决地方保护主义对环境监测监察执法的干预，三是难以适应统筹解决跨区域、跨流域环境问题的新要求，四是难以规范和加强地方环保机构队伍建设。"①当然，除了硬件的不匹配以外，还有乡村企业对生态问题主观上不重视、行动上不追究，由于认识尚未到位，往往不到产生严重影响之时，是不会担责治理的。污染状况越严重，治理所需的时间和成本越昂贵，这种只有感到疼痛时方治理的模式，即末端治理，治标不治本，只能解决眼下疑难，而非长远打算。当前主观性人治压过法治，环保政策难落地，环保责任难落实等问题越来越多，着实令人担忧，如若不加干预和治理，将会继续恶化。

另一方面，未针对农村地区的农情专门设置相应监管机构，形成生态监管体制，尤其是规范及惩戒法规不健全。当前的法规体系中，很多内容与层出不穷的现实问题不相匹配，存在诸多漏洞，与生态文明建设背道而驰的企业行为并没有明文规定的界限以及处罚条例，并且立法过程中具有普遍适用性的法规更多地是以大型企业为参照对象，而乡村地区主要是以中小型企业为主，这就导致在适应性上出现偏差。就当前实际情况而言，农村与城市本身因为"城乡二元结构"模式的限制，差距在不断拉大，农村在缺乏生产所需人财物的现实状况下，只能选择依靠现有资源发展的粗放型道路，并且此类企业往往都是属于资金链短、流动性差、规模小的企业，乡村地区大型企业相对少，这就导致了理论与实际执行的执法偏差，即执法不严。与此同时，摆在乡村生态伦理建设面前的一座大山——政绩观，助长了地方对乡村企业的保护主义风气，甚至成为不少政府搞地方主义的护身符。因为在一定程度来说，经济因素是乡村企业摆脱生态问题的根本动因，脱离经济支撑的生态伦理建设，会犹如没了汽油的汽车一般失去动力，就乡村企业的生态伦理建设而言，即缺乏治理动力，更谈不上对乡村企业诸如生产等各个环节中的生态伦理行为进行量化考核，甚至评估和约束了。缺失了监察数据，就难以对乡村企业内外部环境作出准确的估量，更谈不上对症下药了。即使是高耗能、高污染企业，只要能提升经

---

① 习近平：《习近平谈治国理政》第2卷，外文出版社2017年版，第390-391页。

济效益,不影响政绩,都被允许发展,地方政府的招商引资变得毫无下限。

二是环境污染惊人。一方面是来自城市企业转战农村带来的附加压力。由于生态伦理意识不具有普遍性,农村旧习陋习根深蒂固,随着社会主义市场经济的发展,人民满足自身物质需求的能力增强,但扩大的消费并未与农村相关处理的基础设施相匹配,例如垃圾处理系统、污水处理系统等。由于缺乏相应的资金投入和政策的有效宣传、运行和维护,生态伦理建设无法实现可持续性,生活垃圾随地可见,不规范堆放,生活废水肆意排放,恶化了农村环境,并且由于农村地域相对广阔,城镇企业在产生污染后通常都会迁移至农村,这样既可以减少甚至躲避环境污染监察所需承担的成本,又不至于因为环境成本的增加影响企业的运行。但是与此同时,污染处理问题便也被间接地分散化,其后果就是分散的环保治理使检测难度大大提升,也增加了治理难度和治理成本。纵然乡村企业给农村经济发展带来了动力和希望的同时,又使农村为发展之"殇"买单,导致农村经济停滞不前、乡村企业发展几近止步的恶性循环。以农村养殖业为例,不管是家庭分散型,抑或是承包集中型养殖,都已经成为农村经济发展的重要支柱之一。但是近些年来,那些自身规模小以及规范化程度低的农村养殖业,对于"废弃物",如动物粪便、尸体的处理往往达不到国家规定的要求,因而造成水土、空气等环境的污染,又因养殖技能和底子薄,对于发病禽类存在延误治疗、对于正常禽类存在侥幸预防等心理,致使出现疾病传染危险。而找寻这一系列污染物的源头更是难上加难,或来源于某区域农业化学物的过度使用,或某地域的养殖业粪便等,都是未知数。

另一方面是来自于原生乡村企业给农村带来的环境压力。水土污染、噪声污染、三废等等,直接或间接地威胁人们的生活。首先是水土污染。未经处理的污水直接排放到河湖之中,虽然河长制的推行已经使得地方加强了对河流湖泊的保护和治理,但是在相对偏僻的农村,河长制并没有深入农村、扎根农村,并没有如约走好"最后一公里"。其次是土壤污染。主要指因土地资源相对充足、成本低廉而导致乡村企业在选址以及迁移中,相对随意,不仅挤占了农村土地资源,因企业污染造成的被迫迁移更是不在少数,一方面对农村生态环境造成了破坏和污染,另一方面挤占了其他产业发展的空间,由此获得的效益显而易见。再次是噪声污染。原有企业布局大多缺乏科学指导,靠近居民区,利用廉价的劳动力发展生产,并且就算继续扩张,也通常采取就近原则,忽视了由此给附近居民带来的困扰。至今仍然可以在农村地区发现居民小区周围遍布着废弃工厂,由此可见当时乡村企业的短视。

随着企业现代化建设步伐的加快,许多城镇企业由于越来越难在严格开展环境整治的城市生存而被"淘汰",但是这种"淘汰"并不是旧事物的灭亡,而是变相地通过将产业向农村转移以寻求接续的生存和发展。在此过程中,不可否认这些企业也给农村经济发展带来动力。以乡村企业对农村青年劳动力的回流吸引为例,城镇化的快速发展,使得农村很大一部分劳动群体,尤其是年轻的劳动主力军往城镇转移,剩余的多是孤寡老人和小孩。一旦农村具有足够完备的基础设施和乡村企业,农村相对过剩的劳动力自然转向乡村企业,就会减少农村劳动力的外部扩散。但是,这种动力却不具有可持续性和科学性,即当前乡村企业的创新性、现代化、科学化水平仍然较低,相应地经济效益也偏低,可以说,该动力推动的发展是"毒经济",日后将会加重农村地区的自然环境负担,是以牺牲资源环境为代价,甚至会造成不能逆转的后果。总而言之,依靠产业升级和转移契机实现的农村现代化并非治本之策。以家族式管理模式企业为例,企业决策常常囿于决策者个人的主观臆断、经验等要素,缺乏科学的预见性,往往是基于当前既得利益做出的决策一旦推广,以牺牲子孙后代的生态环境为代价的企业经济发展,纵使侥幸经济有所收益,却也会造成生态和社会效益的双重破坏,最终危及人类自身。

第五章

中国乡村的经济制度伦理

党的十九大报告强调,关系国计民生的根本性问题是农业农村农民问题,必须始终牢记全党工作的重中之重是解决好"三农"问题。实施乡村振兴战略,是发挥中国特色社会主义制度优势的重要体现。作为国家战略,它是关系全局性、长远性、前瞻性的国家总布局,是国家发展的核心和关键问题。改革开放以来,我国乡村经济发生了翻天覆地的变化,这些变化离不开制度设计与安排。本章将关注乡村经济发展过程中的各类制度安排,从乡村经济的市场引导与政府管理、乡村土地伦理、乡村扶贫伦理和乡村所有制伦理四个方面梳理制度伦理在乡村振兴中的重要作用,以期对于新时代乡村经济发展的制度保障有所启示。

第一节
乡村经济的市场引导与政府管理

习近平总书记在十八届中央政治局第十五次集体学习时的讲话(2014年5月26日)中强调,正确认识市场作用和政府作用的关系是准确定位和把握使市场在资源配置中起决定性作用和更好发挥政府作用的必要条件。在我国进行现代化乡村治理的实践中,既要发挥乡村市场的引导作用,让资源得到更有效的配置,让农民过上更富裕幸福的生活,又不能忽视政府的管理职能,既要以市场经济为导向来发展乡村经济,又要以现代民主来加强村民民主自治,实现乡村治理现代化。

一、乡村经济中的市场引导

市场经济已经成为现代化的发展特征之一。改革开放以来,随着社会主义市场经济体制的建立和完善以及市场的有序运行,市场已经在资源配置中起到决定性作用。这些发展让乡村经济现代化面临前所未有的机遇和挑战,由于乡村经济模式的特殊性,单凭政府的管理和组织以及村民自身的资源与能力,乡村难以适应现代市场经济发展的要求。发展乡村经济离不开乡村市场,让市场成为经济腾飞的最主要载体是现代乡村治理的必然选择。

(一) 当前乡村市场建设中的问题

要充分发挥乡村经济的市场引导作用,就必须建设完善的乡村市场,而目前"乡政村治"体制具有很大的局限性。"乡政村治"体制的建立是为了填补人民公社解体后乡村社会出现的"权力空白",这种体制仍然带有浓郁的政府行政干预和计划经济色彩,与市场经济多少有点"格格不入",从而限制了乡村市场发育和积极作用的发挥。乡村市场发育的不成熟直接影响到乡村经济市场化的进程,主要体现在以下几个方面。

首先是经济市场化程度严重滞后于城市。阻碍乡村市场化进程的最大制约因素是城乡二元结构。我国农村改革以来,国土资源无法得到充分利用,经营模式依然处于粗放状态,很大程度上使得农业结构得不到有力调整,直接影响了农业经济效益和农村经济发展。而城市随着改革开放40多年的发展历程,无论在计划向市场的扭转程度上,还是资源的合理配置上,相较于乡村都发展迅速,从而实现了由计划经济体制向市场经济体制的飞跃转型。

其次是农民缺乏现代消费观念和主动进入市场的动力。目前我国农村医疗保障制度尚未健全和普及,农民的传统观念就是为了养老和病后就医,把钱储蓄起来,不敢消费,更谈不上投资。另外,农民参与市场活动多为个体形式,缺乏组织。

再次是乡村金融体系不健全,金融体制改革滞后,金融服务落后。乡村金融一直是"三农"领域中的热点问题,连续几个中央一号文件都对发展乡村金融进行了布局。目前,我国乡村金融体系由农村信用社、农业银行、农业发展银行这三家银行构成"三驾马车"的基本框架,但农村社会化金融服务严重缺位,信贷投入不足,而且,对于农村金融机构来说,大多只是开展传统的商业银行业务,贷款的期限、利率、额度等不能满足现代乡村对资金的基本需求。受传统信贷观念的影响,我国乡村金融机构贷款率较低,农民的借贷方式主要还是亲朋好友、街坊邻居之间的私人借贷。另外,据前述,农民金融理财的意识和投资观念较淡薄,几乎没有农民将闲置的资金用于投资债券、股票等金融产品。

最后是乡村市场形式单一,电子商务发展滞后。目前我国乡村市场仍以传统的小卖部、小商店、集市为主,传统的市场模式大大限制了市场交易行为。在政府的大力推动下,近几年电子商务在我国乡村有很大发展。淘宝、拼多多、云集、有赞、赶街网等平台遍及乡村,但乡村电商的发展水平仍然远远落后于城市,公共服务欠缺、农产品交易不规范、电商人才紧缺等问题较为严重。在"扶贫"政策的大力推动下,村村通电通网在我国已经基本实现,但公共服务水平仍然比较落后,现代农业电子商务快速发展的需求难以得到满足。与此同时,受教育程度比较高的年轻劳动力不断流向城市,导致留在乡村的知识分子寥寥无几,农村劳动力大多为受教育程度较低的老人和妇女,他们对新事物的思想接受性与新知识技能的掌握性都较低,这就导致农村电子商务市场的稳定开展和持续创建难以得到有效的思想和技术支持。

(二) 推进乡村市场建设

充分发挥市场在乡村经济建设中的引导作用,就要加快城乡市场一体化建设,规范乡村集贸市场秩序,转变农民传统观念,唤醒农民主动进入市场的主体意识,多样化乡村市场交易方式,完善乡村金融体系建设,扩大农民融资渠道,推进乡村电子商务发展,等等。

第一,要加快城乡市场一体化建设。党的十九大对当前我国社会主要矛盾的转变做出了科学的判断,这就是主要矛盾已经转变为"人民日益增长的美好生活需要和不平衡不充分的发展之间的矛盾。"因此,解决发展的不平衡不充分问题是关键。而我国城乡之间发展不平衡不充分又是这一问题的集中体现。我国城市与城市之间的发展水平已经没有多大差距,差距主要还是体现在农村,如中西部经济欠发达地区的农村跟东部沿海经济发达地区的农村差距较大。究其原因,主要在于城乡市场的分割。根据市场经济规律,生产要素总是向那些能够获得更高交换价值的地方流动。由于农村的市场化程度低,所以农村的生产要素就源源不断地流向城市。党的十九大报告提出了城乡融合发展理念,要求通过建立健全城乡融合的市场体系,建立城乡一体化的市场体系,通过市场机制来进行要素分配,促进要素的自由流动。因此,解决社会主要矛盾,城乡一体化建设刻不容缓。

第二,规范乡村集贸市场秩序。首先要强化乡村集贸市场制度建设。针对不同类型的集贸市场制定相应的管理制度。在食品安全、规范经营、投诉举报等方面建立有效巡查和监督渠道,通过联合执法、统一收缴、公开销毁等手段,对假冒伪劣、三无产品和虚假宣传现象进行有效打击,通过有效的制度安排和法律的约束惩治减少假冒伪劣现象的发生,充分发挥制度的震慑作用。其次是要提升乡村市场经营主体的责任意识和农村消费者的维权意识。乡村集贸市场的管理方和经营者是产品质量的第一责任人,要提升责任意识,把卫生、安全放到优先位置,消除唯利是图的经营理念。另外,在对农村消费者的教育上,要以通俗易懂的形式,培育他们的四大意识,即质量安全意识、商标品牌意识、绿色消费意识和维权法律意识,教育消费者买到不合格产品要懂得维权,积极举报。再次,要大力推进示范乡村集贸市场建设。根据农村消费者的消费偏好,制订集贸市场消费者满意度评价体系,通过定期和不定期抽查和监管,发现和培育一批消费者认可的经营厂商及示范市场,在乡村市场体系中形成正向、可信、良性循环的市场经营氛围。

第三,唤醒农民的市场主体意识。农民是乡村市场的主体,要通过教育群众、发展地方经济、增加农民收入、建立示范引导机制、强化市场服务网络等多种渠道,让农民逐渐转变陈旧观念,唤醒他们的市场主体意识,积极引导农民参与市场竞争。

第四,完善乡村金融市场建设。根据乡村经济发展的现状和前景,发展多层次的金融网点,规范和引导民间金融。另外要深化农村信用社改革,拓宽农村信用社的信贷渠道,加大对乡村企业的支持力度。进一步完善乡村信贷市场、保险市场、期货市场以减轻农民的负担,增加农民收益。利用政策扶持推进农村金融改革,引导金融机构在农村地区经营,加强和改进金融监管措施。

第五,推进乡村电子商务市场发展。财政部、商务部、国务院扶贫办联合印发了《关于开展2018年电子商务进农村综合示范工作的通知》,要求深入建设和完善农村电子商务公共服务体系,培育农村电子商务供应链,促进产销对接,加强电商培训,带动贫困人口稳定脱贫,推动农村电子商务成为农业农村现代化的新动能、新引擎。具体说来,可以从以下几方面着手:一是打造乡村电商多元化供应链,更有效地进行多方资源的整合,降低物流成本,加强农产品基础设施建设、补齐短板;二是完善乡村公共服务体系,加快乡村电子商务公共服务中心和乡村电子商务服务站点的建设,拓展代收代缴、代买代卖、小额信贷、便民服务功能等;三是开展乡村电子商务人才培训,如支持对基层党政干部、合作社社员、返乡农民工、农村创业青年、驻村第一书记等,实事求是地开展电子商务培训等。2022年中央一号文件中指出:要加强县域商业体系建设。实施县域商业建设行动,促进农村消费扩容提质升级。加快农村物流快递网点布局,实施"快递进村"工程,鼓励发展"多站合一"的乡镇客货邮综合服务站、"一点多能"的村级寄递物流综合服务点,推进县乡村物流共同配送,促进农村客货邮融合发展。支持大型流通企业以县城和中心镇为重点下沉供应链。加快实施"互联网+"农产品出村进城工程,推动建立长期稳定的产销对接关系。推动冷链物流服务网络向农村延伸,整县推进农产品产地仓储保鲜冷链物流设施建设,促进合作联营、成网配套。支持供销合作社开展县域流通服务网络建设提升行动,建设县域集采集配中心。

二、乡村经济中的政府管理

经济体制改革仍然是全面深化改革的重点,经济体制改革的核心问题仍然是处理好政府和市场关系。[①] 市场起决定性作用,是从总体上讲的,不能盲目绝对讲市场起决定性作用,而是既要使市场在配置资源中起决定性作用,又要更好地发挥政府作用。世界银行行长沃尔芬森在《变革世界中的政府》中指出:"历史反复地表明,良好的政府不是一个奢侈品,而是非常必需的。没有一个有效的政府,经济和社会的可持续发展都是不可能的。"[②]因此,政府治理在乡村经济发展中仍然扮演着举足轻重的角色。

---

① 中共中央文献研究室编:《十八大以来重要文献选编(上)》,中央文献出版社2014年版,第498页。
② 世界银行:《1997年世界发展报告:变革世界中的政府》,蔡秋生等译,中国财政经济出版社1997年版,"前言"第1页。

(一)改革开放以来我国乡村经济政府治理的历史变迁

中国乡村经济政府管理的模式与轨迹既不同于西方国家的资本主义经济结构模式,也有别于传统社会主义经济模式,经过改革开放40多年的不断探索,形成了具有中国特色的政府管理模式。回顾改革开放以来乡村经济的政府管理模式变迁,我国经历了从单一政府管理到多元参与管理,从城乡分治管理到城乡统筹管理,从严格控制型政府到周到服务型政府的转变。1978年,党的十一届三中全会明确提出,"要认真解决党政企不分、以党代政、以政代企的现象"。20世纪80年代,我国开始实行政社分开和政企分开,大量民间组织开始涌现,90年代,全国乡村地区实行村民自治制度。在此趋势下,各类社会组织逐渐参与到乡村经济生活和事务管理中。党的十九大报告(2017)提出的"加强和创新社会治理"和党的二十大报告(2022)强调的"推进国家治理体系和治理能力现代化"要求,更加强调如何科学地使政府管理与社会治理协调融合,一方面更好地发挥政府管理经济的职能和效率,一方面更优质地配置社会资源和发挥民间智慧。从中国乡村发展的历史背景来看,传统乡村远离城市、交通不便、信息闭塞,这些不利条件使得传统乡村经济远远落后于城市发展,同时也隔阻了乡村社会迁移与整合的步伐。然而,改革开放以来,中国乡村经济发生了日新月异的变化,乡村治理环境也在不断改善中,但也出现了与传统乡村经济不同的问题。党的十七大报告(2007)提出"建立以工促农、以城带乡长效机制,形成城乡经济社会发展一体化新格局";2008年中央一号文件明确提出"按照城乡发展的要求,加大对'三农'的投入,形成促进城乡社会协调发展新机制";2010年中央一号文件提出"统筹城乡发展,推进城镇化发展的制度创新";2017年,党的十九大报告提出"建立健全城乡融合发展体制机制和政策体系,加快推进农业农村现代化";2022年,党的二十大报告提出"坚持农业农村优先发展","全面推进乡村振兴"的重要论述。这些政策信息透出我国乡村治理的必然趋势——由"城乡分治管理"到"城乡统筹管理",根本目的还是不断发展乡村经济,缩小城乡经济差距。构建服务型政府是政府实现完善管理的基本要求。

（二）乡村经济中政府管理的局限性

回到当前，政府如何在乡村经济发展中更好地履行职能，更好地提供服务、更好地洁身自好将人民的利益放在第一位、更好地发挥组织力量团结一切资源、更好地将政府智慧与民间智慧相结合，是乡村经济发展的关键领域，也是政府与市场功能结合的关键要点。目前我国政府在乡村治理过程中出现了诸多难题和局限性，值得重视与反思。

首先在于乡村经济发展中公共产品供给不足。我国乡村公共产品的筹集一般有两个渠道：一是政府公共财政供给；二是农村各级组织向农民摊派，即制度外筹集。目前我国农村公共产品的供给总量仍然不足，不能满足村民对公共产品的需求，甚至有的地区应该由政府承担的纯公共产品也不能有效提供。另一个问题是，供给结构不合理，农民急需的发展农业经济的公共产品，如农产品市场信息、大型水利灌溉设施、环保设施等供给不足，而一些农民需求较少的公共产品却供给过剩，不能物尽所需，造成了经济资源的浪费。

其次是政府公共服务失范现象频发。著名政治学家亨廷顿指出，国家之间最重要的差异在于政府的有效程度，而非政府形式。一个低效的政府不仅是无能的政府，而且是一个坏政府。改革开放以后，随着社会主义市场经济的不断发展，乡村经济发展模式产生了重大转变，农村市场经济体制日趋完善，"服务型政府"理念要求新时代乡村政府调整管理模式，适应农村经济社会发展形势，创新政府治理方式，为农民提供更优质的公共服务。但许多乡村政府没有及时调整，仍然"留恋于"行政命令方式，甚至违反市场经济规律，不但没有提供服务性的保障，而且造成了一定的经济损失。在管理上，不是以服务为先，而是采取强制、命令等手段要求村民服从管理，这种自上而下的治理方式造成干群关系紧张对立，影响了乡村经济的发展和农民的幸福感。

（三）重塑乡村政府管理模式和职能创新

提高乡村政府管理效率，切实通过政府管理推进乡村经济振兴，必须努力建立起适应社会主义市场经济体制的服务型、效能型、责任型乡村政府。习近平总书记指出："我们要坚持辩证法、两点论，继续在社会主义基本制度与市场经济的结合上下功夫,把两方面优势都发挥好,既要'有效的市场',也要'有为的政府',努力在实践中破解这道经济学上的世界性难题。"①

首先,要增强乡村政府的公共服务能力。要树立"为人民服务"的正确理念,最终取得有益成果,为乡村经济发展提供有力、有效、有序的公共服务。另外,不能只顾眼前利益,要根据农民的需求和经济发展的长远需要,建立面向村民需求的公共物品决策体系,实现公共服务均等化。

其次,要在政府的主导作用下,充分发挥市场的主体作用,两条腿走路,形成政府主导管理、市场主体配置的多元治理格局。政府的管理既不能缺位,也不能越位,在市场经济体制下,要尊重市场规律,构建符合市场经济规律的"善治"管理模式。

再次,要更新和完善乡村政府绩效评估体系。传统政府绩效评估只注重单纯经济税收指标,新时代应积极引入更加多元化的考核指标,如社会公共产品的提供、公共服务的效能、环境卫生问题的改善、村民幸福感的提升和满意度等等。关键是要打破传统的封闭评估,逐步增加评估的群众参与度和评估的透明度,做到监督有力、村民放心、系统公正。

第四,要大力推进数字乡村建设。推进智慧农业发展,促进信息技术与农机农艺融合应用。加强农民数字素养与技能培训。以数字技术赋能乡村公共服务,推动"互联网+政务服务"向乡村延伸覆盖。着眼解决实际问题,拓展农业农村大数据应用场景。加快推动数字乡村标准化建设,研究制定发展评价指标体系,持续开展数字乡村试点,加强农村信息基础设施建设。

三、乡村经济中的个人选择

在乡村经济发展过程中,村民如何更好地做出个人选择?村民的愿景和诉求如何能得以实现?除了市场引导和政府管理以外,乡村社会组织的作用也不容忽视。中国社会自古以来就蕴含着众多的民间社会团体和民间组织,近代以来,由于政治格局的变化,代表国家政权的政府组织占领权力高地,各

---

① 中共中央文献研究室编:《习近平关于社会主义经济建设论述摘编》,中央文献出版社 2017 版,第 64 页。

类社会团体和民间组织被挤出了政治舞台。改革开放后,随着我国乡村社会的自主发展,各类新型民间组织活跃于村落之间,成为村民集体生活的重要形式和参与经济社会事务的重要载体,在乡村治理中发挥了重要作用,也成了乡村经济发展的重要力量。

(一) 乡村社会组织的类型及特点

我国乡村社会组织可分为五大类型:①由政府或官方建立的,带有明显政治色彩的组织,如共青团组织、妇联等;②传统社会保留至今的乡社团体,如花会、香会、庙会等;③新兴的乡村社会组织,农民自发组织的公益团体,如教育基金会、行会等;④各种宗教组织;⑤带有帮会性质的组织。乡村社会组织的主要参与者是某个村落的农民,与城市社会组织相比,较为封闭,其组织活动也多围绕本地区的需求开展,因此具有强烈的地方特色与地缘特性。其次,除了由政府官方建立的社会组织,其余组织一般都由当地村民自发建立,建立的目的是弥补政府管理在某些领域的缺位或市场失灵现象,更好地服务广大群众,因此这类组织都带有强烈的自发、志愿和公益色彩。

(二) 乡村社会组织在经济发展中的角色

目前乡村社会组织在乡村经济发展中已经发挥了巨大作用。

首先,体现在提升农民的生活幸福感上,如提高农民的收入,提供更多的公共产品与服务、提供技术支持与保障等。这些组织以村民共同的经济利益为出发点,通过各种渠道积累社会资本,在一定程度上解决政府管理上的经费不足、人员缺失、供给单一等问题,同时也改变着乡村的治理格局。目前在我国乡村地区,已有不少基金会、国际组织设立了基金项目和分支机构,一方面为乡村经济发展和农业进步提供更多的技术支持,一方面也丰富了农村人力资源,提高了乡村政府的工作效率。

其次,乡村社会组织有利于培育农民的公共精神,提升农民参与本村管理的主人翁意识。传统乡村治理结构中,农民习惯于听从政府的行政安排和行政命令,自我选择的主人意识淡薄,乡村社会组织的建立与发展让农民可以自主发声、表达诉求,并通过团队的努力维护自身的权益,为自我造福,这样的治理模式对于村民公共精神的培育至关重要。

再次，多元参与有利于节约资源、降低管理成本。社会组织之间的合作、社会组织与政府之间的沟通，有助于解决乡村人口多、面积大、人口分散而导致的沟通成本增加问题。组织代表广大农民表达诉求，组织间的合作共赢、政府对社会组织的扶持，节约了乡村治理的成本。

（三）引导乡村社会组织有序发展，尊重农民个人选择权利发挥

乡村社会组织的有序发展需要政府的大力扶持与市场的合理引导。

一是要重视乡村社会组织发挥的作用，做好政策扶持和培育工作。政府要通过制定相关的法律、法规，为乡村社会组织的建设及其与政府的分工合作提供制度和法律上的保障。乡村地区政府应效仿城市，积极建立社会组织孵化机构，更好地引导和培育社会组织朝着正确的方向发展，在以下七个方面，即财政信贷、工商、税务、物价、人事、劳动、司法等为乡村社会组织提供优惠政策。

二是要做好政治引领，加强对乡村社会组织的监管。对合法的社会组织要引导其建立和完善组织章程、财务制度等基本运行制度，并监督其守法运作，逐步纳入规范化轨道。应引导已经自发组织并存在但尚未登记并且确有存在必要的民间组织尽快依法登记，并进行规范。对于一些沾染歪风邪气、破坏农村经济发展和人民安定生活的非法组织应予以及时打击和取缔，如农村地区的黑恶势力组织、传播迷信和邪教组织、传销组织等等。坚决打击非法组织在乡村的发展势头，还农民一方净土。对于不同类型的社会组织，政府应分类监管培育，通过购买服务等一系列措施，帮助乡村社会组织解决资金难题。

三是要加强对社会组织成员的培训工作，利用政府的教育资源，提高乡村社会组织工作人员的思想道德素质、业务水平和综合能力。可以通过举办各种类型的培训班，帮助社会组织成员了解并熟悉国家的各种方针政策、科学经营方法和专业知识技能。同时，在引进人才方面，乡村政府要积极引导有知识有能力的人才加入社会组织并成为中坚力量，为乡村社会组织的发展提供人才保障。

四是要引导乡村社会组织关注市场需求，引导农民为自身利益发声，在市场的竞争中维护个人选择的权利。这样才能充分发挥乡村社会组织代表村民

行使权利的作用,也才能为乡村建设提供更多更好的公共服务,比如探索在组织协调下,以群众协商的方式解决各类经济纠纷问题,构建村民矛盾、干群矛盾化解新模式。

总之,乡村社会组织是村民个人选择的重要载体,乡村社会组织的规范建设、改革完善和健康发展是现代乡村经济发展有力的组织保障。我国社会主义新农村的经济发展既需要市场这只看不见的手的积极引导,也需要各级乡村政府高瞻远瞩,站在人民利益的角度给予宏观上的智慧管理,同时,乡村市场经济的发展完善,也离不开农民的自身觉醒、自主意识和自由选择。乡村社会组织的规范、健全和完善发展,需要农民参与本地经济发展和建设的意识进一步提高,只有这样才能更有效地表达农民的诉求,更好地为广大农民提供服务,也才能给中国乡村更好的未来。

第二节
中国乡村土地伦理

土地,是农民赖以生存的根基,是农业得以发展的支柱,也是乡村之所以为乡村的依据。土地伦理的核心在于土地制度,既包括土地所有制,也包括从土地所有制中分离出来的土地使用制度。乡村土地制度能否适应现代社会需求,直接影响农村治理现代化的发展。

一、中国乡村土地制度的历史变迁

英国古典政治经济学创始人威廉·配第说过,劳动是财富之父,土地是财富之母。我国作为一个农业大国,土地是乡村经济的根本,也是农民的生存之根,土地制度直接关系到国计民生,是一切制度中最基础的制度之一,也是生产关系最重要的体现。习近平总书记指出,农业、农村、农民问题是全党必须始终高度重视的三大问题,不仅要把"三农"工作牢牢抓住、紧紧抓好,更要不断抓出新的成效。解决农业农村发展面临的各种矛盾和问题的根本在于深化改革。习近平总书记强调,处理好农民和土地的关系仍然是新形势下深化农村改革的主线。坚持农村土地集体所有,坚持家庭经营基础性地位,坚持稳定土地承包关系这三大原则,才能落实好坚持和完善农村基本经营制度这一最大的政策。

(一) 新中国成立后的土地制度改革

新中国成立后,我们党领导全国人民实行土地制度改革,废除了封建土地私有制,大致经历了三个历程。

第一个阶段是从封建土地所有制向农民土地所有制的转变。中华人民共和国成立之初,中国颁布了《土地改革法》,规定废除地主对土地所有权的封建剥削,赋予农民以土地所有权。农民不仅获得了土地,而且"有经营权、交易权、租赁权"。

第二个阶段是农民土地所有制向集体所有制的转变。1954—1956年,社会主义改造要收回土地所有权。农业改造的目的是建立社会主义土地制度和社会主义经济关系,被称为"三个转变"之一。农民个人直接拥有的土地也从无偿入股、统一管理发展到农村土地集体所有制。随着社会主义改造的完成,我国乡村的土地制度在改善农业生产基础设施条件、推广农业科学技术以及增加工业化发展原始积累过程中发挥了积极作用。

第三个阶段是集体所有制向三级集体所有制的转变。1957—1978年,由于种种历史原因,国内农业供给相对有限,国家又进行了土地改革,"三级集体所有制"开始实施。在土地集体所有制的基础上,土地属于三级集体所有制,即人民公社、生产大队和农村生产大队。成员集体在公共土地上生产和工作,成员没有私有土地,这就完全消除了私有制。这一阶段也是农民土地使用权完全恢复的阶段。

(二) 改革开放以来我国乡村土地制度的创新

1978年,党的十一届三中全会作出了把党和国家工作重心转移到经济建设上来、实行改革开放的历史性决策。在我们党的领导下,广大农民群众率先提出了"大责任"政策,开创了农村改革的新时代,并以极大的势头推向全国。

40多年来,中国建立了以家庭承包经营为基础的双层经营体制,这是党的农村政策的基石。从改革进程看,它经历了建立、完善和深化三个阶段。

第一个阶段是建立阶段(从改革开放之初到20世纪80年代中后期)。这一时期,在党的领导下,基层干部和农民群众走出了一条独具中国特色的农村土地制度创新之路。一是探索"承包生产到户"和"承包劳动到户",二是建立家庭联产承包责任制,三是废除人民公社制度。

第二个阶段是完善阶段(20世纪90年代初至21世纪初)。这一阶段,中央强化法律政策保障,以土地集体所有、家庭承包经营为主的农村基本经营制度得以巩固和完善,主要有四个特点:一是土地承包关系持续稳定,二是农业税费全面取消,三是土地流转逐步发展,四是土地承包步入依法管理轨道。

第三个阶段是深化阶段(党的十八大召开至今)。党的十八大以来,党中央对深化农村土地制度改革作出了一系列重大决策部署,初步构建了农村土地制度的"四梁八柱"。

一是建立农村土地"三权分置"制度。2013年7月,习近平总书记在武汉农村综合产权交易所调研时指出,深化农村改革,完善农村基本经营制度,要好好研究农村土地所有权、承包权、经营权三者之间的关系。2013年的中央农村工作会议指出,顺应农民保留土地承包权、流转土地经营权的意愿,把农民土地承包经营权分为承包权和经营权,实现承包权和经营权分置并行,这是我国农村改革的又一次重大创新。党的十八届五中全会明确要求,完善土地所有权、承包权、经营权分置办法。2016年,中办国办印发《关于完善农村土地所有权承包权经营权分置办法的意见》,对"三权分置"作出了系统全面的制度安排。实行"三权分置",坚持集体所有权,稳定农户承包权,放活土地经营权,实现了农民集体、承包农户、新型农业经营主体对土地权利的共享,为促进农村资源要素合理配置、引导土地经营权流转、发展多种形式适度规模经营奠定了制度基础,使我国农村基本经营制度焕发出新的生机和活力。

二是开展农村土地承包经营权确权登记颁证工作。党的十八大以后,中央对确权登记颁证工作作出了一系列决策部署。2013年,习近平总书记指出,建立土地承包经营权登记制度,是实现土地承包关系稳定的保证,要把这项工作抓紧抓实,真正让农民吃上"定心丸"。2014年,中央明确提出用5年左右时间基本完成土地承包经营权确权登记颁证工作。截至2018年6月底,31个省(区、市)均开展了承包地确权工作,确权面积13.9亿亩,超过二轮家庭承包地(账面)面积;17个省(区、市)已向党中央、国务院提交基本完成报告,其余省(区、市)也已进入确权收尾阶段。

三是发展多种形式适度规模经营。2013年,党的十八届三中全会提出,赋予农民对承包地占有、使用、收益、流转及承包经营权抵押、担保权能,允许农民以承包经营权入股发展农业产业化经营。2014年,中办国办印发《关于引导土地经营权有序流转发展农业适度规模经营的意见》(中办发〔2014〕61号),要求积极培育新型农业经营主体,发展多种形式的规模经营;并强调要合理确定土地经营规模,现阶段对土地经营规模相当于当地户均承包地面积10至15倍、务农收入相当于当地二、三产业务工收入的,应当给予重点扶持。2017年,中办国办印发《关于加快构建政策体系培育新型农业经营主体的意见》,强调发挥政策对新型农业经营主体发展的引导作用。目前,土地流转、入股、合作以及生产托管等多种形式适度规模经营有序发展,家庭农场、合作社、龙头企业、农业社会化服务组织等新型农业经营主体蓬勃兴起。

总的来说,中国历史上出现的土地制度典型形态,适应了特定历史条件下生产力的发展要求,反映了中华民族几千年社会运动及其发展变化的客观规律,为我们从历史的视角认识过去的土地制度、理解现有的土地制度、完善未来的土地制度提供了很好的借鉴。

二、乡村土地伦理与土地利用整治

习近平总书记在主持中共中央政治局第六次集体学习时强调,国土是生态文明建设的空间载体,要整体谋划国土空间开发,划定并严守生态红线,构建科学合理的城镇化推进格局、农业发展格局、生态安全格局。近年来,随着保护耕地资源、改善乡村环境等理念的普及,乡村土地整治面临着新的课题与挑战。长期以来过分征服土地致使污染、水土流失等问题,其根本原因是乡村发展过程中土地伦理观的缺失。

土地伦理是由美国学者奥尔多·利奥波德(Aldo Leopold)在他的《沙乡年

鉴》一书中首次倡导的。他在书中写到需要一种"新的伦理","一种处理人与土地,以及人与在土地上生长的动物和植物之间关系的伦理观"。这种伦理观致力于自然保护,把土地上的动植物,乃至人看作是土地共同体中的一分子,土地上的所有生物都应当得到尊重和善待。因此,在乡村土地整治的过程中,也应当秉承土地伦理观,倡导土地利用和整治中人与土地的和谐相处,倡导土地利用和整治中的公共利益与公平原则,倡导土地利用和整治中的可持续发展。

(一) 土地利用和整治中人与土地的和谐相处。

对于乡村土地的利用及整治是为了改善生产条件,消除土地利用中的不和谐因素,从而更好地保护环境,促进生态健康发展,最终目的是促进人地和谐,共同发展,因此,土地的合理开发、合理利用、健康整治是土地伦理观的核心。在明确指出土地承包期顺延 30 年之后,农村土地确权工作得以顺利开展,目前,土地流转成了乡村土地使用中最主要的方式,不少农业经营者都会将自己的土地进行"转租"或"转包",除此之外,还有以下一些方式可以让土地资源得到更优质的配置,从而振兴乡村经济,提高农民收入。第一,土地承包模式。对于土地承包经营权流转主要采取转包、出租、互换、转让或者其他方式,当事人双方应当签订书面合同。经发包方同意后可采取转让方式流转的,报发包方备案后可采取转包、出租、互换或者其他方式流转。这种方式让农民把土地承包出去,只要合法合规,定时定点拿流转资金就行,省心安心。但同时承包户前期资金占用量大,承担的风险较大。第二,土地信托模式。土地信托,也叫土地银行模式。这种模式运营中,农民把土地交给合作社,合作社把土地再转租给想租地的农民、家庭农场、种植大户。这样,流转的风险由合作社承担。同时,如果合作社转租不出去土地,那么就由合作社去运营这些土地,但是合作社一旦运营出现问题,农民的权益就很难得到保障了。第三,土地服务性全托管模式。土地服务性全托管也称为"土地托儿所",这种模式实行产前、产中、产后的"一条龙"服务模式,合作社收取服务费,在合同里注明各项附属条件,并向农户保证达到定额产量。对于自己不想种地的农民,可以由合作社帮着种,地还是自己的,收益也是自己的。但由于存在收成的不稳定性,农民不能保证能够实现最后的优质优价,自己将承担种植风险,同时还要给合作社支付服务费。第四,土地收益性托管模式。这种模式类似于上一种托管模式,只是合作社以租金或分红的形式给农民一定的收益。优势在于年底农民可以拿到分红或固定收益。第五,土地半托管合作模式。土地半托管模式,有的地方也叫菜单式托管。合作社和农民商量,选择一些服务项目,服务结束后由农户验收作业质量。这种模式由农民进行验收,保证种植物作业质量,农民满意了再给钱。但这种流转模式周期性较长,短期资金回流存在弊端。

(二) 土地利用和整治中的公共利益与公平原则

2014—2019年六个中央一号文件均要求,落实农村土地集体所有权,完善承包地"三权分置"办法。"集体所有制"一词最早源于马克思《〈巴枯宁国家制度和无政府状态〉一书摘要》中的一段话:"凡是农民作为土地私有者大批存在的地方,凡是像在西欧大陆各国那样农民甚至多少还占居多数的地方,凡是农民没有消失,没有像在英国那样为雇农所代替的地方,就会发生下列情况:或者农民会阻碍和断送一切工人革命,就像法国到现在所发生的那样;或者无产阶级将以政府的身份采取措施,直接改善农民的状况,从而把他们吸引到革命方面来;这些措施,一开始就应当促进土地私有制向集体所有制过渡,让农民自己通过经济的道路来实现这种过渡;但是,不能采取得罪农民的措施,例如宣布废除继承权或废除农民所有权。只有租佃资本家排挤了农民,而真正的农民变成为同城市工人一样的无产者、雇佣工人,因而直接地而不是间接地和城市工人有了共同利益的时候,才能够废除继承权或废除农民所有制"。[①] 2015年中共中央办公厅、国务院办公厅发布的《深化农村改革综合性实施方案》明确提出,农村土地制度改革"坚守土地公有性质不改变……农民利益不受损的'三条底线',防止犯颠覆性错误"。2016年中共中央办公厅、国务院办公厅发布的《关于完善农村土地所有权承包权经营权分置办法的意见》再次强调实行三权分置"始终坚持农村土地集体所有权的根本地位。农村土地农民集体所有,是农村基本经营制度的根本,必须得到充分体现和保障,不能虚置"。"三权分置"理论和政策的战略目标是:按照"落实集体所有权、稳定农

[①] 《马克思恩格斯全集》第18卷,人民出版社1964年版,第694-695页。

户承包权、放活土地经营权"的思路,进一步明确三权的功能定位与基本属性,理顺三权的相互关系。集体土地所有制的坚持和农民土地权利的维护这两个底线不能丢弃。2018年12月,全国人大常委会通过了关于修改《中华人民共和国农村土地承包法》的决定,其中的一些新增或修改条文对如何回应农地"三权分置"表达了立场。

(三) 土地利用和整治中的可持续发展

乡村集体土地所有权主体虚位影响了土地利用与整治中的可持续发展。目前,我国的农村集体土地以三级所有制形式表现出来:"第一级所有是在农村内以两个或两个以上农村集体经济组织的农民集体所有;第二级所有是村农民集体所有;第三级所有是乡(镇)农民集体所有。"①从2022年起,我国开展第二轮土地承包到期后再延长30年整县试点工作。巩固提升农村集体产权制度改革成果,探索建立农村集体资产监督管理服务体系,探索新型农村集体经济发展路径。稳慎推进农村宅基地制度改革试点,规范开展房地一体宅基地确权登记。稳妥有序推进农村集体经营性建设用地入市。推动开展集体经营性建设用地使用权抵押融资。依法依规有序开展全域土地综合整治试点。深化集体林权制度改革。健全农垦国有农用地使用权管理制度。开展农村产权流转交易市场规范化建设试点。制定新阶段深化农村改革实施方案。

三、乡村土地制度创新

(一) "三权分置"制度创新

当改革的巨轮驶至2017年,首次调整农村土地承包法,农村土地所有权、承包权、经营权"三权分置"被提出实行。这是我国农村改革在家庭联产承包责任制基础上的又一次重大制度创新。"三权分置"制度的确立,不仅顺应了农民保留土地承包权、流转土地经营权的意愿,也映射出农地经营方式的时代

---

① 王宁:《农村集体土地所有权的困境及出路》,《知识经济》2019年第24期。

变迁。"三权分置"分解土地承包权与土地经营权,这一剥离分解保障了农民既可以保留土地承包权,又获得流转土地的权利。就乡村经济发展而言,土地承包权与土地经营权的分离,对于集体土地的流转与合理集中、农民"市民"身份的转化和我国农业现代化的实现都有着积极的作用。

从所有权角度分析,农村集体土地所有权的分解是在土地所有权之上产生各类新创设权利关系的必要条件,提升了农民的劳动积极性,更有效地利用好了农村的土地资源。当前我国农村社会生活的现状是相当一部分农村青壮年人口外出打工,身在城镇,但其农村集体成员资格权并未丧失。该部分外出打工的人口仍然具有土地分配权,此外,农村留守人口中多以老人、儿童为主,仍应保障这些留守人员的权益。因此,三权分置后,农村土地的集中耕作、管理、统筹等使用问题值得进一步探究和在实践中摸索。

(二) 城乡统一土地市场新格局

新的时代背景下,有了"三权分置"的制度保障,可以探索更多乡村土地的使用方式。如可以鼓励有条件的地区借助区块链技术开展资产证券化,在确保农民不损失土地产权的情况下,通过资本市场运作筹集资金,通过金融手段调动社会资本参与土地承包。这种方式"避免了由于经营方式落后或抵御灾害能力不足等因素带来的风险,农民的土地可以变成资本,无力耕种或离开农村进城务工经商的农民可以通过流转土地获得补偿,直接增加收入"。[1] 同时,培养具有专业知识和技术水平的农民,组成农业经营团队,以新的更高效的方式促进经营权的流转,开拓土地承包新局面,从而顺应时代潮流,盘活土地资产,提升土地价值,保证农业的可持续发展和农民收入的可持续增长。再如,探索如何实现优势资源在城市与农村之间的双向流动。这一方面需要政府出台相关制度进行合理的引导。另一方面,对农民而言,土地经营权通过转让、入股、抵押等流转方式转化为财产收益,这些收益最终被带入城市。同时,在如何打破农村集体经济封闭性的问题上还可以积极探索,引进城市工商资本和经济管理人才,促进城乡共同发展。

---

[1] 何睿、罗华伟:《我国农村土地经营权证券化的思考》,《中国市场》2017年第17期。

第三节
中国乡村扶贫伦理

贫困是自古以来没有彻底解决的社会问题。贫困研究一直是比较政治学和福利经济学的一个重要领域,是学术界研究的热点。贫困的定义可以从四个方面来理解:缺乏、社会排斥、能力和权利。缺乏理论主要关注物质贫困,如以货币形式存在的各种贫困标准。社会排斥理论认为,贫困是由于贫困人口被排斥在社会生活方式之外,无法融入主流社会而造成的。能力理论的代表人物是诺贝尔经济学奖得主阿马蒂亚·森,他要求"按照人们能够享有的生活和他们实实在在拥有的自由来理解贫困和剥夺"[①]。这说明贫困不仅是物质匮乏、收入低,而且是缺乏获得生活资料和生活自由的能力。根据权利理论,经济贫困是由于缺乏社会、政治、文化和经济权利造成的。

全面脱贫是中国落实联合国《2030 年可持续发展议程》的重要一步,体现了中国作为负责任大国的历史担当。世界各国消除贫困的途径需要中国经验。2017 年 2 月,习近平在主持中共中央政治局第三十九次集体学习时指出:"农村贫困人口如期脱贫、贫困县全部摘帽、解决区域性整体贫困,是全面建成小康社会的底线任务,是我们作出的庄严承诺。"

一、中国乡村扶贫政策的历史发展

新中国的发展建设史,就是一部扶贫、脱贫的历史。中国的扶贫先后历经救济式扶贫、体制改革推动下的扶贫、大规模开发式扶贫、精准扶贫四个阶段。[②]

(一) 雏形时期的基础阶段

这一阶段主要包括从建国初期到改革开放前。我国在社会主义建设过程

---

① [印]阿马蒂亚·森:《以自由看待发展》,任赜、于真译,中国人民大学出版社 2002 年版,第 89 页。
② 蓝志勇、张腾、秦强:《印度、巴西、中国扶贫经验比较》,《人口与社会》2018 年第 3 期。

中,通过社会主义改造不断发展生产,复苏经济,同时建立了基础的医疗、卫生、教育服务体系,以及五保、赈灾、烈属优抚等社会救济政策和制度安排,为新中国的扶贫事业奠定了制度基础。

(二) 体制改革时期的救济阶段

这一时期是从改革开放到1985年。我国开始实行改革开放政策,中国乡村废除了人民公社制度,建立了以家庭联产承包经营为基础的双层经营体制,放开农产品价格、建设乡村市场,一大批乡村企业迅速成长起来,这一时期,我国乡村的生产力水平有了极大的进步,在救济政策的引导下,农村贫困问题得到大部分的缓解。同时,这一时期中央扶贫政策主要关注"老、少、边、穷"地区的贫困问题,将其作为扶贫救济的重点地区。为了帮助不发达地区尽快发展,在一定程度上消除贫困,中央财政于1980年设立了"支援经济不发达地区发展资金",1982年将全国最为贫困的甘肃定西、河西和宁夏西海固的集中连片地区作为"三西"专项建设列入国家计划,进行区域性的专项扶贫工作;1984年划定了18个集中连片贫困区进行重点扶持。可以看出,这个时期我国扶贫政策和制度明显聚焦于极端贫困的乡村地区,带有强烈的区域性特征。而扶贫的方式也是政府的直接救济。但直接救济仅仅依靠政府外力,无法催生出贫困地区自主脱贫的能动性,加之这些乡村地区基础设施、自然条件、文化教育等方面的落后,很难形成经济长期增长的良性脱贫局面。

(三) 市场经济时期的开发式阶段

这一阶段从1986年到2000年。随着我国从有计划的商品经济时代转向市场经济,乡村扶贫工作也逐渐由单纯的政府救济转变为"以工代赈"等模式的开发型扶贫。这一时期,大量农民通过家庭联产、乡镇企业就业、外出务工等方式迅速脱贫致富。同时,扶贫开发领导小组是我国第一个专门成立的扶贫政府机构。从中央、省、市(县)三级建立了类似的行政组织体系。1986年,中央首次确定国家贫困县标准,将331个贫困县纳入国家重点扶持范围。此后,利用扶贫资源,在贫困县开展专项扶贫工作,成为我国扶贫开发政策的一个重要特点。1994年,国务院制定并颁布了《八七扶贫规划》,将贫困县调整为

592个。在此基础上,政府设立财政扶贫专项资金,大幅度增加资金投入,制定了一系列扶持和优惠政策,明确提出由扶贫开发向开发性扶贫转变,并提出通过专项扶贫政策转变扶贫开发方式,使扶贫逐步制度化。

(四) 新世纪"三位一体"大扶贫格局阶段

这一阶段从2001年到2013年。"八七"扶贫计划实施后,中国贫困人口比例迅速下降。2001年,国务院颁布实施了《中国农村扶贫开发纲要(2001—2010年)》,将扶贫开发的重点从贫困县转移到贫困村。同时明确指出,城乡人口流动是扶贫的重要途径。作为三大扶贫措施,劳动力转移培训、整村推进和产业扶贫在全国广泛推广。可以看出,我国扶贫工作的重点已经开始集中在村级扶贫上。其间,全国共确定贫困村14.8万个,强调要动员农民参与,开展农村扶贫综合开发工作。以贫困村为对象,以村级扶贫规划为依据,整村推进是我国扶贫开发的重要举措。根据这一办法,被认定为贫困村的村集体可以在上级政府的领导下,自下而上开展扶贫规划和项目申请,使贫困村农民因投入大量资金,能够在短时间内迅速改善生产生活条件,同时由于工业的发展和生产力的提高,农民的收入水平也会提高。2005年,党的十六届五中全会提出建设"社会主义新农村",要求"统筹城乡经济社会发展,推进现代农业建设,全面深化农村改革,大力发展农村公用事业,千方百计增加农民收入"。"十一五"时期经济社会发展的主要指标之一是脱贫。因此,国家政策引导资源配置等更多地开始向农村地区,特别是贫困村转移。2007年,我国制定了新型农村合作医疗制度。2009年建立了农村最低生活保障制度。这些制度的建立,奠定了我国保障性扶贫的制度基础。2011年,《中国农村扶贫开发纲要(2011—2020年)》指出,我国扶贫工作面临的挑战已由过去的普遍性、绝对性贫困转变为目前以收入不平等为特征的过渡型贫困。同时,贫困地区制定了扶贫规划,进入区域扶贫阶段。为进一步提高扶贫质量,全面消除贫困,我国自2012年起将定向扶贫作为基本扶贫战略。随着我国经济的快速发展,大量农民进城务工。随着土地政策的改革、农业税的减免和一系列民生政策的惠及,我国农村贫困问题的解决速度继续放缓。中国构建了专项扶贫、行业扶贫和社会扶贫"三位一体"的格局。

(五) 党的十八大以来精准扶贫阶段

所谓精准扶贫,是在了解不同贫困区域环境、不同贫困农户状况的基础上,运用科学有效程序对扶贫对象实施三大治贫方式,即精确识别、精确帮扶、精确管理。精准扶贫要求扶贫部门对乡村贫困户进行精准识别,建档立卡,录入系统。2014年,我国将每年的10月17日作为"扶贫日",精准扶贫不仅是新时代我国扶贫战略思想也是提高扶贫开发效果的必然选择。精准扶贫政策是党中央为促进共同富裕、全面决胜小康社会的一项重大政策创新和政策举措。2015年12月,《中共中央国务院关于打赢脱贫攻坚战的决定》要求,"到2020年,稳定实现农村贫困人口不愁吃、不愁穿,义务教育、基本医疗和住房安全有保障。实现贫困地区农民人均可支配收入增长幅度高于全国平均水平,基本公共服务主要领域指标接近全国平均水平。确保我国现行标准下农村贫困人口实现脱贫,贫困县全部摘帽,解决区域性整体贫困"。新的扶贫开发工作除了延续片区攻坚外,着重强调通过"六个精准"的方式解决贫困问题。2015年6月,习近平在贵州考察期间明确提出了六个精准的要求,即"扶持对象要精准、项目安排要精准、资金使用要精准、措施到位要精准、因村派人要精准、脱贫成效要精准"。意即在扶贫工作中"能够避免大水漫灌,实现对症下药,有效地促进贫困地区的精准脱贫"①。精准扶贫要求动员全社会的力量,采取综合性的脱贫手段帮助贫困户、贫困村和贫困县的"脱贫摘帽",中国对全球减贫的贡献率超过70%。2017年年底,我国农村贫困人口为3046万,贫困发生率为3.1%,平均每3秒就有一个贫困人口跨越贫困线。精准扶贫理念提出后,我国在脱贫攻坚的理论和实践上取得了举世瞩目的伟大成就,为世界反贫困提供了中国智慧。

中国的扶贫政策,特别是党的十八大以来的针对性扶贫政策,是卓有成效的,为2020年完成全面脱贫目标提供了有力保障。其中,政府是扶贫的主体。截至2018年8月,中国展大规模扶贫行动以来中央部门发布的扶贫政策文件62个,其中总体纲要型政策文件8个(如次页表3所示)。

回顾我国乡村"扶贫"政策的历史发展,特别是改革开放以来,从1978年

---

① 蒋永穆、周宇晗:《习近平扶贫思想述论》,《理论学刊》2015年第11期。

乡村普遍性的贫困问题入手,再到贫困连片地区,确定扶贫县、贫困村,最后精准扶贫到户,扶贫的方式也由最初的直接救济到如今建立保障性制度、多维度扶贫。这些变化是我们党在扶贫实践中,随着我国乡村经济社会不断发展,随着社会矛盾的不断变化而探索出的中国特色扶贫之路。

表3 总体纲要型政策文件①

政府文件名称	文号	相关内容
国家八七扶贫攻坚计划	国发〔1994〕30号	开发式扶贫,以工代赈,解决基本温饱;资金到县;扶贫政策体系现雏形
中国农村扶贫开发纲要(2001—2010年)	国发〔2001〕23号	开发式扶贫,落实到村;综合、可持续发展,社会共同参与
中国农村扶贫开发纲要(2011—2020年)	国发〔2001〕10号	目标更加全面(巩固成果,缩小收入差距,生态相容),衔接扶贫开发与低保制度,主攻集中连片特殊困难地区
关于创新机制扎实推进农村扶贫开发工作的意见	中办发〔2013〕25号	做好扶贫开发重点推进的"六项机制"和"十项重点工作"
建立精准扶贫工作机制实施方案	国开办发〔2014〕30号	精准识别、精准帮扶、精准管理和精准考核
关于打赢脱贫攻坚战的决定	中发〔2015〕34号	新阶段脱贫攻坚工作的总体要求。坚持"精准扶贫"基本方略,注重扶贫开发与经济社会发展、生态保护、社会保障的有机结合,到2020年实现"两不愁、三保障"
"十三五"脱贫攻坚规划	国发〔2016〕64号	"十三五"时期脱贫攻坚的总体思路和行动指南。坚持精准扶贫、落实主体责任、统筹改革创新、绿色协调可持续发展、激发贫困群众内生动力。实现"两不愁、三保障""两个确保"(农村贫困人口全部脱贫,贫困县全部摘帽)
中共中央国务院关于打赢脱贫攻坚战三年行动的指导意见	中发〔2018〕16号	未来三年3 000万农村贫困人口脱贫的纲领性文件,设定了任务书和路线图

---

① 资料来源:申秋:《中国农村扶贫政策的历史演变和扶贫实践研究反思》,《江西财经大学学报》2017年第1期。

二、"扶贫"与"共同富裕"

在新时代背景下,共同富裕思想也得到了新的发展,有了更深刻的内涵。习近平总书记指出,新时代中国特色社会主义思想"必须坚持以人民为中心的发展思想,不断促进人的全面发展、全体人民共同富裕"。习近平新时代中国特色社会主义思想的重要组成部分即习近平共同富裕思想,是在新时代社会主要矛盾转化的背景下,为解决现实的发展难题提出的创新思想。

党的十八大以来,为进一步提高扶贫的针对性和有效性,实施精准扶贫、精准脱贫,聚焦扶贫到户三大举措,确保扶得准、靠得住。从根本上理解,精准扶贫不仅是解决乡村贫困人口的脱贫致富问题,更是振兴乡村经济,缩小城乡差距,实现共同富裕的必由之路。习近平总书记在中央扶贫开发工作会议上强调,"消除贫困、改善民生、实现共同富裕,是社会主义的本质要求"。消除贫困不仅是社会主义的本质要求,而且也是全面建成小康社会的目标要求,"全面建成小康社会,最艰巨、最繁重的任务在农村,特别是在贫困地区……没有农村的小康,特别是没有贫困地区的小康,就没有全面建成小康社会"①。

(一)新时代"共同富裕"面临的新挑战

习近平指出,新时代"是全国各族人民团结奋斗、不断创造美好生活、逐步实现全体人民共同富裕的时代"②,实现共同富裕必须坚持物质扶贫和精神扶贫两手抓的策略,双重帮扶才是彻底实现脱贫致富的科学之路。习近平指出:"我们不能做超越阶段的事情,但也不是说在逐步实现共同富裕方面就无所作为,而是要根据现有条件把能做的事情尽量做起来,积小胜为大胜,不断朝着全体人民共同富裕的目标前进。"③

首先,新时代"共同富裕"目标的实现,要直面我国主要矛盾的转变,着力解决发展的不平衡不充分问题。不平衡不充分的发展现状不能满足人们日益

---

① 习近平:《做焦裕禄式的县委书记》,中央文献出版社 2015 年版,第 16 页。
② 习近平:《决胜全面建成小康社会,夺取新时代中国特色社会主义伟大胜利——在中国共产党第十九次全国代表大会上的报告》,人民出版社 2017 年版,第 12 页。
③ 习近平:《习近平谈治国理政》第 2 卷,外文出版社 2017 年版,第 214-215 页。

增长的美好生活需要,并且制约了我国乡村经济的发展与繁荣,也是阻碍实现共同富裕的源头。发展的不平衡不充分性主要体现为地区收入差距大、城乡收入差距大、脱贫任务艰巨三个方面。更深的贫困程度、更高的减贫成本、更大的脱贫难度构成了我国目前扶贫脱贫的现实困境,同时还要注意扶贫过程中虚假脱贫、脱贫返贫、脱贫掺水等系列问题。

其次,新时代"共同富裕"目标的实现,不仅要从物质上脱贫,更要解决精神贫困问题。习近平指出:"坚持大扶贫格局,注重扶贫同扶志、扶智相结合。"[1]从目前乡村贫困人群来看,其贫困的原因主要在于精神不振、能力不足,比如思想道德水平不高,受教育程度低,知识文化水平低,思想观念落后。在社会主义市场经济条件下,他们难以找到合适的生计,即使外出务工也只能从事简单的低收入工作。另外,这部分人群抗风险能力低下,当遭遇疾病、灾害、市场风险时,他们不足以应对,贫上加贫。因此,解决中国乡村脱贫致富问题,必须坚持精神帮扶和物质帮扶的共同作用,必须要发挥精神文化的价值,提高村民的思想道德水平和脱贫致富能力,这才算是实现共同富裕。

(二) 精准扶贫实现"一个都不能少"

共同富裕是精准扶贫的理论指引与最终目标。"解放生产力,发展生产力,消灭剥削,消除两极分化,最终达到共同富裕",这是邓小平在南方谈话中对社会主义本质的全面阐述,强调了贫困不是社会主义发展的常态,相反,社会主义的发展是要摆脱贫困,实现共同富裕。

同时,精准扶贫又是实现共同富裕的重要举措。习近平总书记曾说,"让几千万农村贫困人口生活好起来,是我心中的牵挂",共同富裕"一个都不能少"。而共同富裕目标是需要实践来实现的。当前,我们从实际出发,不断在实践中摸索,一块骨头一块骨头地啃,以前所未有的扶贫力度推动乡村经济的振兴,提高农民的收入和生活水平。同时,在乡村振兴实践中,注重物质和精神两手抓,从两方面消除贫困,教育性扶贫、网络型扶贫、旅游性扶贫、生态型扶贫、消费性扶贫、金融性扶贫等各类扶贫方式孕育而生。这不仅在物质上给

---

[1] 习近平:《决胜全面建成小康社会,夺取新时代中国特色社会主义伟大胜利——在中国共产党第十九次全国代表大会上的报告》,人民出版社2017年版,第48页。

予乡村极丰富的资源,而且在提高农民的生计能力上,提升农民精神脱贫上更是画上了浓墨。精准扶贫战略和扶志扶智的大扶贫格局,从实现共同富裕的现实困境出发,在如火如荼的实践中形成,成了共同富裕目标实现的重要举措,极大地推动了我国"一个都不能少"的共同富裕的进程。

三、"造血式扶贫"与"可持续发展"

"扶贫"是否真正有效果,取决于脱贫之后是否还会返贫。而脱贫之后是否还会返贫,取决于贫困乡村和贫困人口是否真正找到了一条可持续发展的脱贫道路。没有可持续的发展致富道路,农民迟早还会陷入贫困。

（一）可持续发展的内涵与目标

2015年9月,世界各国领导人在一次具有历史意义的联合国峰会上通过了2030年可持续发展议程,该议程涵盖17个可持续发展目标,包括：无贫穷,零饥饿,良好健康与福祉,优质教育,性别平等,清洁饮水和卫生设施,经济适用的清洁能源,体面工作和经济增长,产业、创新和基础设施,减少不平等,可持续城市和社区,负责任消费和生产,气候行动,水下生物,陆地生物,和平、正义与强大机构,促进目标实现的伙伴关系。议程于2016年1月1日正式生效。

（二）"救济式扶贫"的困境与反伦理后果

可持续发展是在不对后代人满足其需要的能力构成危害的前提下能满足当代人需要的发展,当前的扶贫工作也需要遵从可持续性原则,既能够消除当前的贫困,又不会对后续的乡村发展构成危害,形成脱贫的良性循环,从根本上改变乡村贫困的局面,让村民一代脱贫,代代富裕。在可持续发展的前提下,审视我国的扶贫工作,特别是"救济式扶贫"所带来的反伦理后果,仍然有些问题和困境需要努力解决。

一是"救济式扶贫"本身所蕴含的"可持续发展"理念不够深入。精准扶贫就是要提高资源的利用效率,把有限的资源投入到最需要的地方。但当前有些地区的扶贫工作对资源有限性的认识不到位,后续性工作的考虑不成熟。

因此,从可持续发展的观点来看,对于已经脱贫的村户,要及时地退出扶贫,以保障资源的合理利用和扶贫的可持续发展。

二是"救济式扶贫""开源"不足,严重影响扶贫的可持续性。"开源"和"节流"是扶贫的两种方式,扶贫不但要利用好资源,做到"节流",可持续性的扶贫更要重视"开源"建设。我国依然有相当多的农民思想意识落后且被动,只想靠国家相关政策的资助脱贫,只要没钱了,就去和政府"哭穷",这种"救济式扶贫"只是单纯对贫困户进行资金、物资的直接输入,授人以鱼,也只能解决一顿之饥,不能提升贫困人口的观念、素质和脱贫致富的能力。"救济式扶贫"造成的物质上的脱贫反而更进一步加剧了能力上的贫困,归根到底是反伦理的。因此,要精准分析贫困的原因,加强对贫困农民的教育力度,更新理念,培育自我发展的能力,激发自强不息精神,发挥自身能动性想方设法脱贫致富。当地政府也要不断开发地区优势和资源,结合当地实际发展特色产业和优势产业,吸引投资,发展当地经济。同时加大对贫困户的子女教育力度,以防贫困的代际传递。唯有如此,才能可持续性脱贫。

三是"救济式扶贫"过度依赖政府,社会力量参与不够。我国的乡村扶贫主要还是依靠政府主导。其实,社会扶贫力量可以更有效地整合社会资源和组织能力,如果国有企业、外资企业、民营企业和各种社会组织团体与乡村组织,如专业合作社等结合,能够拓展资源,盘活乡村经济,还能为乡村贫困人口的助学就业提供更多机会。因此,在扶贫工作中注重可持续性发展,就应该整合政府、教育单位、企业的资源和力量,同时鼓励和支持更多社会组织和社会力量参与到扶贫中来,获得双赢和多赢的结果,由此,也才能实现长期持续脱贫,真正脱贫。

(三)"造血式扶贫"的可持续性展望

2020 年后,我国脱贫攻坚战实现了全面胜利,"扶贫"成效如何保持和可持续发展成为重要议题。现行标准下农村贫困人口脱贫,贫困县全部摘帽并不意味着扶贫工作的结束,绝对贫困人口消除后,相对贫困问题仍然是我们面临的严峻考验。一方面,要继续保持扶贫的宝贵成果,提升扶贫的质量,确保脱贫人口不返贫。另一方面,要继续坚持"精准"定位,制定精准策略,重点扶持相对贫困人口,实现乡村振兴。如何实现,关键还是要发挥"造血式扶贫"的伦理价值。俗话说:"输血"不如"造血","富口袋"不如"富脑袋","救济式扶贫"仅仅解决贫困户一时的温饱问题,没有提升他们的身体素质、思想观念、教育水平、脱贫致富的本领和能力。"造血式扶贫"则是激发脱贫攻坚"原动力",让充满活力的"致富之血"流淌在贫困户的身体里。

最关键的是贫困户"脱贫摘帽"后的可持续发展问题。对于"脱贫摘帽"后的持续性发展,政府要推进"造血式扶贫",进一步明确贫困户脱贫后继续扶持的有关政策,做到脱贫不脱钩。保持主要帮扶政策总体稳定,细化落实过渡期各项帮扶政策,开展政策效果评估。拓展东西部地区协作工作领域,深化区县、村企、学校、医院等结对帮扶。同时,还需要进一步健全完善农村社会保障体系,让广大农民共享国家改革发展的红利,提高农民的抗风险能力。最终的路径还是要大力发展乡村经济,只有乡村经济振兴了,贫困户的生计才能得到长期的保障,也才能形成教育、就业、能力提升、自主脱贫、致富的可持续性良性循环。其次是教育引导,树立脱贫志气,增强脱贫信心。政府要了解各地不同的贫困原因,从贫困户的能力与需求出发,做好产业扶持工作。如近些年来,出生在 1995 年以后,或出生在 21 世纪的新生代农民对互联网的认同营造出"互联网+扶贫"模式,通过网络直播等方式,增加农产品的销量,提升当地特产的知名度,甚至通过这类方法,产生了一批"网红"农民、土特产,不仅增加农民的收入,还让脱贫进入互联网时代,探索出了更多的致富途径。

四、"扶贫"与"共建共享"

马克思指出:"人的本质不是单个人所固有的抽象物,在其现实性上,它是一切社会关系的总和。"①因此,人必须在社会生活和社会现实中得到全面发展,当代人必须在参与社会建设的实践过程中,实现人的自由。党的十八届五中全会在《中共中央关于制定国民经济和社会发展第十三个五年规划的建议》中提出"创新、协调、绿色、开放、共享"五大发展理念,要求我们党始终以人民为中心,致力于使全体人民"共同享有人生出彩的机会,共同享有梦想成真的

---

① 《马克思恩格斯文集》第 1 卷,人民出版社 2009 年版,第 50 页。

机会,共同享有同祖国和时代一起成长与进步的机会"。① 习近平指出:"国家建设是全体人民共同的视野,国家发展过程也是全体人民共享成果的过程。"②

(一)"共建共享"的伦理学解读

习近平总书记指出:"共享是共建共享。这是就共享的实现途径而言的。共建才能共享,共建的过程也是共享的过程。""共建共享"概念有两层基本含义:"因为共建所以共享"和"只有共建才能共享"③。首先,因为共建所以共享。一个人为建设成果付出了自己的努力和贡献,建设成果中物化有原本属于这个人的因素,这个人凭此就获得了共享成果的资格。这种共建—共享的论证思路实际上是人类共享史的传统思路,始终是各种社会分配的基本原则。自由主义伦理学理论认为,每一个人都是先天自由的,他基于自由而做出选择,并承担由自由选择带来的一切责任。在以自由为基础的现代社会里,共建就是个人的自由选择,而共享则是自由选择和自由行为所带来的责任,"通过自由承担责任"就是通过共建获得共享的资格。其次,只有共建才能共享。"只有共建才能共享"指的是共建的成果可以被共享。共建的成果因为物化了多人的劳动,因而必然要被共建者共享。另一层含义指的是,只有参与共建的人才有资格共享。

因此,共建回答的是"谁来建设"的问题,共享回答的是"谁来享有"的问题,而这两个问题的答案都是人民。在我国全面实现小康社会的发展过程中,坚持共建共享,全民共建,全面共享,人人参与共建,才能全民共享,人人享受改革发展成果。④

(二)"共建共享"理念对精准扶贫的重要意义

第一,"共建共享"有利于扩大扶贫资源的利用与配置。有专家指出:"在精准扶贫领域,任何一个扶贫主体,都不具备解决所有问题的充足知识和资

---

① 习近平:《习近平谈治国理政》,外文出版社2014年版,第198页。
② 习近平:《在庆祝"五一"国际劳动节暨表彰全国劳动模范和先进工作者大会上的讲话》,人民出版社2015年版,第7页。
③ 李志祥:《共建共享与共生共享:共享发展的双重逻辑》,《南京社会科学》2019年第2期。
④ 参见李志祥:《共建共享与共生共享:共享发展的双重逻辑》,《南京社会科学》2019年第2期。

源，只有彼此依靠，形成紧密互动的合作关系，才能实现精准扶贫绩效的最大化。"[1]"共建共享"倡导的不单是政府一厢情愿的、带有强制性和垄断性的扶贫行动，更不是单纯的以经济增长量为指标的扶贫成果，而是在政府的主导下，汇集各种社会资源、资金、技术、服务等，充分借助国际、国内以及非政府组织、社会公益组织等力量的大力支持，形成多元主体参与共建的扶贫活动。这样的扶贫才能有深度和广度，也才能使得社会资源得到最大限度的配置与利用。

第二，"共享共建"有利于调动贫困人口的积极性，提升贫困人口的素质和能力。"共建"需要的是建设的主动性和积极性，更需要参与者有足够的知识和技能参与建设。而"共享"发展指导下的精准扶贫，包含对贫困人口的基本生活保障和基于人的可行能力基础之上的公平共享。因此，在"共建共享"理念指导下，我们应着力于对贫困人口的能力提升培养，建立就业保障机制，拓展贫困人口主动脱贫的渠道，同时，在税收减免、信贷扶持等方面予以激励，让贫困人口更好地融入社会，通过自己的知识技能参与新农村建设，同时也共享建设成果。

第三，"共建共享"有利于公共服务均等化的实现。学者张雅勤指出："共享发展的理念，注重的是解决社会公平正义问题，强调的是对社会资源公平、公正的分配。"[2]实现公共服务均等化，贫困人口和贫困地区才能公正地参与社会资源的分配，平等地分享扶贫的成果。因此，必须强化教育、医疗卫生、社会保障等基本公共服务体系的均等化服务，"从整体上建立起集救助、开发、预防、赋能、发展为一体的总和扶贫保障体系"[3]。在国家重点公共服务项目上，政府应该优先考虑贫困地区，同时推进贫困地区与非贫困地区、城市与乡村协同发展，形成发达地区反哺欠发达地区、城市反哺乡村的格局。同时，要阻断贫困代际传递机制，提升贫困人口的共建参与性，保证贫困人口共享发展成果。

全面建成小康社会的最终目的就是要实现共享发展，共同富裕。在扶贫的道路上，只有深刻理解了"共建共享"的实质和意义，才能探索扶贫的真正有

---

[1] 孙迎联、吕永刚：《精准扶贫：共享发展理念下的研究与展望》，《现代经济探讨》2017年第1期。
[2] 张雅勤：《实现共享发展的有效制度安排》，《光明日报》2016年4月13日。
[3] 苏明、刘军民、贾晓俊：《中国基本公共服务均等化与减贫的理论和政策研究》，《财政研究》2011年第8期。

效途径。只有在"共建共享"理念的指导下,将精准扶贫工作落到实处,才能实现扶贫的全面胜利。只有以人民为中心,提升贫困主体参与乡村建设的积极性和能动性,才能扫除消极因素,达到资源的最优配置。只有将"共建共享"发展理念贯彻到扶贫的各个环节,才能均衡好各方面利益,完善各项制度,也才能实现中华民族伟大复兴的中国梦。

第四节 中国乡村集体经济伦理

中国乡村经济伦理思想始终从"人人平等"的农民集体福利观出发,并在经济发展中注意农民经济理性的苏醒,形成"注重公平、兼顾效率"的基本价值取向和伦理原则。乡村集体经济作为中国社会主义市场经济的重要组成部分,其蓬勃发展有利于消除贫富差异、实现共同富裕。以中国乡村集体经济伦理为视角,研究公平与效率的关系,有利于壮大乡村集体经济,推进乡村振兴,为共同富裕提供实践指导。

一、中国乡村集体经济伦理的萌芽期:公平优先

从新中国成立开始,乡村集体经济的发展一直是我国经济工作的重点之一。1950年,我国颁布了《中华人民共和国土地改革法》,致力于实现农民"耕者有其田",致力于解放和发展农村生产力。与此同时,中国乡村集体经济伦理思想出现萌芽,乡村集体经济发展初期阶段主要以家庭经营模式为主,其劳作规模小、生产力水平低。因此乡村集体经济伦理表现为"公平优先"。

由于生产工具的落后,乡村集体经济发展更大程度上取决于家庭劳动力的充足和健全,而20世纪初的几次大型战争必然导致了农民因劳动力减少陷入贫困。中国共产党认识到必须要通过国家政策引导乡村集体大联合,提高生产产量和增加种类,以克服农民的困难,满足多种需求,并在乡村的文化、卫生等方面开展活动,让乡村安全稳定与经济增长齐头并进。中共中央于

1953年正式下发《关于农业生产互助合作的决议》,农业生产合作社、农村信用合作社、农村供销合作社,作为合作社时期的"三驾马车",促进了农业生产力的极大发展。在"三驾马车"的带动下,全国农民消费水平1952年为100元,1956年则为115元,增长15%,年均增长3.75%;[1]全国农村社员储蓄存款年底余额从1953年的0.1亿增加到1956年的4.3亿。[2] 同时在全国范围内植树造林、兴修水利,开办科学种田和机械化排灌等培训班,极大改善了农民的生产和生活条件。中共中央在1958年发布《关于在全国农村建立人民公社的决议》,人民公社化运动很快在全国范围内被推向高潮。[3] 人民公社发展的20多年间,不仅解放了乡村生产力,积累了社会公共财富,更打破了自然村落的熟人社会,推进了乡村现代化转型。这都为社会主义生产关系奠定了基础。

在这一时期,我国乡村集体经济实行"公平优先"的分配制度。因为建国初期我国的经济基础过于薄弱,若不采取公平优先的分配原则和分配制度,将会有大量的人民群众无法满足基本生存,低生产力也就是低效率,同时意味着农民集体返贫,人民生活无法改善,社会公平也就无从谈起。公平优先的分配制度在建国十年内很大程度上保证了农民的基本生存,并且对国家"一五"计划作出了贡献,对恢复国家经济和维持乡村稳定产生了积极作用。但从长远发展来看,"公平优先、弱化效率"的"平均主义"分配制度,对于我国的经济发展和生产力水平提升也产生了一些不利影响。

二、中国乡村集体经济伦理的成长期:效率优先

正如邓小平所说:"社会主义的优越性归根到底要体现在它的生产力比资本主义发展得更快一些,更高一些,并且在发展生产力的基础上不断改善人民的物质文化生活。"[4]乡村的发展进程与中国的工业化进程相伴相随,为了进一步发展我国乡村集体经济,农民不仅需要做好其本职工作以保证农收,同时需要积极参加修整土地、建造梯田、修建水库等建设活动,来改善生产条件。部

---

[1] 国家统计局编:《中国统计年鉴(1984)》,中国统计出版社1984年版,第454页。
[2] 国家统计局编:《中国统计年鉴(1984)》,中国统计出版社1984年版,第482页。
[3] 赵海焕:《中国农村集体经济70年的成就与经验》,《毛泽东邓小平理论研究》2019年第7期。
[4] 《邓小平文选》第3卷,人民出版社1993年版,第63页。

分乡村在上级要求取消人民公社模式分田单干时,全体农民选择拒绝。因为在共同劳动的过程中,农民不仅自主学习、相互交流,极大地丰富了其精神和情感,而且经济收益高。随着人口的不断增加、我国工业化的不断完善,乡村剩余劳动力也在集体经济发展中进行生产活动,获得报酬,满足自我发展的需要。

改革开放以来,我国逐步确立了社会主义市场经济制度。乡村集体经济推行农村联产承包责任制,大部分的乡村从集体共同经营的方式再次转变为家庭个体经营的方式,但还存在少量乡村保持人民公社模式。由于我国幅员辽阔、地貌多样,乡村集体因地制宜,寻找适合的特色产业发展经济,并注重提高农民的精神文化素质,有的乡村集体在20世纪90年代便实现了共同富裕。随着市场经济的不断深化,乡村集体经济组织管理呈现多样化。有学者把这些集体村庄内部的管理分为三种类型。[①] 第一,专业承包型,乡村集体产业以总公司和子公司组织架构形式运行,子公司和总公司的利润在全村分配。第二,股份合作型,集体和个人所有的生产资料、资金、资源、技术等量化为股份,实现所有权与经营权的分离,利润由乡村集体统一按照股份比例进行分红,多数乡村集体选择该类型,例如华西村等。第三,村企一体化型,按劳动分配、所有权与经营权不分离。党、政、企的组织与管理是"三位一体"。无论乡村集体的产业管理类型不同,还是村民管理办法不同,集体都以各种办法发展经济,缩小贫富差距,并不断提高农民的福利待遇。

"中国农村市场经济发展所带来的农民理性意识的成长是极为显见的。"[②]家庭联产承包责任制的实行,从根本上改变了农村生产方式和分配方式,也改变了农民对传统农业生产和生活方式的保守态度,例如不愿融入陌生社会、畏惧改变等思想。受市场经济发展理念的影响,农民对先富带动后富、双手创造未来、求富创新等意识接受度颇高,在乡村集体产业以及城市建设中均出现了农民的身影。数以亿计的农民拥有了新的身份——职业工人,并在现代伦理理念的影响下认识到自身需要具有一定的现代化职业素养,包括"时

[①] 王景新等:《集体经济村庄》,《开放时代》2015年第1期。
[②] 王露璐:《从"理性小农"到"新农民"——农民行为选择的伦理冲突与"理性新农民"的生成》,《哲学动态》2015年第8期。

间意识、效率意识、契约意识、信用意识"等。与此同时,我国乡村集体经济实行"效率优先"的分配制度,"效率优先"认为适当的收入差距有利于收入分配激励功能的发挥,同时能防止收入差距过大引发社会不公问题。效率优先制度丰富了农民收入来源,更好地促进了乡村现代化发展,但也忽视了就业状况不稳定下的农民土地基础收入保障问题。

三、中国乡村经济伦理的新时代:重视公平 兼顾效率

2006年,我国全面取消农业税,切实减轻农民负担。2007年,我国开始在农村全面建立最低生活保障制度,将符合条件的农村贫困人口全部纳入保障范围,对部分极度贫困人口实行兜底保障。2014年,中共中央办公厅、国务院办公厅印发了《关于引导农村土地经营权有序流转发展农业适度规模经营的意见》,继续推进土地确权流转工作。在市场经济的强力带动下,土地规模化、现代化经营已经成为乡村集体经济发展的共识,各种类型的集体经济组织层出不穷,包括新型专业合作社、集体资产管理公司、新型农民协会、多样化联合社等。新型合作社主要指以单一经营为主,自愿合作,目的在于形成产业规模化,以更好地参与市场竞争。集体资产管理公司或集体合作社主要是通过经济活动增加行政村的集体收入,一定程度上促进了农民开展生产销售活动,但村民之间缺乏紧密关系。新型农民协会功能多样,不仅促进乡村经济发展,还在医疗、教育、养老等方面进行宣传商讨,以更好地解决农民的需求问题。多样化联合社即专业合作社的联社,合作联社可以达成合作社之间的农业共营,其农业共营绩效具体地体现为联合收益的增加,通过横向一体化实现规模经济、范围经济,最大限度地降低交易成本,提高议价能力,提升服务成员质量等;通过纵向一体化经营,延伸产业链,扩大业务范围,巩固和增强市场地位,提高市场竞争力等。西藏曲水县的农牧民专业合作社发展迅猛,经营范围从最初的种植、养殖业拓展到加工、旅游服务、手工艺制作、建筑采砂等多个领域,其生产活动也由单纯提供技术信息服务逐步延伸到储运、加工、销售等各个环节,合作社的数量和质量得到极大提升。[①] 这种全方面调动力量发展经

---

① 赵意焕:《中国农村集体经济70年的成就与经验》,《毛泽东邓小平理论研究》2019年第7期。

济,能让农民在市场经济的激烈竞争中取得一席之地,有利于解决新型农业经营主体与数以亿计小农生产之间的矛盾,有利于维护合作联社各成员的切身利益并进而推动新型农业管理体制的建立,实现共同富裕。

针对我国在改革开放中遇到的问题和总结的历史经验,2005年党的十六届五中全会提出了"更加重视公平"的要求,2006年10月党的十六届六中全会进一步提出,要"在经济发展的基础上,更加注重社会公平,着力提高低收入者收入水平,逐步扩大中等收入者比重"。[①] 农民始终在"三农"问题中处于主体地位,新型乡村集体经济高度重视农民主体性,一方面表现在农民作为行业发展主体,主动适应社会主义市场经济的要求,通过运用经验、智慧创新实践农业经营模式,追求经济利益,另一方面表现在农民作为行业的利益主体,其经济发展模式符合农民发展需要,保障农民切身利益,并在资本、技术等流入乡村集体经济时,保护农民主体地位,而非被资本裹挟低价剥夺。市场经济发展有多迅速,带给乡村社会的冲击就有多巨大,大量农民外流,涌入城市,大部分传统集体经济组织瓦解。但新型乡村集体经济内含着传统社会因素和集体文化因素,这也是新型乡村经济能够蓬勃发展,乡村分配进入"重视公平、兼顾效率"阶段的原因之一。新型乡村集体经济的发展建立在一定的物质基础之上,推进农村产业升级,吸引容纳更多的劳动力,因此不仅越来越多的农民愿意重回农村,更有新农民的加入,这便能重新联结农民,重构乡村社会基础,增强乡村集体向心力,乡村集体经济收入增长,继续推进乡村工作开展,从而形成正向反馈。自古以来,我国乡村社会便是一个"熟人社会",乡村社会便是共同体生活,注重亲缘、血缘、地缘,有着勤勉重农的生产伦理、信任互助的交往伦理、村规民约的礼治伦理,农民不必背井离乡打工以换取基本生活的保障,重回乡村便唾手可得,并且可以将更多精力投入乡村工作,以技术换取报酬,丰富自己的收入来源。乡村生产力的发展依赖于生产效率的提升,而生产效率的提升依赖于农民的主观能动作用。这样的传统文化在乡村集体经济发展中能够有效调动农民积极性与热情,维系村落间的情感联系,在新型集体经济组织运行时减少沟通和管理的成本,重新填补乡村的社会基础。此外,乡村集体经济

---

① 《中共中央关于构建社会主义和谐社会若干重大问题的决定》,人民出版社2006年版,第318页。

的火热可以吸引更多其他领域的专业人士来乡指导、创业等,提高农民幸福生活水平,早日实现共同富裕。

农民人数占中国人口的36.11%,中国政治稳定的根本便是乡村的稳定。因此,乡村集体经济发展是中国社会政治稳定的依靠。乡村集体经济的发展,进一步提高了农民的组织化程度;通过集体利益分配机制缩小农民之间的贫富差距,确保了农民主体性和参与程度,加快了社会主义和谐新农村的构建,推进了全面乡村振兴的战略部署。

第六章 中国乡村经济伦理的实践推进

农业农村农民问题是全面建设社会主义现代化国家要关注的重点问题,是关系国计民生的根本问题。全面建设社会主义现代化国家,关键还是看广大乡村地区相关任务的完成情况。乡村兴则国家兴,乡村衰则国家衰。乡村经济伦理建设与农业农村农民问题紧密相关。党的十九大提出了坚持农业农村优先发展的重大方针。我们要在产业兴旺、生态宜居、乡风文明、治理有效、生活富裕的总要求下,建立健全城乡融合发展体制机制,促使农业农村现代化加速前行。这也给中国乡村经济伦理的实践推进提出了新的要求。

第一节
中国乡村经济伦理建设的目标指向和思想理论

党的十九大提出了实施乡村振兴战略的重大任务。2018年2月,中共中央、国务院印发了《乡村振兴战略规划(2018—2022年)》,这一规划遵循了乡村振兴中产业兴旺、生态宜居、乡风文明、治理有效、生活富裕的总要求,对未来几年乡村振兴与乡村发展进行了全面部署。乡村的经济性、社会性特征决定了国家的繁荣富强离不开乡村的兴旺发达。贯彻新发展理念,建设现代化经济体系,在乡村的任务更加艰巨。在我国实现社会主义现代化的进程中,美丽乡村建设将不断推进,乡村的生产、生活、生态和文化等功能将不断展现。实施乡村振兴战略,实现产业兴旺、生态宜居、乡风文明、治理有效、生活富裕的乡村振兴总要求,必然要求加强和推进乡村经济伦理建设。

一、中国乡村经济伦理建设的目标指向

目标可以指明方向,目标可以凝聚力量。中国乡村经济伦理建设的目标

指向何处,这是乡村经济伦理建设理论与实践的一个首要问题。明确中国乡村经济伦理建设的目标,可以广泛动员乡村经济活动主体,激励大家团结一心,为乡村发展共同努力。生活富裕是乡村振兴战略的根本任务。农民生活富裕是农业农村发展的重要表现。农业强大、农村美丽、农民富裕是全面建设社会主义现代化国家的基本要求。中国乡村经济伦理的实践推进将有助于农业现代化体系构建、美丽中国建设、中华优秀传统文化传承、现代乡村社会治理等工作。中国乡村经济伦理建设的目标指向应该定位为经济发展、生态良好、文化繁荣、秩序和谐。

(一) 经济发展

乡村经济发展是乡村建设的中心任务。乡村经济发展水平将决定乡村振兴战略的实施效果和任务完成情况。乡村经济发展状况会影响乡村基层自治的水平、乡村文化的活力和乡村治理的效果。没有乡村经济的高质量发展,也就难有高水平的乡村基层民主;没有较高的乡村文明程度,我们也难以构建现代乡村治理体系。乡村经济发展了,农民的生活才能更富裕,农村的繁荣、农业的发展才有基础和保障。农业作为国民经济的基础,在社会主义初级阶段,其地位不会动摇。当前我国经济社会发展中客观存在的问题是城乡发展不平衡以及乡村发展不充分,这也是我们需要努力解决的问题。乡村振兴,关键是乡村产业要振兴。乡村振兴战略中的产业兴旺要求我们构建现代农业产业体系、生产体系和经营体系。实现乡村第一二三产业的融合发展是乡村振兴战略中产业兴旺的必然要求,更是提升农业发展竞争力和创新力的助推器。

经济伦理学是研究经济政策、经济活动、经济行为中的伦理关系及道德规范的学科。生活中只要存在经济活动,就会存在经济伦理道德问题。经济伦理要解决经济活动主体在经济行为与道德之间的关系。乡村经济伦理是应用伦理学研究需要关注的一个重要部分。乡村经济活动中"义"与"利"的关系需要处理好。乡村经济伦理建设旨在通过对乡村经济政策的德性分析、乡村经济行为的伦理反思、乡村经济活动的道德规范,使人们的经济道德认知水平在乡村建设中得以提升。加强经济道德实践活动,保证乡村经济政策合乎道德要求、乡村经济行为具备德性特征、乡村经济活动遵循道德规范,从而保证乡村经济健康发展。实现乡村经济健康持续发展是乡村经济伦理建设的本质任务。所以,乡村经济伦理建设的首要目标应该是乡村经济的发展。

新时代乡村经济发展的目标不只是乡村经济体量的增长,还有乡村经济发展质量和社会生活质量的提升。近年来,乡村发展取得了一定成绩,乡村面貌和生活环境有了很大改善,乡村居民生活水平也显著提升。未来乡村经济发展的衡量与评价标准将更多表现在乡村经济发展的质量上。乡村经济发展应坚持以人民为中心,实现高质量发展。当前,乡村经济发展的最佳状态应该是通过优化乡村产业结构、改善乡村经济质量来提升乡村经济体量。乡村经济伦理建设要为乡村经济质量的提升做出贡献。我们在乡村经济伦理建设中确定经济发展的目标指向之时,也要求乡村经济伦理建设要在乡村经济发展从追求数量向提升质量的转变中发挥积极作用。

(二) 生态良好

生态与文明关系密切,生态发展可以助推文明兴盛,而生态的枯竭崩溃可能会间接导致文明衰微。新时代,人们更加渴求美好的生态环境,更加需要高品质的生活资源,如清洁的水源、安全的食品、清新的空气等。加强生态环境保护和提升生态环境质量是人民群众的强烈期盼。较长时间以来,经济发展与生态环境之间的关系都显得比较复杂,二者很难同步提升。理想状态下的二者关系应该是相辅相成、相互促进的,但现实中却常常会出现一味追求经济发展而忽视生态环境保护的情况,甚至在发展经济中破坏了生态环境后再采取保护环境补救措施的情况。在生态环境较好而经济欠发达的地区,人们对经济发展的愿望是更为强烈的,甚至认为为了实现发展而牺牲一点生态环境利益是可以接受的。

总体上看,绝大部分乡村地区未遭受大规模工业发展直接带来的生态环境损害。良好的生态环境本该是乡村社会发展的一个重要优势,但这一优势未能得到人们珍惜,也未能引起人们该有的重视。在城镇化发展进程中,一些乡村在经济发展中无暇顾及环境保护问题,忽视了生态环境与经济发展的辩证关系,盲目追求 GDP 的增长,从而造成了一定程度的环境污染。还有一些乡村为了实现经济增长而承接城市产业转移,接受了因城市环境保护需要而遭遇淘汰的产业转移，从而导致乡村生态环境面临着巨大的破坏风险。

乡村建设要处理好经济发展和环境保护二者之间的关系。事实上，资源的保障能够为经济发展提供条件，但同时我们也要充分考虑到生态资源的承载力。生态环境保护不能脱离经济发展的现实基础，生态环境保护需要一定的技术和资金支撑。乡村经济发展和乡村环境保护不应该被简单地对立起来，而应该协同推进，实现共赢。实现乡村生态环境与经济发展协调推进、生态水平与经济发展水平共同提高，需要加强乡村经济伦理建设。良好的生态环境是乡村居民最大的民生福祉，在乡村建设中应该保护好生态环境，坚持生态惠民、生态利民、生态为民。

乡村经济伦理建设要实现生态良好的目标，要求人们要实现发展观上的根本性变革。坚持以人民为中心、坚持绿色发展理念是乡村经济伦理建设的题中应有之意。绿色发展是解决人与自然关系的正确理念。在新时代，绿色发展理念与创新、协调、开放、共享等发展理念相辅相成、相互促进。乡村生态良好目标的实现要求乡村坚守绿色发展的底线，也要求我们在乡村经济伦理建设中协调好乡村经济发展与环境保护的关系，在乡村经济发展中实现人与自然的和谐共生。

（三）文化繁荣

一个国家和一个民族发展的灵魂和精神特征在于文化，正因如此，文化兴起则国运兴盛，文化强盛则民族强大。中华民族的伟大复兴，必然要求文化发展实现繁荣兴盛。文化是一种精神力量，但在人们认识世界和改造世界的过程中也可以转化为物质力量。文化体现在人们的生产、生活方式之中，体现在制度、政策的规范调节之中，体现在约定俗成的风俗习惯之中。文化自信是更基础、更广泛、更深厚的自信。中华优秀传统文化是中华民族发展的"根"之所在，中华优秀传统文化为中华民族发展提供了强大的精神支撑。实现中华民族的伟大复兴，要求我们结合新的时代条件传承和弘扬中华优秀传统文化，实现中华优秀传统文化与现代社会发展的相融相通。

乡村农耕文化是农民在长期的农业生产生活中形成的独特文化，是乡村几千年文化发展的历史积淀。农耕文明推动了中华文明的发展，也丰富了中华文明的内容,在一定程度上影响了中国传统文化特征的产生。农耕文明本身包含了丰富的道德规范和道德观念。在聚族而居、精耕细作的中国传统农业生产生活中形成的农政思想和乡村治理的文化传统,在今天仍有重要意义。乡风文明是乡村振兴战略的一个基本要求,是乡村振兴的保障。新时代乡风文明建设应该充分挖掘、继承发展优秀农耕文化,并进行创造性转化和创新性发展,这对于传承和弘扬优秀传统文化、推动乡村文化大发展大繁荣具有重要的积极意义。

农民经济道德观念的增强,有助于乡村社会文明程度的提升。乡村的文化发展与文化引领对于增强乡村的内生动力具有重要意义。乡村经济伦理建设应该以推动乡村文化繁荣进步为目标。在乡村文化振兴中,保护、传承和发展传统农业经济伦理思想,延续乡村传统经济伦理文化,既可以发挥凝聚人心、教化群众的作用,又可以引领乡村社会文明发展。乡风文明要求崇德尚礼、邻里守望、坚守诚信、勤俭节约,这便要求我们在乡村经济发展中促进文化教育,推动践行社会主义核心价值观,培育良好家风和淳朴民风,提升乡村居民文化素质,提高乡村社会文明程度。

乡村文化繁荣是指乡村文化事业和文化产业的蓬勃发展。乡村经济伦理建设应该推动传统经济伦理思想与现代农业发展相融相通,在保护好乡村文化记忆中留住乡愁。在乡村思想道德建设中,我们应积极开展经济道德教育工作,推动乡村居民养成崇德向善、诚信为本、勤劳致富的道德品格,提升乡村居民的社会责任意识和规则意识;应积极保护和传承优秀乡村文化遗产,在乡村建设中融入民族民间文化元素,做好乡村文化的传承创新工作;应加强乡村公共文化建设,为满足乡村居民日益增长的精神文化需求不断增加乡村文化产品和文化服务的供给;应积极培育新乡贤文化,发挥新乡贤的道德引领和示范作用;应大力培育乡村文化工作队伍,积极组织开展乡村文化活动。

(四)秩序和谐

国家治理体系和治理能力的现代化建设要求健全乡村治理体系、有效开展乡村治理工作。乡村治理是构建现代社会治理格局的重要环节,是实现国家治理能力现代化的基础。乡村治理是保障和改善民生的基础,是促进乡和谐稳定的前提。乡村如果不能实现治理有效,乡村振兴的任务则难以完成,国家治理能力现代化目标的实现就更加艰难。在新时代,社会主要矛盾已经转变为人民日益增长的美好生活需要和不平衡不充分的发展之间的矛盾。这一社会主要矛盾在乡村地区有着更为突出的表现,乡村居民对美好生活的需求不断增长,而乡村发展的不平衡不充分极为明显。实现乡村现代化是建设社会主义现代化强国的必然要求。社会主要矛盾的解决及社会主义现代化强国目标的实现,在乡村都是十分艰巨的任务。现实中,一些地区的乡村发展成为社会建设的一块短板。这些都给乡村治理提出了更高的要求。乡村发展需要乡村社会实现有效治理,需要乡村拥有一个经济社会发展的安定有序的环境。乡村的有效治理、和谐稳定也是农民安居乐业的基本要求。

在新时代,随着新型工业化、信息化、城镇化建设的不断发展,农业现代化随之快速推进,乡村社会的发展也面临着深度转型。乡村社会生产方式发生了变化,乡村农业生产已由一家一户的小规模生产,发展成由农业大户生产、农业企业生产与一家一户的生产并存。农业生产的主体也发生了巨大变化,新型农业经营主体出现,新型职业农民、专业大户、家庭农场、农民合作社、农业企业等生产主体在农业生产中发挥着越来越大的作用。乡村资源配置中,市场的决定作用越来越明显,乡村生产的市场性特征越来越凸显。乡村经济活动中,农业发展质量不高、市场主体失信、城乡居民收入差距、一些居民过度消费等问题等都可能会产生现实的矛盾冲突,从而影响乡村社会秩序的稳定,也都成为乡村治理必须要面对的现实问题。只有这些问题得到有效解决,才能实现乡村的有效治理。所以,乡村经济伦理建设还应实现乡村社会秩序和谐的目标。

乡村社会的秩序和谐是指乡村经济社会发展的有序状态。乡村经济伦理建设在乡村经济秩序调节中应发挥积极作用。在乡村治理体系构建中,推动自治、法治、德治三者的有机结合,以德治涵养自治和法治,是实现乡村有效治理的重要路径。乡村治理应坚持自治为基、法治为本、德治为先的基本原则。德治是指在乡村治理中以伦理原则、道德规范为根本准则,依靠社会舆论、道德教化及个人修养去解决矛盾和冲突的一种治理方式。在乡村社会由"熟人社会"向"半熟人半陌生人社会"转型过程中,提升乡村德治水平、开展经济道德的教育显得极其重要。乡村居民的向上向善、重义守信、勤俭持家等经济道德品质的养成都需要加强乡村经济伦理建设。

乡村社会的秩序和谐需要乡村社会的生产、交换、分配、消费等经济活动有序运行,这就要求我们在乡村经济伦理建设中,在乡村生产、交换、分配、消费等领域培养人们合乎现代伦理道德规范要求的价值观念。具体而言,我们在乡村生产中要培育乡村居民的责任意识,强化其生态安全意识;在交换活动中要培养乡村居民的市场规则意识,增强其诚信意识;在分配活动中要教育乡村居民尊重社会发展的本质要求,坚持共同富裕的价值导向;在消费活动中要教育乡村居民树立崇尚节俭、坚持适度消费的经济伦理观念等。这些价值观念都可以为乡村社会的秩序和谐奠定基础。

二、中国乡村经济伦理建设的思想理论

新发展理念、"两山理论"是习近平新时代中国特色社会主义经济建设、生态文明建设的重要理论,是乡村经济建设必须要贯彻的理论。日常生活世界理论体现了道德哲学的日常生活转向,对新时期道德建设具有重要启示意义。新发展理念、"两山理论"、日常生活世界理论对中国乡村经济伦理建设都有重要的理论资源意义。

(一) 新发展理念

新发展理念是新时代经济高质量发展的指挥棒。思想是行动的先导,经济发展的思路和方向就体现在新发展理念上。习近平总书记指出:"发展必须是科学发展,必须坚定不移贯彻创新、协调、绿色、开放、共享的发展理念。"[①]我国改革发展实践为新发展理念的产生提供了坚实的基础。进入新发展阶段,我国乡村的长远发展更需要贯彻落实新发展理念。

创新是引领发展的第一动力,创新发展理念主要解决发展动力这一问题。创新决定了经济社会发展的全局,有了创新,就有了未来发展的可能。一个国

---

① 中共中央宣传部:《习近平新时代中国特色社会主义思想学习纲要》,学习出版社、人民出版社2019年版,第109页。

家一个地区要想拥有引领发展的主动权,就得在创新上下功夫。"坚持创新发展,是我们分析近代以来世界发展历程特别是总结我国改革开放成功实践得出的结论,是我们应对发展环境变化、增强发展动力、把握发展主动权,更好引领新常态的根本之策。"①

协调是持续健康发展的内在要求,协调发展理念主要解决发展不平衡这一问题。协调发展是发展手段和发展目标的统一体。协调发展理念充分体现了唯物辩证法的要求,体现了两点论与重点论的统一。"在经济发展取得历史性成就的今天,我们要更加强调协调好不同发展要素之间的关系,提升发展的整体效能,通过协调发展,使一系列长期积累的失衡矛盾逐渐获得转变和化解。通过协调质量和效益间的关系来解决好发展不平衡不充分的难题,在'发展好的'与'好的发展'二者间做到统筹兼顾,不断满足人民日益增长的美好生活需要,推进人与社会的全面发展。"②

绿色是我们实现永续发展的必要条件,绿色发展理念主要解决人与自然和谐共生这一问题。人类如果藐视自然、破坏自然、违背自然规律,就必将受到自然的惩罚与报复。进入新时代,我们决不能固守破坏生态环境的发展模式,决不可为了一时一地的经济增长去牺牲环境、破坏环境。"在生态环境保护上,一定要树立大局观、长远观、整体观,不能因小失大、顾此失彼、寅吃卯粮、急功近利。我们要坚持节约资源和保护环境的基本国策,像保护眼睛一样保护生态环境,像对待生命一样对待生态环境,推动形成绿色发展方式和生活方式,协同推进人民富裕、国家强盛、中国美丽。"③

开放是实现国家繁荣发展的必由之路,开放理念主要解决发展内外联动这一问题。顺应潮流才能把握历史前进的主动权,积极融入而不回避经济全球化浪潮,是我们发展壮大的基本要求。"坚持开放发展,就是要通过坚持互利共赢的开放战略,充分发挥内因与外因的联动作用,协调好内部投资与外部投资、内部发展与对外开放之间的互动关系,加强内外融通,发展更高层次的开放型经济,以扩大开放带动创新、推动改革、促进发展,为人民提供充裕的可

---

① 习近平:《深入理解新发展理念》,《求是》2019 年 10 期。
② 张彦:《新发展理念的三重基础》,《红旗文稿》2019 年 12 期。
③ 习近平:《深入理解新发展理念》,《求是》2019 年 12 期。

选择方式、满足人民对美好生活的向往,为新时代发展实践营造出良好的内部与外部环境,持续推动国内外市场不断深入拓展。"①

共享是中国特色社会主义的本质要求,共享理念主要解决社会公平正义这一问题。共享发展理念的实质是坚持以人民为中心,体现我们对于共同富裕这一价值目标的追求。共享发展就是要实现全民共享、全面共享、共建共享、渐进共享,最终实现全体人民的共同富裕。"以人民为中心的发展思想,不是一个抽象的、玄奥的概念,不能只停留在口头上、止步于思想环节,而要体现在经济社会发展各个环节。要坚持人民主体地位,顺应人民群众对美好生活的向往,不断实现好、维护好、发展好最广大人民根本利益,做到发展为了人民、发展依靠人民、发展成果由人民共享。"②

"新发展理念丰富发展了中国特色社会主义政治经济学。我们党把马克思主义政治经济学基本原理同改革开放伟大实践结合起来,取得了一系列新的重要理论成果,形成了适应当代中国国情和时代特点的中国特色社会主义政治经济学。新发展理念传承党的发展理论,坚持以人民为中心的发展思想,进一步科学回答了实现什么样的发展、怎样实现发展的问题,深刻揭示了实现更高质量、更有效率、更加公平、更可持续发展的必由之路,深化了我们党对中国特色社会主义经济发展规律的认识,有力指导了我国新的发展实践,开拓了中国特色社会主义政治经济学新境界。"③

新发展理念对于中国乡村经济伦理建设有着重要的理论资源意义。唯有创新,乡村才能获取源源不断的发展动力。乡村经济发展需要推进制度上、技术上的创新。协调发展可以让乡村在发展中缩小自己与城市的差距,实现平衡发展。乡村经济发展需要增强发展的协调性。绿色发展理念将会让乡村在可持续发展中获得社会效益。开放发展可以加快乡村发展的步伐,融入经济全球化的前进潮流之中。共享发展让乡村居民共享发展成果,体会社会发展的公平正义。乡村经济伦理建设则要坚持创新、协调、绿色、开放、共享等发展理念,梳理清楚乡村发展的价值目标和导向、协调处理好发展中的生态效益和经济效益关系。

---

① 张彦:《新发展理念的三重基础》,《红旗文稿》2019 年 12 期。
② 习近平:《深入理解新发展理念》,《求是》2019 年 10 期。
③ 中共中央宣传部:《习近平新时代中国特色社会主义思想学习纲要》,学习出版社、人民出版社 2019 年版,第 110-111 页。

(二)"两山"理论

习近平总书记指出:"我们既要绿水青山,也要金山银山。宁要绿水青山,不要金山银山,而且绿水青山就是金山银山。"①"两山"理论把经济发展与生态环境保护二者间的关系问题分析得十分深刻,强调了自然资源在人类社会发展中的基础性作用,指出了生态环境与社会生产力的关系,揭示了保护环境就是在保护生产力、改善环境就是在发展生产力的道理,提出了既要实现经济发展又要保护生态环境的新路径。理想状态是既要绿水青山,也要金山银山,就是要求保护生态环境与发展经济两手抓。但当绿水青山和金山银山之间发生不可调和的矛盾时,我们则要选择绿水青山,也不能以牺牲环境为代价换取经济发展。生态效益与经济效益之间是统一的,二者相互依存、相互促进,在一定条件下可以相互转化。"生态环境保护和经济发展绝非矛盾对立的关系,而是辩证统一的关系。良好生态本身蕴含着无穷的经济价值,能够源源不断创造综合效益,从而实现经济社会可持续发展的良性循环。生态环境保护的成败归根到底取决于经济结构和经济发展方式。经济发展不应是对资源和生态环境的竭泽而渔,生态环境保护也不应是舍弃经济发展的缘木求鱼,而是要坚持发展与保护双管齐下、齐头并进,而是要坚持在发展中保护、在保护中发展。"②所以说,绿水青山是自然财富,也是生态财富,还是社会财富,更是经济财富。生态环境得到保护,自然价值也就得到保护并能实现增值,从而发挥其生态效益和经济社会效益。

人们对生态环境的态度体现了一种生活方式,也展现了其所坚持的发展观。"两山"理论为绿色发展理念提供了理论基础,把经济发展与生态保护有机结合起来,把当前利益与长远利益有机统一起来,注重了发展的可持续性。解决生态环境问题,还是要靠转变发展理念、变革经济生产方式,要在生态环境容量的承载限度内进行生产活动。"要加快划定并严守生态保护红线、环境质量底线、资源利用上线三条红线。对突破三条红线、仍然沿用粗放增长模

---

① 中共中央宣传部:《习近平新时代中国特色社会主义思想学习纲要》,学习出版社、人民出版社2019年版,第169-170页。
② 中共中央宣传部:《习近平新时代中国特色社会主义思想学习纲要》,学习出版社、人民出版社2019年版,第170页。

式、吃祖宗饭砸子孙碗的行为,绝对不能再干,绝对不允许再干。在生态保护红线方面,要建立严格的管控体系,实现一条红线管控重要生态空间,确保生态功能不降低、面积不减少、性质不改变。在环境质量底线方面,将生态环境质量只能更好、不能变坏作为底线,并在此基础上不断改善,对生态破坏严重、环境质量恶化的区域必须严肃问责。在资源利用上线方面,不仅要考虑人类和当代的需要,也要考虑大自然和后人的需要,把握好自然资源开发利用的度,不要突破自然资源承载能力。"①

"两山"理论还涉及民生问题,生态资源好坏也直接影响人们的幸福感状况。满足人民群众日益增长的美好生态环境需要,回应人民群众所想、所盼、所急的问题,都需要我们践行好"两山"理论。"良好生态环境是最公平的公共产品,是最普惠的民生福祉。对人们来说,金山银山固然重要,但绿水青山是人民幸福生活的重要内容,是金钱不能代替的。挣到了钱,但空气、饮用水都不合格,哪有什么幸福可言。环境就是民生,青山就是美丽,蓝天也是幸福。发展经济是为了民生,保护生态环境同样也是为了民生。要坚持生态惠民、生态利民、生态为民,以解决损害群众健康的突出环境问题为基点,坚决打好污染防治攻坚战,让良好生态环境成为人民幸福生活的增长点。"②当人们的认识从"用绿水青山去换金山银山"发展到"让绿水青山源源不断地带来金山银山"这一阶段时,也就能够在生活实践中做到尊重自然、顺应自然,并积极保护自然,从而实现人与自然和谐共生的良性循环。

"两山"理论给乡村经济发展指引了方向,明确了手段,也对乡村经济伦理建设产生直接影响。乡村经济伦理建设应该致力于让乡村居民在绿水青山中获取金山银山。

(三) 日常生活理论③

古希腊哲学家们曾从生活视角理解伦理道德,认为道德从生活中来,道德

---

① 习近平:《推动我国生态文明建设迈上新台阶》,《求是》2019年3期。
② 中共中央宣传部:《习近平新时代中国特色社会主义思想学习纲要》,学习出版社、人民出版社2019年版,第170-171页。
③ 部分内容参见李明建:《生活的"革命":道德建设的范式和路向转换——"新生活运动"的伦理研究》,上海三联书店2017年版。

也是为了更好的生活。近代以来,哲学家们割裂了伦理道德与幸福生活的联系。20世纪70年代之后,一些学者将关注的重心从元伦理学转向规范伦理学,伦理研究向生活世界回归。在此期间,部分学者提出了日常生活相关理论。

胡塞尔率先提出了"日常生活世界"范畴。在他看来,前科学的经验生活世界是科学世界的基础,先有经验生活世界而后才有科学世界,经验生活世界是把人纳入其中的,所以生活世界中的人与世界才能够实现统一。因此,人生活的日常生活世界是值得哲学家关注的。胡塞尔描述的"日常生活世界"有三个基本特征:一是日常生活世界是非主题化的,在主题化世界之前存在;二是日常生活世界是非客观化的,人的知、情、意等意识功能在这一世界中暂未分化;三是日常生活世界是一种直观的世界。胡塞尔对"日常生活世界"的分析,实际上是从人的角度,把统一的世界区分为两类,即客观的科学世界以及主观的生活世界,并主张人的生活世界与物的科学世界不尽相同。①

海德格尔也研究了生活世界问题,提出了"日常共在的世界"概念。在"存在"意义的分析中,海德格尔主张以"此在"作为分析"存在"问题的基础,"此在"即"人的存在","此在"通过"在世界之中"表现自身的本质及"存在"的意义。在描述"此在"的日常存在方式上,海德格尔使用了"闲言""好奇""两可"等概念。海德格尔认为"此在"在日常生活中不只是一般地在一个世界中,还是在一种占统治地位的、向世界存在的方式中存在着。海德格尔通过对人的在世的剖析,特别是对人的日常共在的研究,揭示了日常生活世界的异化。②

阿格妮丝·赫勒专门写作《日常生活》一书,阐述其日常生活世界理论。她提出社会的发展需要在个体再生产的基础上推动社会再生产。她认为每个人都有日常生活这一个体再生产,人们将再生产作为个人自身的再生产,然后在这个基础上去再生产社会。赫勒把人类社会分为"自为的"对象化领域、日常生活领域、"自在自为的"对象化领域等三个领域。日常生活领域就是"自在的"对象化领域,为人类社会的基本领域,决定人类的生存与发展。"自为的"

---

① 参见张廷国:《胡塞尔的"生活世界"理论及其意义》,《华中科技大学学报》(人文社会科学版)2002年第5期。
② 李明建:《生活的"革命":道德建设范式和路向转换——"新生活运动的伦理研究"》,上海三联书店2017年版,第16页。

对象化领域是人类社会的最高领域。日常生活世界的价值标准起源于"自为的"对象化领域。"自在自为"的对象化领域处于"基本领域"与"最高领域"之间,也就是制度化领域。① 在赫勒看来,日常生活是每个个体再生产所必不可少的,也是社会再生产的前提和基础。

德国哲学家尤尔根·哈贝马斯使用交往理论解释生活世界。哈贝马斯主张生活世界是人们交往的一个前提,在交往的推动下,生活世界得以形成。哈贝马斯解释生活世界时使用了文化的、社会的及个性的三种模式。他以社会交往对人的存在与发展进行考察,以特殊的视角表现其对人类生存的关切,丰富完善了生活世界理论。总之,在哈贝马斯看来,生活世界可以通过人们的社会生活交往实践活动来把握,生活世界也应该是一个现实的、可以把握的社会。②

此外,马克思虽然没有阐述日常生活世界理论,但是其哲学思想中不缺乏对生活的思考。人类改造世界便是生活的重要方面。马克思的历史唯物主义内在包含了生活世界理论。

日常生活世界理论的研究展现了道德哲学的日常生活转向,也要求伦理道德建设要立足于日常生活。人类的道德有两种形态,一是生活中的现实道德形态,即"生活化"的道德及具体的道德规范。二是理论道德形态,即"学理性"道德及抽象的伦理思想。"生活化"的道德及道德规范可供人们直接遵守,而"学理性"的道德及抽象的伦理思想需要转化为"生活化"的道德,才能被人们真正理解。这种转换一旦成功,就能对人们的日常生活产生深刻影响,并发挥强大的作用力。

中国乡村经济伦理建设应该把"学理性"道德转化为易于接受、便于遵守的"生活化"道德,从而使之进入人们的日常生活实践。日常生活世界理论启示我们不能让乡村经济伦理思想仅停留在理论层面,被人们敬而远之。乡村伦理建设能立足于人民群众的日常生活,就可以推动"生活化"道德与"学理性"道德相互转化。

---

① 参见[匈牙利]阿格妮丝·赫勒:《日常生活》,衣俊卿译,黑龙江大学出版社 2010 年版,"中译者序"第 5-6 页。
② 李明建:《生活的"革命":道德建设范式和路向转换——"新生活运动的伦理研究"》,上海三联书店 2017 年版,第 23 页。

第二节
中国乡村经济伦理建设的实践要求

中国乡村经济伦理建设是一项系统性工程。中国乡村经济伦理建设的实践推进应该坚持经济建设与道德建设同步推动、经济伦理建设与日常生活相结合、广泛开展与重点推进相结合等要求。

一、经济建设与道德建设同步推动

从建设领域看,中国乡村经济伦理建设属于道德建设范畴,但又与经济活动主体的经济行为密切相关,所以离不开经济建设领域。中国乡村经济伦理建设应该坚持经济建设与道德建设同步推动。

(一)经济与伦理

关于经济与伦理的关系问题,学术界一直有学者在关注。曾经有些经济学界学者认为经济行为是逐利行为,与伦理道德无关;也有一些学者认为经济学不能无视经济行为的德性要求。这一问题在古典经济学中是个重要问题,虽然在我国特定时期内在一定程度上被忽视,但在当今经济学、伦理学发展中仍然是极其重要的问题。只强调提升道德而忽视经济发展或者只顾及经济发展而放松道德要求的理论和实践,都是片面的、不可取的。经济领域中生产安全、食品卫生安全等问题的发生都是无视道德的结果。

经济学与伦理学两个学科之间不是孤立发展的关系,而是相互联系的。缺少了伦理关注的经济学,可能在面对一些社会现实问题时显得苍白无力;缺少了经济支撑的伦理学,其理论也会显得抽象空洞。有些人只看重经济利益的作用,忽视了经济行为中的伦理要求,使得经济行为脱离道德约束,从而损害了社会和他人的利益,最终也损害了自己的利益。经济行为和道德行为的相互关联、相互作用,使得经济学和伦理学之间相互借鉴、相互学习成为可能。

经济是人的经济,有人的存在、人的交往,便有对于道德规范和道德准则的遵循要求,经济活动必然体现出一定的道德性。

一些观点认为,我国的社会道德水平未能和经济实力同步提升。甚至有人认为经济虽然发展了,道德却退步了。显然,这样的观点是有失偏颇的。但这些观点也反映了人们对经济发展中道德水平不断提升的迫切期待,反映了人们对于经济发展较快而道德水平提升不足的忧虑。实践证明,经济发展与道德进步不能同步发展甚至二者出现短时间的反向发展等情况是存在的,但这仅限于一定区域一定时间内。从长远看,伴随着经济发展水平的提升,道德最终将不断发展进步并与经济发展水平相适应。

在经济与道德的关系上,我们应该注意以下三点。其一,经济关系是各种社会关系中最根本的关系,经济关系决定着道德关系。经济状况是道德水平提升的物质基础。如果人们的温饱等基本利益需求都不能解决好,道德水平的提升则无从谈起。所以,推动经济发展是提升道德水平的前提。其二,经济发展取得一定成就后,我们要更加关注道德水平的同步提升问题。对于社会整体而言,道德发展进步有自身的规律及必然性,也即最终与经济发展水平相一致。但对于某一个体或群体而言,道德发展进步也有一定的自主性,这就需要我们发挥主观能动性,主动促进伦理道德建设,积极推动提升道德水平。其三,我们在社会主义市场经济条件下对个人利益应该有一个正确的态度。尊重和满足个人利益,不是简单地以物质利益为中心。在社会主义初级阶段,个人利益和社会利益从长远看是一致的。社会成员获取正当的个人利益必须得到支持,无视个人合法利益也是不道德的行为。当然,个人利益的获得不能破坏他人利益,也不能损害社会整体利益。

道德之于经济发展的力量是不容忽视的。道德进步与经济发展应该是正向关系。有德性的经济,其发展成就也会更加显著。不讲伦理道德的经济,其发展也难以持续。道德在经济发展中可以作为一种重要力量呈现出来。"就经济伦理学角度来说,道德力是一个国家、民族、群体经济发展的内生动力,是一个经济主体生存与发展的核心力量。无论哪个群体,要想经济更好发展;无论哪种经济主体,要想经济竞争获胜,就必须提升软实力,要想提升软实力就必须提升文化力,要想提升文化力就必须提升道德力。"①

有专家指出道德实质上也是生产力,这更加肯定了经济活动中道德的力量及道德的作用。"道德是'精神生产力'或'主观生产力'的基础和核心内容。这是因为,生产力的核心要素是劳动者,而劳动者的道德觉悟直接影响他们的劳动价值观和劳动态度,最终直接决定劳动成果和生产力水平。至于生产力中的劳动工具要素和劳动对象要素,在其体现生产力水平的过程中同样离不开道德。劳动工具的认识、改造、利用和发展,离不开人对事物发展规律的认识和适时地对劳动工具的改造和更新,抱残守缺、不愿创新的劳动主体是无法主动更新劳动工具并不断提升劳动工具水平的。同样,就劳动对象来说,并不是劳动对象的资源越丰富就意味着生产力水平越高。"②劳动者、劳动工具、劳动对象等生产力的构成要素都与伦理道德有着重要联系,这些要素增添道德因素后,生产力水平的提升将获得更大动力。

(二) 经济建设与道德建设

经济建设,即围绕经济发展所开展的提升经济和人的生活现代化水平的工作,涉及经济增长、经济结构优化、经济质量提升等问题。道德建设则是围绕社会道德进步而开展的提升个人及社会道德水平的工作,具体领域涉及社会公德、职业道德、家庭道德、个人品德等。"道德建设是在一定道德意识的指导下,根据某种道德原则和规范的要求,为培养社会成员的道德品质、提升社会道德水平而进行一系列有目的、有措施的现实的道德活动。"③

基于前文经济与伦理关系的分析,经济建设与道德建设二者的关系也就更加容易把握了。道德从根本上说是一定社会经济关系的反映。道德的发展与进步取决于经济发展的水平,经济发展为道德进步提供物质基础,经济社会的发展推动道德水平提升。良好的社会道德是社会主义市场经济健康发展的必要条件,是经济效益提升的重要保障。所以经济建设和道德建设之间是相互联系、相互作用、有机统一的。经济建设和道德建设是社会发展的不同领

---

① 龚天平:《经济发展的道德力》,《光明日报》2018年11月26日。
② 王小锡:《道德是经济发展不可或缺的支撑力量》,《光明日报》2018年11月28日。
③ 《伦理学》编写组:《伦理学》,高等教育出版社、人民出版社2012年版,第310页。

域,但二者密切相关。道德建设不能离开经济建设,道德建设需要经济建设为其提供物质基础。经济建设为道德建设取得成绩奠定基础,为催生道德建设成果产生可能性。经济建设也离不开道德建设,经济建设需要道德建设为其提供精神力量和道德支撑。道德建设为经济建设提供精神基础和精神保障,为经济建设提供强大推动力。

一些人看到社会主义市场经济发展中出现的一些失德事件,便把经济建设与道德建设对立起来,这是不妥的。在经济建设中,市场经济对道德建设的积极作用是明显的。市场经济的发展除了为道德建设提供强大的物质基础外,还推动人们形成了竞争意识、公平意识、效率意识、民主意识等现代道德观念,提升了人们的道德素质。当然,在市场经济发展完善的过程中,在一定的发展阶段和发展时期,市场趋利性作用的盲目放大,市场经济原则的无限扩大,会导致拜金主义、个人主义、享乐主义等思想盛行,也会在一定程度上导致道德评价和道德标准作用减弱。实际上,道德失范现象的出现,在市场经济发展中前期是不可避免的。从根本上看,市场经济是法治经济,更是道德经济。市场经济的发展和道德建设是可以实现有机统一的。

经济建设离不开企业的发展,企业的发展也离不开道德建设。注重人文关怀、具有道德品质的产品常常会获得人们的喜爱,从而占据较大的市场。王小锡教授指出:"企业要获得更多利润,产品质量是关键,它决定了产品的市场占有率和销售速度,进而影响企业利润的实现及其增长,并直接影响经济发展速度。通常企业的产品设计和产品质量受制于科学技术、社会文化和道德等因素,其中道德决定产品的价值指向和人性化程度等,这是产品质量的灵魂。忽视甚至排斥人性关怀等道德要素,产品的技术含量再高也不会受到用户的欢迎,因为这样的产品往往实用度和耐用度低。"①当然,企业家有道德精神,能重视道德建设、担当社会责任、发挥较好的示范引领作用,劳动者的道德素养也能得以提升,从而为企业劳动生产效率的提高做出贡献,最终推动经济建设。

道德建设可以推动市场经济持续稳定发展。道德作用的发挥需要人们内心的责任担当,有了责任担当的人在经济建设中更能发挥积极作用。龚天平

---

① 王小锡:《道德是经济发展不可或缺的支撑力量》,《光明日报》2018年11月28日。

教授强调:"社会主义市场经济的健康稳定发展,离不开正确的价值观的引导。责任担当在价值观中占据核心层面,市场经济其实就是责任经济。在社会主义市场经济环境下,责任担当意识如果能得到有效确立并广为传播,成为一种社会经济发展的基本精神,如果广大的经济主体都能够明确自身责任,市场经济发展将会更加稳定、合理、有序。经济主体有了责任担当意识,自然在客观上会更加自由地享受各种在道德与法律允许范围内供给的资源,从而更好地服务于经济建设;同时,责任担当意识的树立,使经济主体在客观上可以树立良好形象,提高信誉,从而有利于提高市场竞争力,促进整个经济健康发展。"①

(三) 乡村经济建设与乡村道德建设应同步推进

中国乡村经济伦理建设问题既涉及乡村经济建设,又涉及乡村道德建设,所以加强乡村经济伦理建设应该实现乡村经济建设与乡村道德建设的同步推进。乡村经济伦理建设是乡村道德建设的一个重要组成部分。乡村经济伦理建设是以经济道德为核心开展的调节经济行为主体之间在生产、交换、分配、消费等领域道德关系的活动。乡村经济伦理建设又是乡村经济建设中不可缺少的一个重要方面。乡村经济建设要实现乡村经济健康持续发展,除了要调整优化乡村产业结构、转变乡村经济发展方式、提升乡村经济发展质量外,还要解决好乡村经济发展理念、乡村居民经济道德规范等问题。

乡村经济建设与乡村道德建设是相互联系、相融相通、相得益彰的,二者必须有机结合,不能孤立存在。乡村经济建设与乡村道德建设二者相辅相成,互不可缺。离开了乡村道德建设的有效举措,乡村经济建设可能要面对缺乏道德的各种风险。缺少了乡村经济建设的物质基础和重要载体,乡村道德建设可能要面对效果不佳的各种困难。有了乡村道德建设工作的配合和成绩的保障,乡村经济建设将有巨大的道德力量支撑,可以实现自如发展;有了乡村经济建设工作的支持,乡村道德建设将不断取得成绩。

在乡村经济伦理建设中同步推进乡村经济建设与乡村道德建设时应注意把握如下两点。

第一,在乡村经济建设中设定经济伦理建设目标。这需要人们在理念上

---

① 龚天平:《经济发展的道德力》,《光明日报》2018年11月26日。

实现转变,也就是乡村经济建设不能只追求经济总量的增加,而应该把乡村经济质量的提升作为根本任务。乡村经济发展质量的提升,要求乡村经济实现健康、有序、可持续发展。这就要求人们在乡村经济建设中,明确经济伦理建设的目标。如前所述,乡村经济伦理建设应该朝向经济发展、生态良好、文化繁荣、秩序和谐的目标努力。乡村经济主体是否能够积极遵守经济道德准则和经济道德规范的要求,也应该成为衡量经济建设成绩的重要考查点。

第二,在乡村道德建设中紧抓乡村经济建设平台。乡村道德建设工作应充分利用好乡村经济建设平台,把传播乡村经济伦理思想和提升乡村居民道德观念有机融入乡村经济建设中,对经济交往、经济行为和经济活动进行道德规制。我们在乡村经济建设中,应该推动经济活动主体提升绿色生产、安全供应、诚信交换、适度消费等道德观念。乡村居民经济道德水平提升将会给乡村经济发展提供道德推动力,实现乡村经济更好更快发展还会带动村民社会公德、职业道德、个人品德的不断提升。

二、经济伦理建设与日常生活相结合

前文已述,道德哲学的日常生活转向告诉我们,道德哲学应积极关注人的问题,回归日常生活,才能更好地实现其价值。乡村经济伦理建设同样要关注经济行为主体的日常生活,坚持践行经济伦理建设与日常生活相结合的基本要求。

(一)经济伦理建设为何要与日常生活结合

日常生活世界相关理论启示我们,道德建设应该更加注重"自下而上",应该关注并依托人们的衣、食、住、行及工作、交往等日常活动。乡村经济伦理建设中的各种经济交往活动离不开乡村经济活动主体的各种日常生活,所以,乡村经济伦理建设应与日常生活结合起来。

首先,乡村经济伦理思想源自日常生产生活。日常生活是乡村经济活动主体基本的社会实践活动。道德源于生活,发展于生活。最早的道德便是因调节日常生活中人与人的关系而产生的。在日常生活中,各种道德原则不断丰富发展。"日常生活是道德建设的基础,还在于道德产生于生活、服务于生活、发展于生活。早期的道德表现为日常生活中的风俗习惯,道德的形成也受物质生活条件的制约。当然,道德的产生也离不开人与人的社会交往活动以及在交往活动中得以发展的人类意识。道德产生后就要服务于生活,原始社会道德发挥的作用很重要的一点表现为维持氏族、部落的生存和生活的需要。当然,在阶级社会中,道德会服务于统治阶级利益的需要。"①中国传统农业伦理思想也是从日常生活中产生。"以农为本""敬天法祖""不违农时""勤俭节约""爱护生命"等农业伦理观念正是在人们的日常生活中产生的。"草莱不辟,田畴不治,虽擅山海之财,通百末之利,犹不能赡也。是以古者尚力务本而种树繁,躬耕趣时而衣食足。"②源自日常生产生活并随日常生活丰富发展的乡村经济伦理思想必须回归日常生活,才能取得经济伦理建设的效果。

其次,结合日常生活的乡村经济伦理建设可以提升其建设效果。乡村经济伦理建设以乡村经济活动主体的日常生活为着眼点,可以让人们对经济伦理建设产生亲近感,产生道德建设的生活感,易于接受并完成经济伦理建设相关任务,从而对建设工作要求产生一定的认同感。有了认同感,人们在日常生产生活中也容易积极践行相关伦理规范,这会形成一个良性循环,最终不断提高乡村经济伦理建设的实效性。当前,一些地方一些领域道德建设效果不让人满意的一个根本原因还是道德建设脱离生活实际,道德认知不到位,道德实践难以进行。"道德建设的实效性表现为社会文明程度、个人道德能力的不断提升。社会文明程度的提升要靠民众在日常生活中逐渐形成良好的社会公德、职业道德、家庭美德和个人品德。道德能力是道德主体在进行道德认知、道德评价和道德实践活动中所具备的个性心理特征。道德能力的提升离不开民众的日常生活。道德建设中应该把握道德能力的特征。"③乡村经济伦理建设立足日常生活,可以使经济活动主体在日常生活中提升其道德能力,从而不断提升经济伦理建设效果。

---

① 李明建:《生活的"革命":道德建设范式和路向转换——"新生活运动的伦理研究"》,上海三联书店2017年版,第272页。
② 任继周:《中国农业伦理学史料汇编》,江苏凤凰科学技术出版社2015年版,第10页。
③ 李明建:《生活的"革命":道德建设范式和路向转换——"新生活运动的伦理研究"》,上海三联书店2017年版,第274-275页。

（二）推动乡村经济伦理建设与日常生活相结合

推动乡村经济伦理建设与日常生活相结合应该从两个方面着手。

一是在日常生活中开展经济道德教育。乡村经济伦理建设需要对经济活动主体施以道德影响，通过道德教育提升他们的道德情感和道德意志，培养正确的道德认知和道德习惯，从而强化其道德认同。"道德认同是指生活在一定社会关系中的人们对某种道德理念、道德原则和道德规范认可、赞同和接受，并内化为自己的道德意识和实践指向的环节和过程。"①道德教育不可远离日常生活，道德教育一旦脱离日常生活，效果也就难以提升。"道德教育由于无视其生活基础而坠入了科学化、形式化、理想化的迷雾，这样，道德教育就失去了其本应有的生命力和合法性。所以，以生活为基础就是要使道德教育重返现实生活，找回本来面目，并以生活为基点来考虑道德教育中的所有问题。"②"生活道德教育就是要在日常生活中使受教育者培养德性，提升教育的实际效果。生活道德教育的最大特点应该在于生活性。道德教育的目标应该是让受教育者的日常生活表现为守道德的生活，让人们处于道德生活之中。也就是要改变形而上的道德教育抽象形式，实现道德教育的知行统一。生活道德教育的主体和受教育者都是日常生活中的人，具有平等的地位。"③乡村经济道德教育需要结合乡村经济生活的具体典型案例，进行有目的有步骤的教育，以便更好地实现预期目标。

二是在日常生活中推进经济道德实践。要实现"学理化"的伦理思想、道德理论向"生活化"的伦理规范、道德原则转变，就得充分开展好道德实践活动。乡村经济道德实践活动是经济伦理思想、经济道德观念在乡村经济活动主体中得以遵循的关键。"道德实践活动要依赖于民众个人的衣、食、住、行、工作与各种社会交往活动，人们在这些日常活动中把道德心理转化为道德实践。在日常生活中，人们在道德意识的支配下，选择从事善的行为，为他人和

---

① 罗文章：《新农村道德建设研究》，当代中国出版社2008年版，第44页。
② 唐汉卫：《生活道德教育论》，教育科学出版社2005年版，第126页。
③ 李明建：《生活的"革命"：道德建设范式和路向转换——"新生活运动的伦理研究"》，上海三联书店2017年版，第277页。

社会做出一定的贡献,这是道德建设目标实现的重要表现。"①在日常生活中推进经济道德实践,就要让乡村经济活动主体在衣、食、住、行、工作与交际活动中进行正确的道德评价和道德选择。在日常生活的道德实践中,积极推动乡村经济活动主体形成正确的道德信仰,可以推动乡村经济伦理建设取得更好成绩。"道德信仰表现为人们有着正确的道德评价,能在道德冲突中做出正确的道德选择,对道德的功能和意义有着坚信不移的情感,有崇高的道德理想,并能追求自身的道德价值。"②

三、广泛开展与重点推进相结合

乡村经济伦理建设的方法科学合理是乡村经济伦理建设取得成效、实现目标的前提。从方法层面上看,乡村经济伦理建设应该坚持广泛开展与重点推进相结合的原则。

(一) 广泛开展与重点推进

乡村经济伦理建设的广泛开展是指在乡村经济生活各领域、各方面全面加强伦理道德建设工作。乡村经济伦理建设的重点推进是指乡村经济伦理建设工作要注意突出重点,抓重点对象、重点领域。乡村经济伦理建设坚持广泛开展与重点推进相结合,是科学的道德建设方式。广泛开展与重点推进的齐头并进实质上切合了唯物辩证法"两点论"与"重点论"相统一的要求。广泛开展与重点推进相结合的原则,一方面注重系统全面地进行乡村经济伦理建设,另一方面也强调突出重点,以重点对象和重点领域的经济伦理建设带动乡村各领域经济伦理建设。广泛开展与重点推进的结合是一般号召与重点突破相结合的方法,是乡村经济伦理建设应该遵循的重要原则。

---

① 李明建:《生活的"革命":道德建设范式和路向转换——"新生活运动的伦理研究"》,上海三联书店 2017 年版,第 276 页。
② 李明建:《生活的"革命":道德建设范式和路向转换——"新生活运动的伦理研究"》,上海三联书店 2017 年版,第 278 页。

（二）乡村经济伦理建设的广泛开展

乡村经济伦理建设的广泛开展要求我们在乡村经济活动相关的公共生活领域、农业生产及交换领域、家庭和个人经济生活领域全面加强经济伦理思想的渗透及经济道德观念的培育。乡村经济活动公共生活是乡村居民在公共空间里发生经济联系、相互影响的共同生活。乡村经济活动公共生活比个人经济生活、家庭经济生活范围更宽广、内容更丰富。乡村经济活动公共生活领域的经济伦理建设强调要培养乡村经济活动主体的奉献意识和社会责任感，强调要保护乡村自然资源和生态环境，强调乡村经济行为要遵循相关法律法规。农业生产及交换领域经济伦理建设则要求乡村经济活动主体尊重农业生产规律和相关农业安全政策，注重安全生产，提供质量可靠、安全的产品；强调要遵守市场规则，诚信交换。家庭和个人经济生活领域加强乡村经济伦理建设则更强调个人的勤劳作业、适度消费等经济道德品质。

（三）乡村经济伦理建设的重点推进

乡村经济伦理建设的重点推进需要在乡村经济伦理建设工作中重点抓好农业生产经营户户主、新型农业经营主体、新型职业农民、经营大户和乡村村组负责人等主体，重点抓好农业生产及交换领域道德规范遵循问题。传统农业生产以家庭户为单位，农业生产经营户户主是农业生产的重要主体，重点抓好户主的经济道德教育，提升户主的经济伦理素养，发挥其带头作用，可以推进各家各户积极遵守乡村经济道德规范。新型农业经营主体是乡村农业现代化的新生力量，家庭农场、农民合作社、农业生产公司等主体生产规模大，农业生产中使用员工相对较多，这些能遵守经济道德规范、承担相应的社会责任的主体及其负责人则可以发挥较好的示范引领作用。新型职业农民是以农业为自己的职业，并具备一定的农业生产技能，通过农业生产经营获得一定收入的现代农业从业人员。新型职业农民的队伍未来也会不断壮大，其经济道德素质状况也会对农业经济发展产生较大影响，这些人应该成为乡村经济伦理建设需要特别关注的主体。乡村土地流转产生的农业经营大户，农业生产规模相对比较大，对一定区域农业经济发展有重要影响，也应该成为乡村经济伦理建设的重点。村组负责人,是乡村的"基层干部",其道德示范作用更应值得重视,"基层干部"的经济道德水平直接影响普通农民的经济道德观念及实践。

第三节
中国乡村经济伦理建设的推进路径[①]

中国传统乡村经济伦理思想产生于传统小农经济社会的农业生产生活之中,也适应了乡土社会农业生产生活的现实,表现出深厚的"乡土特色",在传统乡村经济发展和乡村经济秩序维系以及中国农业社会的发展中都发挥着积极的作用。这种具有"乡土"特质的经济伦理思想随着乡村社会的变迁发展也发生了重大变化。新时代,中国乡村社会的农业生产生活发生了根本转变,中国乡村经济伦理也表现出与传统乡村经济伦理思想不同的特点。在当代中国乡村经济伦理建设中,我们既要分析新时代新乡村的新特点,也要把握乡村经济伦理现代转型的原因及表现,注重传统乡村经济伦理思想的积极意义及现代发展,结合现代乡村经济活动实际,探索现代乡村经济伦理建设的路径。这对于城市化进程中乡村经济的发展及新时代乡村振兴战略的实施具有重要的理论意义和实践价值。

现代乡村经济伦理的转型发展中出现了一些不容忽视的问题,如乡村经济活动主体物质利益至上、忽视生态环境保护、诚信失范、超前消费等问题。在这些思想观念影响下,乡村经济活动主体则会产生拜金主义、过度消费甚至奢侈浪费等问题。新时代,我们在现代乡村经济伦理建设中,应该注重弘扬优秀传统文化、加强乡村经济治理,开展经济伦理教育、增强经济道德观念,加强乡村诚信建设、树立市场契约意识,推动"礼""法"共治、重构乡村经济秩序等方面。

---

① 参见李明建:《乡村经济伦理的转型与发展》,《道德与文明》2017年第5期。

一、弘扬优秀传统文化,加强乡村经济治理

中国乡村经济伦理在乡村经济治理中发挥着重要作用。随着中国社会的发展,中国乡村经济伦理也在不断发展变迁之中。中国传统乡村经济伦理是在长期的乡村生产、生活实践中形成的调节乡村居民经济活动关系的伦理原则和道德规范。这些伦理原则和道德规范在较长时间的封建制经济条件下,在自给自足的小农生产、生活方式影响下形成并发展。乡土中国的社会特质决定了传统乡村经济伦理的基本特征和内涵。"从中国传统乡村社会的生产活动、交往活动和社会管理三个方面考察,传统乡村经济伦理的主要特色在于:恋土重农的经济价值观及在此基础上形成的勤勉耐劳的道德品质;'熟人社会'中呈现'差序'特征的信任关系及由此形成的以人情为基础的互助关系;服膺传统规则的礼治社会及其中村规民约所体现的自治管理的伦理精神。"[①]从总体上看,传统乡村经济伦理呈现出的特征有务本重农、勤勉耕作;信任熟人、互帮互助;勤俭节约、量入为出等。

经济生活的发展变化带动了经济伦理的发展变化。随着中国乡村社会的发展变迁,传统乡村经济伦理在现代中国也发生了一定变化。1840年鸦片战争以后,中国社会在近代化历史变迁中经历了剧烈变化。中国社会遭受了西方资本主义国家坚船利炮的侵略,西方伦理文化也进入中国,而在国内从技术、文化、制度上变革中国、拯救中国的各种思想主张应势而生。封建社会自给自足的小农经济逐渐瓦解,商品经济的发展也给乡村发展带来了一定的影响和冲击,即便这种影响和冲击是相对缓慢的。新民主主义革命胜利,新中国得以成立。对农业、手工业、资本主义工商业的社会主义改造完成后,社会主义经济制度在中国大地上得以确立。改革开放以后,中国农村实行以家庭联产承包责任为基础、统分结合的双层经营体制。近年来,农村土地使用权的流转工作在推进,农村土地所有权、承包权、经营权实现三权分置。农业发展中也有新型职业农民、农业开发企业加入。在农村农业的变化发展中,传统乡村经济伦理思想也发生了现代转型。传统乡村经济伦理思想实现了转型发展,

---

① 王露璐:《乡土经济伦理的传统特色探析》,《孔子研究》2008年第2期。

基本内容主要表现为勤劳致富、物质利益为先;等价交换、注重公平交易;享受生活、适度超前消费等。

中华优秀传统文化是中华民族发展的精神命脉,是中华民族的根和魂。中国优秀传统乡村经济伦理思想是中华优秀传统文化的重要组成部分,中国优秀传统文化蕴含着丰富的经济伦理资源。弘扬优秀传统文化,可以促进现代乡村经济发展,推进乡村经济伦理建设。在今天的乡村经济建设中,革故鼎新、天人合一思想,自强不息、敬业乐群的传统美德,节俭、和谐的生活理念等仍然具有重要价值。我们在现代农村经济伦理建设中,要注意吸收和借鉴传统乡规民约和传统家训的积极内容,开展现代乡规民约和家训建设。北宋蓝田的《吕氏乡约》从"德业相劝、过失相规、礼俗相交、患难相恤"等方面进行规定,对维护当时农村生活的良好秩序发挥了积极作用。后来,这部乡约还得到朱熹修订,明朝统治者也对其予以重视和仿效。明代大儒吕坤在《宗约歌》中对勤业、节俭进行了规劝。"从来勤苦是营生,哪有青年自在翁?商贾离家千里外,农桑竭力五更中。富贵安闲难富贵,贫穷懒惰越贫穷。赊吃赊穿心何忍,多福多灾天不容。痴儿荡子爱闲身,几个闲身是好人?男不营生多作歹,女无活做定思淫。艰难冻饿皆因懒,富贵荣华只为勤。天子万机官万事,肯容惰慢有凡民。"[①]这些勤俭节约的思想在今天的农村社会发展中仍然是极其重要的。当然,这些优秀的传统文化思想也应该结合现代农村经济社会发展的现实情况进行创造性转化,实现创新性发展。

二、开展经济伦理教育,增强经济道德观念

费孝通认为,"从基层看,中国社会是地方性的",中国社会的地方性特征决定了农村成为社会的基本单元。对中国农村和农村社会的认识,可以从"乡"和"土"两个方面来理解。一是关于"土"。在传统的乡村社会中,土地是人们赖以生存的基础。没有土地,绝大多数人将难以生存。依靠土地进行农业生产是人们最普遍的生存方式。但这种高度依赖土地的生产方式,也决定了人们经济活动的单一性。二是"乡"的问题。在费孝通先生看来,传统的乡

---

① 陈明主编,张舒、丛伟注释:《中华家训经典全书》新星出版社2015年版,第390-391页。

村社会所形成的"差序格局"已经不同于西方的"团体格局",这种格局也潜移默化地影响了人们道德观念的形成。在"差序格局"中,社会关系是从个体中逐渐推出去的,是私人关系的叠加。社会则是由个人与个人之间连接组成的网络。因此,我国传统社会所有的社会道德都只在私人关系中起作用。"差序格局"中的道德体系以个体为中心,强调"克己复礼""由己及人""孝悌忠信"。这些道德观念在乡村经济发展中发挥了积极作用,对维护乡村经济秩序起着重要作用。

对乡村经济活动主体开展专门的经济伦理教育在乡村经济伦理建设中必不可少。此种教育可以帮助他们在乡村经济活动中树立起经济伦理意识,明确自己参与乡村经济活动应该遵循的各种道德准则,增强经济道德观念。如果缺少必要的经济伦理教育,乡村社会经济活动主体的经济伦理素养就难以提升,乡村经济伦理建设就难以取得好成绩。乡村经济伦理教育的内容应该包含经济与道德的关系,乡村经济活动中的生产伦理、交换伦理、分配伦理、消费伦理等观念,特别是公正意识的教育。公正,即公平、正义、公道,乡村经济建设主体要尊重他人的权益,要尊重社会公共利益。"具有公正观念并能公正待人,是个人人格高尚的根本体现。具有公正德性的人,内心会产生一种对于正当行为的欲望和对于不正当行为的厌恶、愤恨,从而形成明确的善恶心理倾向。反之,一个缺乏公正观念的人,也必然缺乏是非善恶观念,对他人和自我难以作出正确的价值评价。"[①]学校教育、社会教育、家庭教育也应充分发挥经济伦理教育的作用。在学校教育方面,可以安排农村中小学思想政治理论课教师讲授勤劳、诚实、奉献、公平交易、适度消费等经济伦理思想。当然,学校在开展经济伦理教育时,不能把经济伦理教育变成道德说教,要注重提高道德教育的实效性,注重道德实践,让学生养成一定的道德习惯,积极遵循乡村经济伦理规范。在社会教育方面,地方政府有关部门可以宣传市场经济的道德要求,强化人们的道德观念。教育人们懂得公平、效率、平等、竞争、诚信等与市场经济相适应的经济道德观念。在社会教育中,成人是教育的主要对象。经济伦理教育可以通过专题讲座、影视剧、微视频等方式进行。家庭教育是乡村经济伦理建设中不可忽视的一种教育形式。为了在孩子教育中取得更好的

---

① 罗文章:《新农村道德建设研究》,当代中国出版社 2008 年版,第 117 页。

效果,必须把家庭教育与学校教育、社会教育有机结合起来。家长示范是家庭教育的基本要求。父母要教育子女重视道德修养,正确对待物质财富和个人消费,树立科学的财富观和消费观,从而进一步增强科学经济伦理观念,推动乡村经济伦理建设。

三、加强乡村诚信建设,树立市场契约意识

中国社会的乡土性特征也造就了一个"熟人社会","熟人社会"的产生也使人们在交往中需要顾及经济活动的一些道德规范。可见,乡村社会的信用属于一种特殊的情感,这种情感起源于"熟人社会"。在"熟人社会"里,因为交往对象之间的彼此了解,人们在乡村经济活动中也就自然会注重诚信、讲求公平。实际上,乡村经济交往活动中的信任具有一定的地方性特征,即信任更多地维持在熟人的活动范围内。一旦经济活动超越这个范围,进入到陌生人交往的社会,市场观念、公平交易也都会被重视。中国传统乡土社会的信任是建立在熟人基础上的,因此这种信任仅限于熟人圈。同时,信任度与熟悉度有着密切的关系,表现出非常明显的"差序"特征,即血缘、地缘越靠近也就越熟悉,也越容易产生信任并形成合作关系;相反,当人民在血缘和地缘关系逐渐变远时,信任度也会随之降低。换言之,在乡村社会人际交往中发挥作用的是"特殊主义"原则而不是"普遍主义"。①

随着乡村经济社会的发展,现代乡村经济伦理也发生着变化,乡村居民的市场契约观念也越来越强烈。农业作业中的互帮互助在当前农村不多见了,取而代之的则是相应的劳动支付相应的工钱。这在没有实现机械化作业的一些地方的棉花采摘、水稻插秧、农作物病虫害防治等劳动中表现较为明显。也有一些农村劳动力结伴而行,寻找劳动机会,按日收取报酬。

现代乡村经济伦理思想转型中需要关注的重要问题是乡村诚信建设。诚信是乡村经济活动的最基本要求。尽管人们深知诚信对于个人、社会、国家的意义,但是在乡村农业生产生活实践中,失信现象仍层出不穷。"随着农村城市化和市场化的加速推进,不只是越来越多的农村居民作为市场主体进入'市

---

① 参见王露璐:《乡土经济伦理的传统特色探析》,《孔子研究》2008年第2期。

场交易'场域,而且还出现了一批以'商'为业的职业劳动者,以致形成了比较稳定的商业职业群体。由于中国农村缺乏牢固稳定的商业文化传统和商业道德传统,加之商业法制建设和新型商业伦理建设的滞后,农村居民快速进入市场社会和商业职业领域的历史步伐带来了诸多道德问题,如诚信危机、义利失衡、行为失范等等。"[1]在现代农村农业生产中,农民为了提高农业产量,过度使用化肥和过量使用高残留、高毒性甚至剧毒农药的现象不容忽视。一些农民在粮食归仓后还使用了大量的杀虫剂来防治食物虫害;一些农民只是对留给自家人食用的粮食所在田块减少害虫防治次数。这些现象不断反映出农村农业生产诚信建设的紧迫性。农药销售监管部门固然要加强对农药销售的管理,但农村诚信建设也应受到高度重视。农村经济交往中也存在一些不诚信现象:有的包工头和农村企业家欠薪,有的人在经济往来中不信守承诺,有的农村经商人员明知假货还去销售等。这些不诚信现象不仅破坏了农村经济活动的秩序,也让一些人对经济发展中的道德倒退感到失望。在农业规模化生产过程中,如果新型农业经营者一味追求生产利润,失信风险会更大。在乡村诚信建设工作中,除了常规的宣传教育工作外,也不能忽视村规民约的作用。基于此,我们可以组织农村居民讨论制订村规民约,引导农业经济活动主体形成积极向上的现代经营观念。相关部门还可以将农村正反两方面的真实典型案例进行公示,让公众了解失信的代价和诚信的收获。有关部门还应树立诚信典型,加大诚信事迹的宣传力度,发挥道德模范的示范作用。近年来,一些地方针对农村"老赖",在乡镇集市上公布失信者信息,通过照片和具体案例介绍,让人们了解失信者的情况,取得了良好的教育效果,这也是乡村经济伦理建设的一项创新举措。总之,农村社会应采取多种措施,增强农业经济活动主体的诚信意识。

四、推动"礼""法"共治,重构乡村经济秩序

乡村经济活动基础的变化推动了经济伦理思想转型,构建现代乡村经济秩序需要立足乡村经济活动实际。与传统农业社会相比,现代农业基本经济

---

[1] 罗文章:《新农村道德建设研究》,当代中国出版社2008年版,第143页。

制度发生了根本变化,家庭联产承包责任制的实行,特别是土地经营权的依法转让,使现代农业生产与传统的小农生产形成了根本区别。大户开展农业生产、新型农业经营主体参与农业生产以及农业企业进入乡村开展农业生产,这些都是传统农业生产中所没有出现过的情况。在此条件下的农业生产实践中也会产生与之相适应的经济伦理观念。此外,市场经济对于农村经济的影响也是极为深刻的。乡村居民在农业生产中也逐渐认识到市场资源配置的决定性作用。社会主义市场经济的开放性、竞争性、平等性等特征也使农民充分利用市场发展生产,追求自己的经济利益。在这种背景下,乡村经济治理中的"礼""法"共治显得非常重要。

"礼治"作为维护中国传统农村社会秩序的重要手段,在今天的农村社会仍然有着很大的影响力。礼治就是要遵守传统规矩。在传统乡土社会发展过程中,人们自觉地形成了对传统规矩的敬畏。当这些规则内化为人们的习惯时,人们也很少依靠法律和诉讼来解决问题。排斥法律途径解决问题,利用传统道德观念解决争端,这种"无讼"状态成为中国传统乡村社会的一个重要特点,大多数人遇到问题时还是先寻求"礼治"途径。但在今天农业市场化发展背景之下,传统礼俗规则的效力随着人们的经济交往增多、各种矛盾和冲突有所增加时渐渐弱化,单单依靠传统"礼治"已难以维系良好的乡村经济秩序。发生经济纠纷时,越来越多的人依靠法律,求助律师,走上法庭,寻求法律途径解决问题。目前,普法工作的深入开展也取得了一定成绩,乡村经济生活各方面有法可依、有章可循,乡村社会经济活动主体的法律意识不断增强,传统道德规则难以解决的问题出现时,诉诸法律的情况也在不断增加。所以,在一定时期内,乡村经济社会中的"礼治"和"法治"还会处于共生状态。在乡村社会利益纠纷问题的解决中,不同的人还是会根据自己的实际情况去选择"礼治"或"法治"解决问题的途径。事实上,"礼治"和"法治"两种解决问题的方式并不是完全对立的。乡村经济社会中的很多人在遇到矛盾冲突时,也会选择"先礼后兵"的解决方式,当通过"礼治"方法难以解决问题时,再寻求"法治"途径解决问题。所以,我们在乡村经济秩序重构的过程中,要推动"礼治"与"法治"的融合,使二者有机结合,更为有效地解决乡村经济建设中的各种矛盾和问题,营造公平、正义、和谐的乡村经济发展环境。推动"礼治"与"法治"的融合也是乡村振兴中实现自治、法治、德治"三治结合"的必然要求。具体而言,则要"汲取乡土社会礼治资源的积极成分,构建乡村法治秩序的正当性基础;建立多元纠纷解决机制,化解乡村法治运行中的伦理冲突;树立新型村庄领袖权威,实现法治秩序和礼治秩序的有效融合,满足农民的公正性诉求"①。

---

① 王露璐:《伦理视角下中国乡村社会变迁中的"礼"与"法"》,《中国社会科学》2015 年 7 期。

参考文献

一、经典著作和中央文献

马克思恩格斯全集:第 18 卷[M].北京:人民出版社,1964.

马克思恩格斯全集:第 30 卷[M].北京:人民出版社,1995.

马克思恩格斯文集:第 1、2、8 卷[M].北京:人民出版社,2009.

马克思恩格斯选集:第 1、2、3 卷[M].北京:人民出版社,1995.

[德]马克思.关于费尔巴哈的提纲[M].北京:人民出版社,1988.

[德]马克思.资本论:第 3 卷[M].北京:人民出版社,2004.

毛泽东选集:第 1 卷[M].北京:人民出版社,1964.

邓小平文选:第 3 卷[M].北京:人民出版社,1994.

胡锦涛.坚定不移沿着中国特色社会主义道路前进,为全面建成小康社会而奋斗——在中国共产党第十八次全国代表大会上得报告[R].北京:人民出版社 2012.

习近平.坚决打好污染防治攻坚战,推动生态文明建设上新台阶[N].人民日报,2018-05-20.

习近平.决胜全面建成小康社会,夺取新时代中国特色社会主义伟大胜利——在中国共产党第十九次全国代表大会上的报告[R].北京:人民出版社,2017.

习近平.深入理解新发展理念[J].求是,2019(12).

习近平.推动我国生态文明建设迈上新台阶[J].求是,2019(3).

习近平.习近平谈治国理政[M].北京:外文出版社,2014.

习近平.习近平谈治国理政:第2卷[M].北京:外文出版社,2017.

习近平.习近平谈治国理政:第3卷[M].北京:外文出版社,2020.

习近平.习近平谈治国理政:第4卷[M].北京:外文出版社,2022.

习近平.现代农业理论与实践[M].福州:福建教育出版社,1999.

习近平.做焦裕禄式的县委书记[M].北京:中央文献出版社,2015.

习近平.在庆祝"五一"国际劳动节暨表彰全国劳动模范和先进工作者大会上的讲话[M].北京:人民出版社,2015.

习近平.在庆祝改革开放40周年大会上的讲话[N],人民日报,2018-12-19.

中共中央文献研究室编.习近平关于社会主义经济建设论述摘编[M].北京:中央文献出版社,2017.

中共中央文献研究室编.十八大以来重要文献选编:上[M].北京:中央文献出版社,2014.

中共中央文献研究室编.十八大以来重要文献选编:下[M].北京:中央文献出版社,2018.

中共中央宣传部.习近平新时代中国特色社会主义思想学习纲要[M].北京:学习出版社,人民出版社,2019.

二、典籍、史料、内部资料

《重庆商会公报》丁未,第8号.

三、论文、著作类

A

[俄]A.恰亚诺夫.农民经济组织[M].萧正洪,译.北京:中央编译出版社,1996.

[匈牙利]阿格妮丝·赫勒.日常生活[M].衣俊卿,译.哈尔滨:黑龙江大学出版社,2010.

[印]阿马蒂亚·森.伦理学与经济学[M].王宇,王文玉,译.北京:商务印

书馆,2000.

［印］阿马蒂亚·森.以自由看待发展［M］.任赜,于真,译.北京:中国人民大学出版社,2002.

［美］阿奇·卡罗尔,安卡·巴克霍尔茨.企业与社会:伦理与利益相关者管理［M］.黄煜平,等译.北京:机械工业出版社,2004.

B

Bevort, Antoine, Annette Jobert. Sociologie du travail: les relations professionnelles[J]. Sociology of Work: Industrial Relations. Paris: Armand Colin, 2011 (2).

［美］保罗·萨缪尔森.经济学:下册［M］.高鸿业,译.北京:商务印书馆,1982.

C

Carney, Michael. Corporate Governance and Competitive Advantage in Family controlled Firms[J]. Entrepreneurship: Theory and Practice, 2005, 29(3).

常红,张志达.对全球减贫贡献超过70%,"中国奇迹"普惠世界［N/OL］.2015-10-16［2023-2-15］,人民网.

陈刚,王骏勇.江苏如皋调查"面粉增白剂"事件［N］.北京青年报,2010-04-09.

陈国庆,杨玛丽.中国近代消费伦理思想及其当代价值［J］.理论导刊,2011(3).

陈嘉明."现代性"与"现代化"［J］.厦门大学学报(哲学社会科学版),2003(5).

陈明主编;张舒,丛伟注释.中华家训经典全书［M］.北京:新星出版社,2015.

陈永丽,周晓晨.民营企业成长中的伦理价值［N］.光明日报,2012-07-04.

陈忠实.寻找属于自己的句子——《白鹿原》写作手记［J］.小说评论,2007(5).

陈忠实.寻找属于自己的句子(连载六)——《白鹿原》写作手记［J］.小说

评论,2008(4).

辞海编辑委员会.辞海:第六版缩印本[M].上海:上海辞书出版社,2010.

褚当阳,刘爽.中国历代家训集粹[M].长春:吉林文史出版社,2011.

D

[美]道格拉斯·C.诺思.经济史中的结构与变迁[M].陈郁,罗华平,等译.上海:上海三联书店,1997.

[美]杜赞奇.文化、权力与国家——1900—1942年的华北农村[M].王福明,译.南京:江苏人民出版社,1996.

邓彩红.农村水环境污染现状及对策[J].资源节约与环保,2023(1).

丁宪浩,张艳.关于"环境悬崖"基本属性的几点思考[C]//环境悬崖与社会转型发展学术论坛论文集.成都:四川师范大学出版社,2015.

杜预,等注.春秋三传[M].上海:上海古籍出版社,1987.

E

[美]E.P.奥德姆.生态学基础[M].孙儒泳,等译.北京:人民教育出版社,1981.

F

Fairbank, Jhon King. The United States and China[M]. Third Edition. Cambridge, Mass: Harvard University Press, 1971.

[美]菲利普·科特勒.营销管理:分析、计划、执行与控制[M].梅汝和,等译.上海:上海人民出版社,1997.

[美]菲利普·科特勒,凯文·莱恩·凯勒.营销管理:第12版.[M].梅清豪,译.上海:上海人民出版社,2006.

[美]费正清,费维恺.剑桥中华民国史:下卷[M].刘敬坤,等译.北京:中国社会科学出版社,1993.

[美]弗朗西斯·福山.信任——社会美德与创造经济繁荣[M].郭华,译.桂林:广西师范大学出版社,2016.

[美]弗雷德里克·泰勒.科学管理原理[M].马风才,译.北京:机械工业出版社,2013.

方克立."天人合一"与中国古代的生态智慧[J].社会科学战线,2003(4).

费孝通.费孝通文集:第4卷[M].北京:群言出版社,1999.

费孝通.江村经济——中国农民的生活[M].北京:商务印书馆,2001.

费孝通.江村农民生活及其变迁[M].兰州:敦煌文艺出版社,1997.

费孝通.乡土中国 生育制度[M].北京:北京大学出版社,1998.

冯契.关于中国近代伦理思想研究的几个问题[J].学术月刊,1989(9).

付晓玫.欧盟、美国及日本化肥减量政策及其适用性分析[J].世界农业,2017(10).

G

高国希.当代西方的德性伦理学运动[J].哲学动态,2004(5).

高祥等.费县一男子用碎石粉充当主料造出20吨假饲料[N].齐鲁晚报,2013-06-24.

高翔.论清前期中国社会的近代化趋势[J].中国社会科学,2000(4).

高兆明.制度伦理研究:一种宪政正义的理解[M].北京:商务印书馆,2011.

龚天平.经济发展的道德力[N].光明日报,2018-11-26.

顾雷鸣,杭春燕,付奇.乡镇企业:从"异军突起"到逐鹿世界[N].新华日报,2018-06-28.

顾仲阳.乡村振兴,小康才全面[N].人民日报,2017-10-23.

国家邮政局.农村快递网点覆盖率达95.22%[J/OL].2019-08-14[2023-02-15].中关村在线.

H

[美]哈罗德·孔茨,海因茨·韦里克.管理学[M].张晓君,等译.北京:经济科学出版社,1998.

[德]黑格尔.法哲学原理[M].邓安庆,译.北京:人民出版社,2016.

[加]亨利·明茨伯格,布鲁斯·阿尔斯兰德,约瑟夫·兰佩尔.战略历程:第2版[M].魏江,译.北京:机械工业出版社,2006.

[美]黄宗智.长江三角洲小农家庭与乡村发展[M].北京:中华书局,1992.

[美]黄宗智.华北的小农经济与社会变迁[M].北京:中华书局,1986.

[英]霍布斯.论公民[M].应星,冯克利,译.贵阳:贵州人民出版社,2004.

[美]霍尔姆斯·罗尔斯顿.环境伦理学:大自然的价值以及人对大自然的

义务[M].杨通进,译.北京:中国社会科学出版社,2000.

韩长赋.中国农村土地制度改革[J].农村工作通讯,2018(C1).

何建华.共享理论的当代建构[J].伦理学研究,2017(4).

何青.央视曝光速生鸡潜规则:40天长5斤添加违禁药物[N].法制晚报,2012-12-18.

何睿,罗华伟.我国农村土地经营权证券化的思考[J].中国市场,2017(17).

贺新春,邹涌彬.改革开放以来赣南乡村经济伦理的变迁及其原因探析[J].老区建设,2015(16).

贺雪峰.农村家庭代际关系的变动及其影响[J].江海学刊,2008(4).

贺雪峰.全国劳动力市场与农村发展政策的分析与展望[J].求索,2019(1).

I

IBM中国商业价值研究院.洞察中国——创新、整合与协作:中国企业跨越式发展之路[M].北京:东方出版社,2008.

J

[美]吉姆·柯林斯,杰里·波勒斯.基业长青[M].真如,译.北京:中信出版社,2005.

姜雪丽.质检总局检查显示两种京产咸蛋含有苏丹红[N].新京报,2006-11-22.

蒋永穆,周宇晗.习近平扶贫思想述论[J].理论学刊,2015(11).

金耀基.从传统到现代[M].广州:广州文化出版社,1989.

K

[德]柯武刚,史漫飞.制度经济学:社会秩序与公共政策[M].韩朝华,译.北京:商务印书馆,2000.

L

Levenson Joseph R. Liang Ch'I-ch'ao and the Mind of Modern China. Cambridge,Mass:Harvard University Press,1953.

[美]罗尔斯.正义论[M].何怀宏,何包钢,廖申白,译.北京:中国社会科学出版社,1988.

［新西兰］罗莎琳德·赫斯特豪斯.美德伦理学［M］.李义天,译.南京:译林出版社,2016.

蓝志勇,张腾,秦强.印度、巴西、中国扶贫经验比较［J］.人口与社会,2018(3).

李安宅.《仪礼》与《礼记》之社会学的研究［M］.上海:上海人民出版社,2005.

李达,王俊程.中国乡村治理变迁格局与未来走向:1978—2017［J］.重庆社会科学,2018(2).

李帆.韦伯学说与美国的中国研究——以费正清为例［J］.近代史研究,1998(4).

李佳霖.吴鸿委员:农村电子商务销售模式"淘宝村"涌现急需重视［J/OL］.2014-03-05［2023-02-16］.中国经济网.

李金铮.中国近代乡村经济史研究的十大论争［J］.历史研究,2012(1).

李竟涵,缪翼.夯实乡村振兴的产业基础——农业农村部副部长余欣荣解读国务院《关于促进乡村产业振兴的指导意见》并答记者问［N］.农民日报,2019-07-02.

李明建.生活的"革命":道德建设的范式和路向转换——"新生活运动"的伦理研究［M］.上海:上海三联书店,2017.

李明建.乡村经济伦理的转型与发展［J］.道德与文明,2017(5).

李培林.村落的终结:羊城村的故事［M］.北京:商务印书馆,2004.

李树林,林宏伟,莫小平.鲁冠球:新时代民营企业家的榜样［N］.中华工商时报,2021-11-09.

李硕,王京源.乡镇企业:异军突起［J/OL］.2019-03-12［2023-02-16］.经济之声网.

李永利,王晶何,玉琼.西安一黑作坊藏身民房日产豆腐五六百斤［N］.三秦都市报,2013-02-03.

李志祥,芮雅进.中国农民经济德性的现代转型［J］.齐鲁学刊,2020(1).

李志祥.共建共享与共生共享:共享发展的双重逻辑［J］.南京社会科学,2019(2).

李志祥.现代化进程中我国农民经济理性的扩张、困境与出路［J］.伦理学研究,2017(3).

厉以宁.经济学的伦理问题[M].北京:生活·读书·新知三联店,1995.

联合国.可持续发展目标[EB/OL].联合国网.

联合国开发计划署.千年发展目标报告(2015年)[R].联合国,2015.

梁漱溟.乡村建设理论[M].北京:商务印书馆,2018.

廖小平.改革开放以来价值观的变迁及其双重后果[J].科学社会主义,2013(1).

林毅夫."三农"问题与我国农村的未来发展[J].农业经济问题,2003(1).

刘成海.劳资关系与经济增长的实证研究[J].技术经济与管理研究,2016(10).

刘金海.互助:中国农民合作的类型及历史传统[J].社会主义研究,2009(4).

刘擎,麦康勉.政治腐败·资本主义冲击·无权者的抵抗[J].读书,1999(6).

陆益龙.后乡土中国的基本问题及其出路[J].决策探索,2015(4).

陆益龙.后乡土中国的家族力量及其影响的文化取向[J].学术界,2017(11).

陆远,王志萍.传统与现代之间:乡镇企业兴衰与中国农村社会变迁——以苏州吴江区七都镇为例[J].浙江学刊,2019(1).

伦理学编写组.伦理学[M].北京:高等教育出版社,人民出版社,2012.

罗国杰.伦理学[M].北京:人民出版社,1989.

罗文章.新农村道德建设研究[M].北京:当代中国出版社,2008.

M

Miller DT, Ross M. Self-Serving Bias in the Attribution of Causality: Fact or Fiction[J]. Psychological Bulletin, 1975, 82(2).

[德]马克斯·韦伯.儒教与道教[M].洪天富,译.南京:江苏人民出版社,1995.

[德]马克斯·韦伯.新教伦理与资本主义精神[M].于晓,陈维纲,等译.北京:生活·读书·新知三联书店,1987.

[法]孟德拉斯.农民的终结[M].李培林,译.北京:社会科学文献出版

社,2010.

[美]米尔顿·弗里德曼.资本主义与自由[M].张瑞玉,译.北京:商务印书馆,1986.

[英]莫里斯·弗里德曼.中国东南的宗族组织[M].刘晓春,译.上海:上海人民出版社,2000.

马宝成.切实推进乡村治理法治化,依法保障农民权益[J].人民论坛,2015(5).

马敏.有关中国近代社会转型的几点思考[J].天津社会科学,1997(4).

马寅初.马寅初全集:第9卷[M].杭州:浙江人民出版社,1999.

莫竞西.联合国副秘书长:中国令数亿人脱贫堪称世界榜样[EB/OL].2016-10-25[2018-03-01].中国日报中文网.

N

南怀瑾.论语别裁:上[M].上海:复旦大学出版社,1990.

翁若宇,陈秋平,陈爱华."手足亲情"能否提升企业经营效率？——来自A股上市手足型家族企业的证据[J].经济管理,2019(7).

P

彭南生.半工业化:近代乡村手工业发展进程的一种描述[J].史学月刊,2003(7).

Q

齐建国,陈新力,张芳.论生态文明建设下的生产者责任延伸[J].经济纵横,2016(12).

钱穆.现代中国学术论衡[M].北京:生活·读书·新知三联书店,2001.

全国干部培训教材编审指导委员会.推进生态文明,建设美丽中国,北京:人民出版社,党建读物出版社,2019.

乔法容,朱金瑞.经济伦理学[M].北京:人民出版社,2004.

秦晖,金雁.田园诗与狂想曲——关中模式与前近代社会的再认识[M].北京:语文出版社,2010.

《求是》杂志哲史部.领导干部谈哲学[M].北京:人民出版社,1991.

仇保兴.生态文明时代乡村建设的基本对策[J].城市规划,2008(4).

R

［美］R.爱德华·弗里曼,杰西卡·皮尔斯,里查德·多德.环境保护主义与企业新逻辑:企业如何在获利的同时留给后代一个可以居住的星球［M］.苏勇,张慧,译.北京:中国劳动社会保障出版社,2004.

任继周.中国农业伦理学史料汇编［M］.南京:江苏凤凰科学技术出版社,2015.

S

S. Popkin. The Rational Peasant: The Political Economy of Rural Society in Vietnam［M］. Berkeley: University of California Press,1979.

Sarkar R. Public Policy and Corporate Environmental Behaviour: A Broader View［J］. Corporate Social Responsibility & Environmental Management,2008,15(5).

申秋.中国农村扶贫政策的历史演变和扶贫实践研究反思［J］.江西财经大学学报,2017(1).

世界银行.1997年世界发展报告:变革世界中的政府［M］.蔡秋生,等译.北京:中国财政经济出版社,1997.

宋丽娜.人情的社会基础研究［D］.武汉:华中科技大学,2011.

苏红键.教育城镇化演进与城乡义务教育公平之路［J］.教育研究,2021(10).

苏明,刘军民,贾晓俊.中国基本公共服务均等化与减贫的理论和政策研究［J］.财政研究,2011(8).

孙春晨.改革开放40年乡村道德生活的变迁［J］.中州学刊,2018(11).

孙迎联,吕永刚.精准扶贫:共享发展理念下的研究与展望［J］.现代经济探讨,2017(1).

T

Teng, Ssu-yu & John King Fairbank. China's Response to the West［M］. Cambridge, Mass: Harvard University Press,1954.

［美］特里·L.库珀.行政伦理学:实现行政责任的途径［M］.张秀琴,译.北京:中国人民大学出版社,2001.

檀作文,译注.颜氏家训［M］.北京:中华书局,2016.

唐汉卫.生活道德教育论[M].北京:教育科学出版社,2005.

涂平荣,赖晓群.当代中国乡村企业管理伦理缺失的镜像检视[J].江西社会科学,2022(11).

涂平荣.农村信息化建设的困境与对策[J].宜春学院学报,2014(10).

W

万俊人.经济全球化与文化多元论[J].中国社会科学,2001(2).

万俊人.市场经济的效率原则及其道德论证——从现代经济伦理的角度看[J].开放时代,2000(1).

王德福.乡土中国再认识[M].北京:北京大学出版社,2015.

王沪宁.当代中国村落家族文化——对中国社会现代化的一项探索[M].上海:上海人民出版社,1991.

王景新等.集体经济村庄[J].开放时代,2015(1).

王露璐.从"理性小农"到"新农民"——农民行为选择的伦理冲突与"理性新农民"的生成[J].哲学动态,2015(8).

王露璐.费孝通早期乡村伦理思想述析[J].齐鲁学刊,2017(5).

王露璐.伦理视角下中国乡村社会变迁中的"礼"与"法"[J].中国社会科学,2015(7).

王露璐.乡土经济伦理的传统特色探析[J].孔子研究,2008(2).

王露璐.乡土伦理———种跨学科视野中的"地方性道德知识"探究[M].北京:人民出版社,2008.

王露璐.中国乡村经济伦理之历史考辨与价值理解[J].道德与文明,2007(6).

王铭铭.村落视野中的文化与权力——闽台三村五论[M].北京:生活·读书·新知三联书店,1997.

王宁.农村集体土地所有权的困境及出路[J].知识经济,2019(24).

王淑芹.市场营销伦理[M].北京:首都师范大学出版社,1999.

王先明.20世纪前期乡村社会冲突的演变及其对策[J].华中师范大学学报(人文社会科学版),2012(4).

王小锡.道德是经济发展不可或缺的支撑力量[N].光明日报,2018-11-28.

王小锡.道德资本与经济伦理——王小锡自选集[M].北京:人民出版社,

2009.

王小锡.中国经济伦理学——历史与现实的理论初探[M].北京:中国商业出版社,1994.

王晓丽.民间信仰的庞杂与有序[J].西北民族研究,2009(4).

王晓毅.血缘与地缘[M].杭州:浙江人民出版社,1993.

王玉生.中国传统经济伦理思想的近代演变初论[J].伦理学研究,2005(4).

王跃生.当代中国城乡家庭结构变动比较[J].社会,2006(3).

王跃生.社会变革与当代中国农村婚姻家庭变动——一个初步的理论分析框架[J].中国人口科学,2002(4).

魏小巍.圣坛之外:民间信仰中的人、鬼、神[J].思想与文化,2012(00).

文军.从生存理性到社会理性选择:当代中国农民外出就业动因的社会学分析[J].社会学研究,2001(6).

翁若宇,陈秋平,陈爱华."手足亲情"能否提升企业经营效率?——来自A股上市手足型家族企业的证据[J].经济管理,2019(7).

无名记者.阳光下的黑洞何时能封闭——暗访广西北海市地下海产品加工场[J/OL].2004-12-16[2023-02-16].中国食品科技网.

吴春梅,张士林.转型期农民道德的分化、困境与共识[J].华中农业大学学报(社会科学版),2017(3).

吴剑.市场化生态污染补偿标准设计——基于环境经济学的研究视角[D].南京:南京信息工程大学,2014.

吴永.生态文明背景下企业环境成本核算体系的构建[J].石家庄铁道大学学报(社会科学版),2014(4).

仵军智,罗林涛.当下土地依附关系嬗变与乡村生活的变化[J].中国土地,2011(1).

X

[美]西奥多·舒尔茨.改造传统农业[M].梁小民,译.北京:商务印书馆,1999.

夏立江.新农村环境保护知识读本[M].北京:中国劳动社会保障出版社,2011.

谢洪恩.对道德适应关系的辩证思考[J].哲学研究,1990(3).

翟永冠,等.重污染"下乡"牛畸形人患癌[N].京华时报,2014-01-24.

徐庆国,等.农村中小企业发展助推湖南乡村振兴战略的思考[J].湖南农业科学,2019(3).

徐勇,邓大才.社会化小农:解释当今农户的一种视角[J].学术月刊,2006(7).

徐勇.农民理性的扩张:"中国奇迹"的创造主体分析——对既有理论的挑战及新的分析进路的提出[J].中国社会科学,2010(1).

许启贤.认真研究道德内化的特点和规律[J].高校理论战线,2003(10).

薛晓阳.乡土依恋与农民德性:农民德育的道德想象——基于乡土文学研究及其乡村社会的实地调查[J].陕西师范大学学报(哲学社会科学版),2016(1).

Y

[英]亚历山大·米勒.当代元伦理学导论:第2版[M].张鑫毅,译.上海:上海人民出版社,2019.

颜炳罡."乡村儒学"的由来与乡村文明重建[J].深圳大学学报(人文社会科学版),2020(1).

杨国枢.中国人的社会取向:社会互动的观点[J].中国社会心理学评论,2005(1).

杨瑞玲.解构乡村:共同体的脱嵌、超越与再造[D].北京:中国农业大学,2015.

姚大志.麦金太尔的现代道德哲学批判[J].求是学刊,2015(3).

叶普万.贫困概念及其类型研究述评[J].经济学动态,2006(7).

衣俊卿.现代性的维度及其当代命运[J].中国社会科学,2004(4).

游海华.农民经济观念的变迁与小农理论的反思——以清末至民国时期江西省寻乌县为例[J].史学月刊,2008(7).

喻岳衡.历代名人家训[M].长沙:岳麓书社,1991.

Z

[美]詹姆斯·C.斯科特.农民的道义经济学:东南亚的反叛与生存[M].程立显,刘建,等译.南京:译林出版社,2001.

翟永冠,等.重污染"下乡"牛畸形人患癌[N].京华时报,2014-01-25.

詹世友.西方近代正当与善的分离及其伦理学后果[J].道德与文明,2007(6).

张宏伟.新时期农民需要文明道德的滋养[J].人民论坛,2017(10).

张怀承.论中国近代伦理道德转型的理论意义和历史局限[J].船山学刊,1999(1).

张静,宋志方.家庭本位与经济—社会网络——对D镇乡村家纺企业的经济人类学分析[J].湖北民族学院学报(哲学社会科学版),2019(4).

张丽,崔彩贤.环境伦理视野下的农民生态道德研究[J].西北农林科技大学学报(社会科学版),2013(2).

张鸣.20世纪开初30年的中国农村社会结构与意识变迁[J].浙江社会科学,1999(4).

张樹沁,邱泽奇.乡村电商何以成功?——技术红利兑现机制的社会学分析[J].社会学研究,2022(2).

张廷国.胡塞尔的"生活世界"理论及其意义[J].华中科技大学学报(人文社会科学版),2002(5).

张小林.乡村概念辨析[J].地理学报,1998(4).

张雅勤.实现共享发展的有效制度安排[N].光明日报,2016-04-13.

张彦.新发展理念的三重基础[J].红旗文稿,2019(12).

张艳国.家训辑览[M].武汉:武汉大学出版社,2007.

张玉法.近代中国社会变迁(1860—1916)[J].社会科学战线,2003(1).

张仲雯.乡村振兴战略的实施与农村企业管理的规范化发展[J].农业经济,2019(4).

张子建.浅谈榜样教育法在新时期思想政治工作中的应用[J].共产党人,1999(11).

章海山、颜卫青.经济公平与效率的道德参数[J].道德与文明,2003(4).

赵意焕.中国农村集体经济70年的成就与经验[J].毛泽东邓小平理论研究,2019(7).

郑杭生,吴力子."农民"理论与政策体系急需重构——定县再调查告诉我们什么?[J].中国人民大学学报,2004(5).

中共中央办公厅,国务院办公厅转发《中央农办、农业农村部、国家发展改革委关于深入学习浙江"千村示范、万村整治"工程经验扎实推进农村人居环境整治工作的报告》[J].中华人民共和国国务院公报,2019(8).

中国政府网.近40年来我国土地使用制度改革综述[EB/OL].中国地产网.

中华人民共和国生态环境部.2018中国生态环境状况公报[EB/OL].中华人民共和国生态环境部.

周建国、靳亮亮.基于公共选择理论视野的政府自利性研究[J].江海学刊,2007(4).

周晓虹.传统与变迁——江浙农民的社会心理及其近代以来的嬗变[M].北京:生活·读书·新知三联书店,1998.

周晓虹.流动与城市体验对中国农民现代性的影响——北京"浙江村"与温州一个农村社区的考察[J].社会学研究,1998(5).

周晓虹.全球化视野下的中国研究[M].北京:中国社会科学出版社,2012.

周晓虹.中国研究的可能立场与范式重构[J].社会学研究,2010(2).

朱启臻,胡方萌.新型职业农民生成环境的几个问题[J].中国农村经济,2016(10).

朱亚宾、朱庆峰、王耀彬.德行与德性:思政工作贯穿创业教育全过程的两个维度[J].黑龙江高教研究,2018(10).

朱贻庭."伦理"与"道德"之辨——关于"再写中国伦理学"的一点思考[J].华东师范大学学报(哲学社会科学版),2018(1).

朱贻庭.伦理学大辞典[M].上海:上海辞书出版社,2002.

后　记

本书是国家社会科学基金重大项目"中国乡村伦理研究"子课题"中国乡村经济伦理研究"和国家出版基金项目"《中国乡村伦理研究》(全七卷)"成果。

子课题主要负责人为南京师范大学李志祥教授,主要参加人员共七人。全书由课题负责人拟定提纲并在分工写作、修改的基础上统改定稿,芮雅进博士参与了大量的组织、协调、编辑和整理工作。具体研究和写作分工如下:

导　论　李志祥(南京师范大学公共管理学院教授、博士生导师)

第一章　芮雅进(江苏第二师范学院马克思主义学院讲师、博士)

第二章　李志祥(南京师范大学公共管理学院教授、博士生导师)

第三章　朱亚宾(南京信息工程大学遥感与测绘工程学院团委书记、副教授)

第四章　涂平荣(南京特殊教育师范学院习近平新时代中国特色社会主义思想研究中心主任、教授)

第五章　黄　播(上海师范大学天华学院讲师)、沈洁(南京师范大学公共管理学院博士生)

第六章　李明建(宿迁学院马克思主义学院院长、教授)

课题组参考、借鉴了国内外相关学者的大量研究成果,重大项目全体成员和学界多位专家在研究思路、方法、内容和最终成稿等方面给予了精心指导和大力支持,南京师范大学出版社崔兰主任和柯琳编辑在编辑、校对方面付出了大量心血,在此一并表示感谢!

"中国乡村经济伦理研究"子课题组
李志祥
2022 年 8 月